21世纪高等学校计算机规划教材
21st Century University Planned Textbooks of Computer Science

C语言程序设计教程

C Programming Language

赵振华 杨玉蓓 方洁 陈希 主编
王继鹏 叶杨 副主编

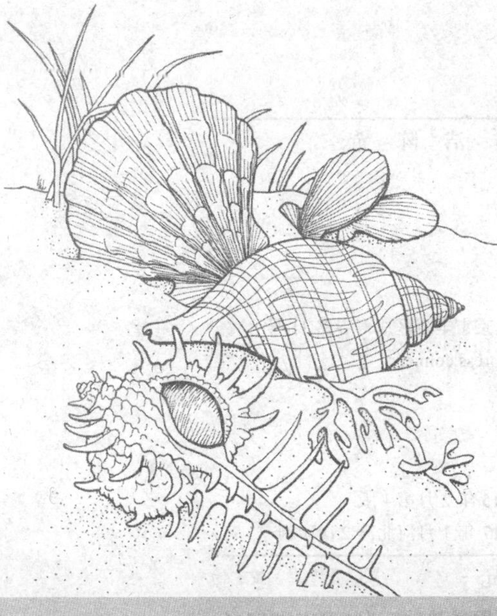

高校系列

人民邮电出版社
北京

图书在版编目（CIP）数据

C语言程序设计教程 / 赵振华等主编. -- 北京 : 人民邮电出版社, 2015.2（2017.1 重印）
21世纪高等学校计算机规划教材
ISBN 978-7-115-38325-9

Ⅰ. ①C… Ⅱ. ①赵… Ⅲ. ①C语言－程序设计－高等学校－教材 Ⅳ. ①TP312

中国版本图书馆CIP数据核字(2015)第021641号

内容提要

本书是为将 C 语言作为入门语言的程序设计课程的初学者所编写的，以培养读者程序设计的基本能力。书中全面系统地介绍了 C 语言的语法规则和结构化程序设计的方法，并用大量的实例剖析了 C 语言的重点和难点。全书内容包括概述，基本数据类型、运算符和表达式，结构化控制语句，数组，函数，指针，结构体和文件共 10 章。

本书结构合理，概念清晰，实例典型，适合作为高校计算机等理工科专业学习 C 语言的教材，也可以供对 C 语言程序设计感兴趣的读者自学使用。

◆ 主　　编　赵振华　杨玉蓓　方　洁　陈　希
副 主 编　王继鹏　叶　杨
责任编辑　邹文波
执行编辑　税梦玲
责任印制　沈　蓉　彭志环

◆ 人民邮电出版社出版发行　　北京市丰台区成寿寺路 11 号
邮编　100164　　电子邮件　315@ptpress.com.cn
网址　http://www.ptpress.com.cn
三河市潮河印业有限公司印刷

◆ 开本：787×1092　1/16
印张：16.25　　　　2015 年 2 月第 1 版
字数：428 千字　　　　2017 年 1 月河北第 2 次印刷

定价：38.00 元

读者服务热线：(010) 81055256　印装质量热线：(010) 81055316
反盗版热线：(010) 81055315

前 言

程序设计是计算机科学中最基本的技术，是学习软件设计的入门课程，是进一步学习“面向对象程序设计”、“数据结构”、“算法设计与分析”等课程的基础。掌握程序设计的思想和方法，并通过一个具体的编程语言掌握程序设计的基本理论和具体文法表达，是高级程序设计语言教学的主要目标。

C 语言是一种历史悠久的程序设计语言。今天的 C++、Java、PHP，以及.NET 中的 C#和 Visual Basic.NET 等，都是以 C 语言为基础的。C 语言具有表达能力强、功能丰富、目标程序质量高、可移植性好、使用灵活等特点。C 语言既具有高级语言的优点，又具有低级语言的某些特性，特别适合于编写系统软件和嵌入式软件。C 语言的上述特点使得我国绝大部分高等院校都把 C 语言作为计算机和非计算机专业的第一门程序设计语言课程。全国计算机等级考试、全国计算机应用技术证书考试也都将 C 语言列入考试范围。

通过“C 语言程序设计”课程的学习，学生不仅要掌握高级程序设计语言的知识，更重要的是，要在实践中逐步掌握程序设计的基本思想和方法。

本书全面系统地介绍结构化程序设计的方法和 C 语言。第 1 章讲述 C 语言的发展历史、C 语言的基本结构和编写调试 C 语言程序的一般方法。第 2 章介绍基本数据类型、运算符和表达式。第 3、4、5 章介绍结构化程序设计思想，以及顺序、选择和循环 3 种结构化控制语句。第 6 章介绍一维数组、二维数组和字符数组的使用方法。第 7 章介绍函数的定义和调用，以及递归函数思想。第 8 章介绍指针的基本概念和用法。第 9 章介绍几种构造类型的概念及其在编程中的应用。第 10 章介绍文件的使用。在每一章最后附有丰富的习题，可以供学生课后练习和作为上机编程作业，以巩固各章节的知识点。

本书第 1、6 章由王继鹏编写，第 2、3 章由叶杨编写，第 4、7 章及附录由杨玉蓓编写和整理，第 5、8 章由方洁编写，第 9、10 章由陈希编写。本书全部内容经过赵振华教授审核。

由于时间紧迫，编者水平有限，书中错误及疏漏之处在所难免，敬请读者批评指正。

编 者

2014 年 12 月

目 录

第1章 概述

本章主要介绍C语言的发展简史、C语言程序中的一些基本特点以及开发应用程序的主要步骤。通过本章的学习，希望使同学们对C语言有一个概括性的了解，能够依照例题编写一些简单程序。

1.1 C语言的发展

1.1.1 C语言的发展简史

C 语言的前身是 ALGOL 60 语言。1963 年，剑桥大学将 ALGOL 60 语言发展成为 CPL（Combined Programming Language）语言。1967 年，剑桥大学的马丁·理查兹对 CPL 语言进行了简化，于是产生了 BCPL 语言。1970 年，美国贝尔实验室的肯·汤普森将 BCPL 进行了修改，并为它起了一个新名字“B 语言”，意思是提炼出 CPL 语言的精华，并且他用 B 语言写了第一个 UNIX 操作系统。而在 1972 年，B 语言也给人“提炼”了一下，美国贝尔实验室的丹尼斯·里奇在 B 语言的基础上最终设计出了一种新的语言，他取了 BCPL 的第二个字母作为这种语言的名字，这就是C 语言。

为了推广 UNIX 操作系统，1977 年丹尼斯·里奇发表了不依赖于具体机器系统的 C 语言编译文本《可移植的 C 语言编译程序》。1978 年布莱恩·科尔尼和丹尼斯·里奇出版了名著《The C Programming Language》，从而使 C 语言成为当时世界上流行最广泛的高级程序设计语言。1988 年，随着微型计算机的日益普及，出现了许多 C 语言版本。由于没有统一的标准，这些 C 语言之间出现了一些不一致的地方。为了改变这种情况，美国国家标准研究所（ANSI）为 C 语言制定了一套 ANSI 标准，即现行的 C 语言标准。

早期的 C 语言主要是用于 UNIX 系统。由于 C 语言的强大功能和各方面的优点逐渐为人们认识，到了 20 世纪 80 年代，C 开始进入其他操作系统，并很快在各类大、中、小和微型计算机上得到了广泛的使用，成为当代最优秀的程序设计语言之一。C 语言发展迅速， 而且成为最受欢迎的语言之一，主要因为它具有强大的功能。许多著名的操作系统软件， 如 DOS、Windows、Linux 都是由 C 语言编写的。

1.1.2 C语言的特点

C 语言是一种结构化语言。它层次清晰，便于按模块化方式组织程序，易于调试和维护。C 语言的表现能力和处理能力极强。它不仅具有丰富的运算符和数据类型，便于实现各类复杂的数据结构，还可以直接访问内存的物理地址，进行位（bit）一级的操作。

由于 C 语言实现了对硬件的编程操作，因此 C 语言集高级语言和低级语言的功能于一体。它的应用范围广泛，具备很强的数据处理能力，不仅仅是在软件开发上，而且在各类科研中都需要用到 C 语言，适于编写系统软件、三维、二维图形和动画，例如单片机以及嵌入式系统开发。此外，C 语言还具有效率高、可移植性强等特点，被广泛地移植到了各类各型计算机上。因此 C 语言也是我国国家计算机等级考试中计算机二级考试科目之一。

1.1.3 C 语言的版本

1989 年，ANSI 发布了第一个完整的 C 语言标准——ANSI X3.159-1989，简称“C89”，不过人们也习惯称其为“ANSIC”。C89 在 1990 年被国际标准组织 ISO（International Organization for Standardization）采纳，所以也有“C90”的叫法。

1999 年,在做了一些必要的修正和完善后,ISO 发布了新的 C 语言标准,命名为 ISO/IEC 9899:1999，简称“C99”。C99 被 ANSI 于 2000 年 3 月采用。2011 年 12 月 8 日，ISO 正式发布了新的 C 语言标准 C11。它之前被称为 C1X，官方名称为 ISO/IEC 9899:2011。新的标准提高了对 C++的兼容性，并增加了一些新的特性。

1.1.4 C 和 C++

C++是在 C 语言的基础上开发的一种集面向对象编程、泛型编程和过程化编程于一体的编程语言。在 C 的基础上，1983 年又由贝尔实验室的本贾尼·斯特劳斯特卢普推出了 C++。C++进一步扩充和完善了 C 语言，成为一种面向对象的程序设计语言。C++提出了一些更为深入的概念，它所支持的这些面向对象的概念容易将问题空间直接地映射到程序空间，为程序员提供了一种与传统结构程序设计不同的思维方式和编程方法。C++应用较为广泛，是一种静态数据类型检查的、支持多重编程的通用程序设计语言。C++支持过程化程序设计、数据抽象、面向对象设计、制作图标等多种程序设计风格，因而也增加了整个语言的复杂性，掌握起来有一定难度。C++目前的最新标准是 2014 年 8 月 18 日经过 C++标准委员投票通过的 C++14。

C 语言是一个结构化语言，它的重点在于算法与数据结构。C 程序的设计首要考虑的是如何通过一个过程，对输入（或环境条件）进行运算处理得到输出［或实现过程（事物）控制］。C++首要考虑的是如何构造一个对象模型，让这个模型能够契合与之对应的问题域，这样就可以通过获取对象的状态信息得到输出或实现过程（事物）控制。所以 C 语言和 C++的最大区别在于它们解决问题的思想、方法不一样。

C 语言是 C++的基础，C++语言和 C 语言在很多方面是兼容的。因此，掌握了 C 语言，再进一步学习 C++就能以一种熟悉的语法来学习面向对象的语言，从而达到事半功倍的目的。

1.2 认识 C 语言程序

1.2.1 简单的 C 语言程序

为了说明 C 语言程序结构的特点，我们先看以下几个程序。这几个程序由简到难，表现了 C

语言源程序在组成结构上的特点。虽然有关内容还未介绍，但我们可从这些例子中了解到组成一个 C 语言程序的基本部分和书写格式。

【例 1.1】　在屏幕上输出“Hello world!”。

程序实现：

```
#include <stdio.h>                          //头文件包含命令
void main()                                 //main 是主函数的函数名
{                                           //用{表示函数体的开始
  printf("Hello world!\n");                 //输出"Hello world!"到屏幕
}                                           //用}表示函数体的结束
```

运行结果：

```
Hello world!
Press any key to continue
```

程序分析：

本例的第 1 行#include <stdio.h>称为预处理命令。预处理命令是以#开头的代码行。#必须是该行除了任何空白字符外的第一个字符。#后是命令关键字，在关键字和#之间允许存在任意个数的空白字符。整行语句构成了一条预处理命令，该命令将在编译器进行编译之前对源代码做某些转换。常见的预处理命令有两种：#include 文件包含命令和#define 宏定义命令。#include 文件包含命令，其意义是把尖括号<>或双引号" "内指定的文件包含到本程序来，成为本程序的一部分。被包含的文件通常是由系统提供的，其扩展名为.h，也称为头文件或首部文件。C 语言的头文件中包括了各个标准库函数的函数原型。凡是在程序中调用一个库函数时，都必须包含该函数原型所在的头文件。在本例中，stdio.h 是标准的输入输出头文件，输出函数 printf 是该文件中的标准输入输出函数，表示输出双引号里的内容，其中”\n”表示换行。

在程序里，/*…*/或//均表示注释，其中/*…*/表示一行或多行注释，//表示一行注释。程序运行时不会执行注释内容。注释内容是用于提醒程序员该行代码的功能和设计思路，它不是程序的必备部分，可以不写。但写注释是一种良好的编程习惯，写好注释对程序的维护很重要。

运行结果最下方的“Press any key to continue”是由操作系统自动添加的，意思是“按任意键继续”，不是程序运行结果的组成部分。此时按下键盘上的任意一个键后，系统将返回到 C 语言编辑开发环境。

【例 1.2】　计算两数 a、b 之和，并输出结果 c。

程序实现：

```
#include <stdio.h>
void main()
{
     int a,b,c;                             //定义 3 个整型变量 a,b,c
     a=1; b=2;                              //对变量 a、b 赋值
     c=a+b;                                 //求 a、b 的和，并赋值给 c
     printf("c=%d\n",c);                    //按照整型值输出 c 的值
}
```

运行结果：

```
c=3
Press any key to continue
```

程序分析：

本例的主函数体分为两部分，前半部分为定义部分，后半部分为执行部分。定义是对变量的定义。C 语言规定，程序中所有用到的变量都必须先定义，然后才能使用，否则将会出错。程序

第4行是定义语句，定义了整型变量a、b、c。

定义部分后为执行部分或称为执行语句部分，用以完成程序的功能。第5行是赋值语句，使a和b的值分别为1和2。第6行计算a+b，并将结果赋值给c。第7行是输出语句，以%d的格式输出c的值，其中%d表示“十进制整数类型”。在执行输出时，“c=”按原样输出，在%d的位置上代以一个十进制整数值，printf 函数中括号内逗号右端的 c 是要输出的变量。运行时将会把 c 的值以十进制整数的格式输出在%d的位置上。

【例1.3】 从键盘输入一个实数，求它的正弦值，然后输出结果。

程序实现：

```
#include <stdio.h>
#include <math.h>                        //包含头文件math.h
void main()
{
    double x,s;                          //定义两个双精度浮点型变量x,s
    printf("input number x:\n");
    scanf("%lf",&x);                     //调用scanf函数从键盘输入一个双精度浮点型值到变量x
    s=sin(x);                            //调用sin函数计算变量x的正弦值，并把结果赋给变量s
    printf("sin(%lf)= %lf\n",x,s);       //按照双精度浮点型输出x对应的正弦值s
}
```

运行结果：

```
input number x:
3.14
sin(3.140000)= 0.001593
Press any key to continue
```

程序分析：

本例的前两行是预处理命令，预处理命令根据需要可以有多行。在本例中，使用了3个C语言提供的库函数：正弦函数sin、输入函数scanf、输出函数printf。正弦函数sin是数学函数，其所在的头文件为math.h文件，因此在程序的预处理部分用include命令包含了math.h。另两个函数scanf和printf是标准输入输出函数，其所在的头文件为stdio.h，所以在主函数前也用include命令包含了stdio.h文件。

本例中使用了两个变量x和s，分别用来表示输入的自变量和正弦函数值。由于sin函数要求这两个变量必须是双精度浮点型，故第5行定义部分用类型标识符double来定义这两个变量。第6行是执行部分的输出语句，调用printf函数在屏幕上输出提示信息“input number:”，通知用户输入自变量x的值。第7行为输入语句，调用scanf函数，接收用户从键盘上输入的数并存入变量x中。另外，要注意sin函数要求输入的参数x为弧度值。第8行是调用sin函数并把结果函数值送到变量s中。第9行是用printf 函数输出变量s的值（即x的正弦值）给用户。

本例程序执行步骤如下。

（1）定义变量x，s。

（2）printf函数在屏幕上显示提示信息，通知用户输入一个数x。

（3）用户输入一个数（如3.14），然后按下回车键【Enter】，输入结束。

（4）scanf函数接收到这个数，并送入到变量x中。

（5）调用sin函数，把x的值作为实际参数传送给sin函数。

（6）在sin函数中计算x的正弦值，计算完将结果值返回给主函数。

（7）主函数收到返回值后赋给变量s。

（8）在屏幕上输出 sin（x）= s 的值。

【例 1.4】　输入两个整数，比较后输出其中较大的数。

程序实现：

```
#include <stdio.h>
int max(int a, int b);                 //声明一个整型函数 max，有两个整型参数 a，b
void main()
{
    int x,y,z;
    printf("input two numbers:\n");
    scanf("%d%d",&x,&y);               //调用 scanf 函数从键盘输入两个整型值到变量 x，y
    z=max(x,y);                        //调用 max 函数，并传递参数 x，y。然后将返回值赋给 z。
    printf("max=%d\n",z);
}
int max(int a, int b)                  //定义 max 函数，有两个整型参数 a，b
{
    if(a>b)
        return a;
    else
        return b;
}
```

运行结果：

```
input two numbers:
3 5
max=5
Press any key to continue
```

程序分析：

本例的程序由主函数和 max 函数两个函数组成。C 语言规定，程序中所有用到的自定义函数都必须先声明或定义，然后才能使用，否则将会出错。本例中主函数调用了 max 函数，而 max 函数是一个用户自定义函数，因此应在主函数调用 max 函数前进行声明或定义，本例中在程序的第 2 行进行了声明。max 函数功能是：如果传入的参数 a 的值大于 b 的值，则返回 a 的值；否则返回 b 的值。

本例程序执行步骤如下。

（1）定义变量 x，y，z。

（2）printf 函数在屏幕上显示提示信息，通知用户输入两个数。

（3）用户输入两个数（如 3 和 5），然后按下回车键【Enter】，输入结束。

（4）scanf 函数接收这两个数，并送入到变量 x，y 中。

（5）调用 max 函数，把 x，y 的值作为实际参数传送给 max 函数的形式参数 a，b。

（6）在 max 函数中比较 a，b 的大小，将大者的值返回给主函数。

（7）主函数收到返回值后赋给变量 z。

（8）在屏幕上输出 max=z 的值。

1.2.2　C 语言源程序的结构特点

C 语言源程序具有以下结构特点。

（1）一个 C 语言源程序可以由一个或多个源文件组成。每个源文件可由一个或多个函数组成。

（2）C 语言源程序的基本组成单位是函数。一个 C 语言源程序可由若干个函数组成，其中必须有且仅有一个以 main 命名的主函数，其余的函数名称可由编程者自行设定。

（3）C 语言源程序的执行总是由 main()函数的第一个可执行语句开始，到 main()函数的最后一个可执行的语句结束；而其他函数都是在 main()函数开始执行以后，通过函数的调用才得以运行。

（4）C 语言系统提供了丰富的库函数，用户在程序中需要调用某个库函数时，必须用预处理命令#include 将描述该库函数的头文件包含进去。预处理命令通常应放在源程序的最前面。

（5）每一条语句都必须以分号结尾。但预处理命令，函数头和大括号"}"之后不能加分号。

（6）一条语句可以分开放在任意多行内；一行中也可以有多个语句。

（7）标识符及关键字彼此之间必须至少加一个空格以示间隔。若已有明显的间隔符，也可不再加空格来间隔。

1.2.3 C 语言的字符集

字符是组成语言的最基本的元素。C 语言字符集由字母、数字、空格、标点和特殊字符组成。

（1）字母：小写字母 a～z 共 26 个，大写字母 A～Z 共 26 个。

（2）数字：0～9 共 10 个。

（3）空白符：空格符、制表符、换行符等统称为空白符。空白符只在字符常量和字符串常量中起作用。在其他地方出现时，只起间隔作用，编译程序对它们忽略。因此在程序中使用空白符与否，对程序的编译不发生影响，但在程序中适当的地方使用空白符将增加程序的清晰性和可读性。

（4）标点和特殊字符。

在字符常量、字符串常量和注释中还可以使用汉字或其他可表示的图形符号。

1.2.4 C 语言的词汇

在 C 语言中使用的词汇分为 6 类：标识符、关键字、运算符、分隔符、常量、注释符等。

1. 标识符

在程序中使用的变量名、函数名、标号等统称为标识符。除库函数的函数名由系统定义外，其余都由用户自定义。C 语言规定，标识符只能是字母"A～Z，a～z"、数字"0～9"、下划线"_"组成的字符串，并且其第一个字符必须是字母或下划线。

以下标识符是合法的：

```
a,x,_3x,BOOK_1,sum5
```

以下标识符是非法的：

```
3s 以数字开头
s*T 出现非法字符*
-3x 以减号开头
bowy-1 出现非法字符-（减号）
```

在使用标识符时还必须注意以下几点。

（1）标准 C 语言不限制标识符的长度，但它受各种版本的 C 语言编译系统限制，同时也受到具体机器的限制。例如在某版本 C 语言中规定标识符前八位有效，当两个标识符前八位相同时，则被认为是同一个标识符。

（2）在标识符中大小写敏感，即有区别。例如 BOOK 和 book 是两个不同的标识符。

（3）标识符虽然可由程序员随意定义，但标识符是用于标识某个量的符号。因此，命名应尽量有相应的意义，以便阅读理解。

2. 关键字

关键字是由 C 语言规定的具有特定意义的字符串，通常也称为保留字。用户定义的标识符不应与关键字相同。C 语言的关键字分为以下几类。

（1）类型说明符

用于定义、说明变量、函数或其他数据结构的类型。如前面例题中用到的 int，double 等。

（2）语句定义符

用于表示一个语句的功能。如例 1.4 中用到的 if-else 就是条件语句的语句定义符。

（3）预处理命令字

用于表示一个预处理命令。如前面各例中用到的 include。

ANSI C 提供的 32 个关键字：

```
auto        break       case        char        const
continue    default     do          double      else
enum        extern      float       for         goto
if          int         long        register    return
short       signed      sizeof      static      struct
switch      typedef     unsigned    union       void
volatile    while
```

Turbo C 扩充的 11 个关键字：

```
asm         _cs         _ds         _es         _ss         cdecl
far         huge        interrupt   near        pascal
```

注意　在 C 语言中，关键字都是小写的。

3. 运算符

C 语言中含有相当丰富的运算符。运算符与变量、函数一起组成表达式，表示各种运算功能。运算符由一个或多个字符组成。运算符共有 34 种。C 语言把括号、赋值、逗号等都作为运算符处理，从而使 C 语言的运算类型极为丰富，可以实现其他高级语言难以实现的运算。

C 语言的 34 种运算符分类如下。

（1）算术运算符	`+  -  *  /  %  ++  --`
（2）关系运算符	`<  <=  ==  >  >=  !=`
（3）逻辑运算符	`!  &&  ||`
（4）位运算符	`<< >> ~	^ &`
（5）赋值运算符	=及其扩展
（6）条件运算符	`?:`
（7）逗号运算符	`,`
（8）指针运算符	`*  &`
（9）求字节数	`sizeof`
（10）强制类型转换	（类型）
（11）分量运算符	`.  ->`
（12）下标运算符	`[ ]`
（13）其他	`( )`

> **注意**　各种运算符混合使用时，优先级与结合方法是难点。

4. 分隔符

在 C 语言中采用的分隔符有逗号和空格两种。逗号主要用在变量定义、声明以及函数参数表中，分隔各个变量。空格一般做间隔符，如在关键字、标识符之间必须要有一个以上的空格符作间隔，否则将会出现语法错误，例如把 int　a;写成 inta;C 语言编译器会把 inta 当成一个标识符处理，其结果必然出错。

5. 常量

C 语言中使用的常量可分为数字常量、字符常量、字符串常量、符号常量、转义字符等多种。

6. 注释符

C 语言的注释符是“/*…*/”以及“//”。在“/*”和“*/”之间的所有内容都是注释。“//”后面的一行是注释。程序编译时，不对注释作任何处理。注释可出现在程序中的任何位置。注释用来向用户提示或解释程序的意义。在调试程序中对暂不使用的语句也可用注释符括起来，使编译程序跳过此处不作处理，待调试结束后再去掉注释符。

7. 控制语句

C 语言中提供了 9 种控制语句，在程序中起到流程控制作用。

```
if-else      switch      for      while      do-while
continue     break       goto     return
```

1.3　使用开发工具编写 C 语言程序

1.3.1　C 语言程序的开发步骤

C 语言程序的开发分为 4 个步骤：编辑、编译、连接、运行，如图 1.1 所示。

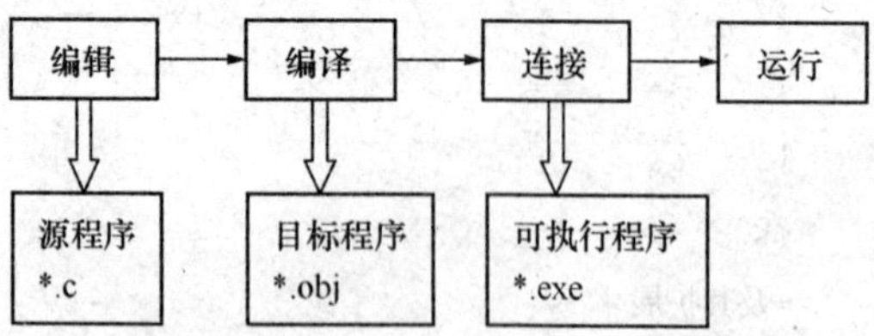

图 1.1　C 语言程序的开发步骤

1. 编辑

编辑源程序，可以用文字处理软件编写源程序，也可以用集成化的编译开发程序设计软件，如 Microsoft VC++。C 语言源程序的扩展名为.c。

2. 编译

源程序编写好之后，可以进行编译。编译是将源程序转换成二进制文件，即目标文件，扩展名为.obj。在编译过程中可以发现在源程序编写过程中出现的错误，这种错误一般是由书写错误造成的，因此这种错误称为语法错误，这种错误是易于修改的。必须在此阶段将所有的语法错误修改完成才能进入下一步。语法错误大多可以根据编译工具的提示加以修正。

3. 连接

编译成功后的文件并不能运行，因为这种程序虽然称之为目标文件，但仍是半成品，不能执行。在目标程序中还没有为函数、变量等安排具体的地址，因此也称其为浮动程序。所以连接就是将若干目标文件加以归并、整理，为所有的函数、变量分配具体地址，同时将库函数连接到目标文件中，生成可执行程序，扩展名为.exe。

在连接的过程中也可能发现错误，这种错误可能是由于设计不足或缺陷引起的，这种错误称为逻辑错误。逻辑错误是不易被发现的，应尽可能地加以避免。逻辑错误的修正往往需要对程序进行跟踪调试才能完成。

4. 运行

根据运行的不同目的，运行可分为调试运行、测试运行和应用运行。

（1）调试运行

它是专门为验证某些函数的正确性而进行的，被运行的主函数通常就是一个调试程序，运行时通过输入一些特定的数据，观察它是否产生预期的输出。如果发现任何不正常的情况，应配合使用程序跟踪等手段，观察程序是否按预期的流程运行，程序中的某些变量的值是否如预期的那样变化，从而判定出错的具体原因和位置，以便加以纠正。

（2）测试运行

它是应用运行前的试运行，是为了验证整个应用系统的正确性，如果发现错误，应进一步判断错误的原因和产生错误的大致位置，以便加以纠正。

（3）应用运行

它是指程序正式投入使用后的运行，目的是通过程序运行完成预先设定的功能，从而获得相应的效益。

以上提到的源程序、目标程序、可执行程序的区别如表 1.1 所示。

表 1.1　源程序、目标程序、可执行程序的区别

	源程序	目标程序	可执行程序
内容	高级语言	机器语言	机器语言
是否可执行	否	否	是
文件扩展名	.c	.obj	.exe

1.3.2 使用 Microsoft Visual C++ 6.0 编写 C 语言程序

Microsoft Visual C++ 6.0，简称 VC6.0，是微软推出的一款 C++编译器，将“高级语言”翻译为“机器语言”的程序。Visual C++是一个功能强大的可视化软件开发工具，自 1993 年 Microsoft 公司推出 Visual C++1.0 后，随着其新版本的不断问世，Visual C++已成为专业程序员进行软件开发的首选工具。

Visual C++6.0 不仅是一个 C++ 编译器，而且是一个基于 Windows 操作系统的可视化集成开发环境（Integrated Development Environment，IDE）。Visual C++6.0 由许多组件组成，包括编辑器、调试器以及程序向导 AppWizard、类向导 Class Wizard 等开发工具。这些组件通过一个名为 Developer Studio 的组件集成为和谐的开发环境。

目前最新版 C++编译器集合在 Microsoft Visual Studio 2013 软件里面，包含 C++（支持面向对

象程序设计的大型语言)，Basic（支持面向对象程序设计的语言）、Java（适用网络的语言）、C#、J#、.net。其中，VC 开发环境的版本已经升级至 Microsoft Visual C++ 2013，对 C++的支持更加全面稳定。

Visual C++不仅支持 C++语言，同时也支持 C 语言，所以我们可以采用 VC 6.0 进行 C 语言的开发。

利用 Visual C++ 6.0 集成环境开发 C 程序的过程如下。

（1）启动 Visual C++ 6.0，如图 1.2 所示。

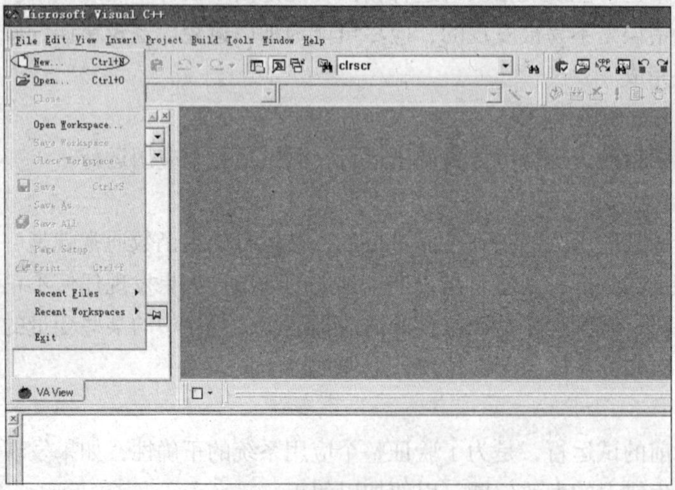

图 1.2　Visual C++ 6.0 界面

方法一：单击 Windows “开始”菜单→“程序”→“Microsoft Visual studio 6.0” →“Microsoft Visual C++ 6.0”命令。

方法二：在桌面上用鼠标双击 Visual C++ 6.0 图标。

（2）新建 C 语言源程序文件，如图 1.3 所示。

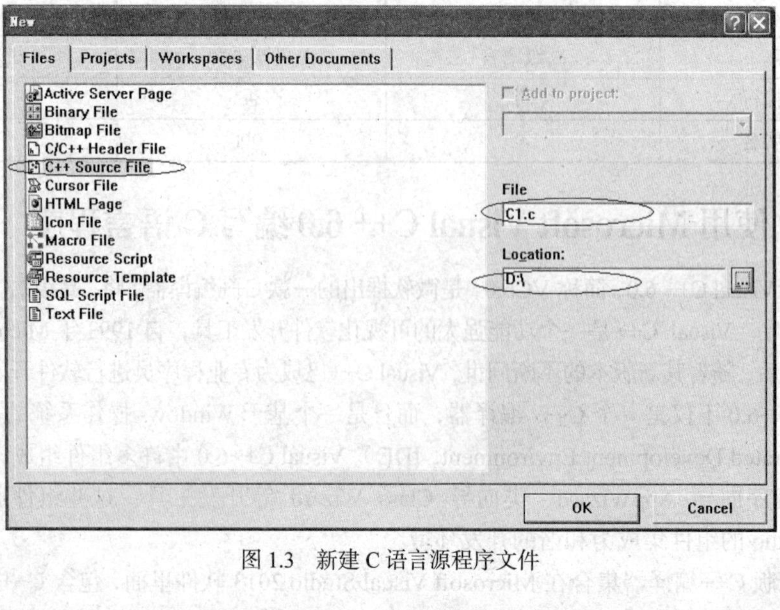

图 1.3　新建 C 语言源程序文件

① 单击 Visual C++ 6.0 菜单栏“文件（File）”→“新建（New）”，打开“新建（New）”对话框。

② 单击“文件（File）”选项卡。

③ 单击“C++ Source File”选项，在“文件（File）”文本框中输入程序文件名，“位置（Location）”文本框中输入程序文件存储位置。

文件名可以写上扩展名.c，也可以不写扩展名。不写扩展名.c 则会使用 VC 6.0 默认的扩展名.cpp。.c 扩展名的文件是 C 语言源文件，.cpp 扩展名的文件是 C++语言源文件。因为 C++兼容 C，所以可以在.cpp 文件中编写 C 语言程序。

④ 单击“确定（OK）”按钮。

（3）在文件编辑区窗口输入源程序文件，如图 1.4 所示。

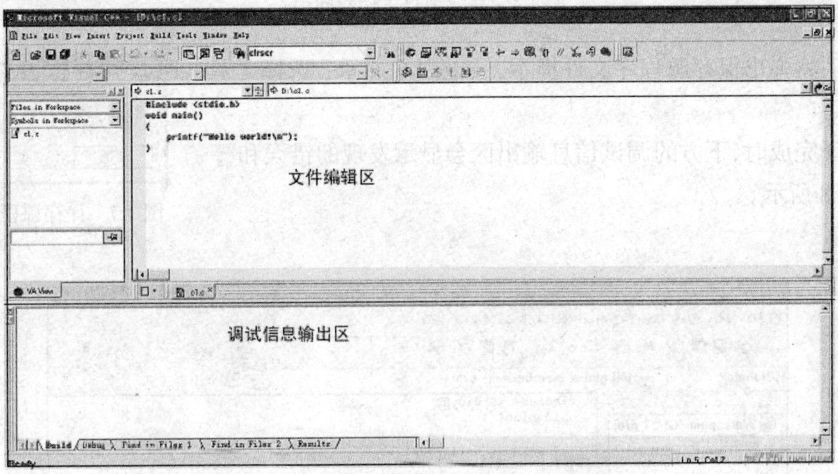

图 1.4　编辑 C 语言源程序文件

（4）编译程序。

① 编译程序。

方法一：选择菜单栏“组建（Bulid）”→“编译（Compile）”命令，如图 1.5 所示。

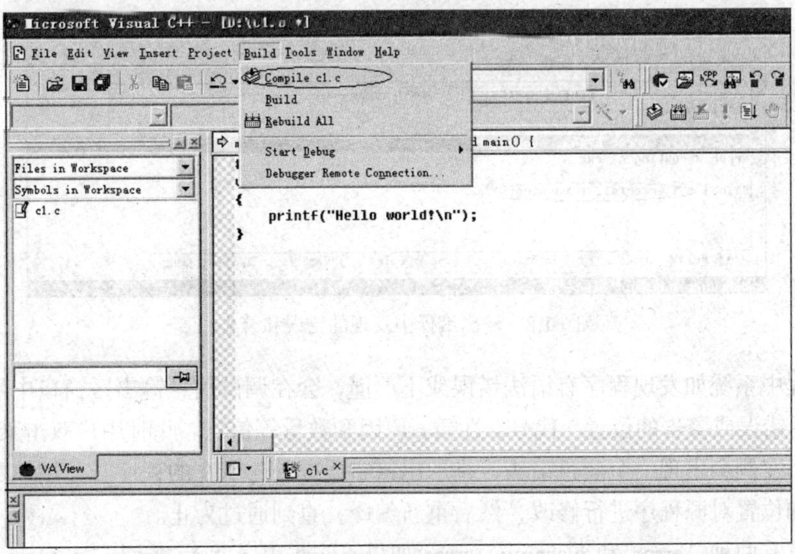

图 1.5　编译程序

方法二：单击“组建（Bulid）”工具栏上最左边的“编译（compile）”按钮进行编译和连接。

方法三：按下组合键【Ctrl】+【F7】。

② 第一次编译时会弹出新建项目工作空间提示，如图 1.6 所示，选择“是（Y）”即可。

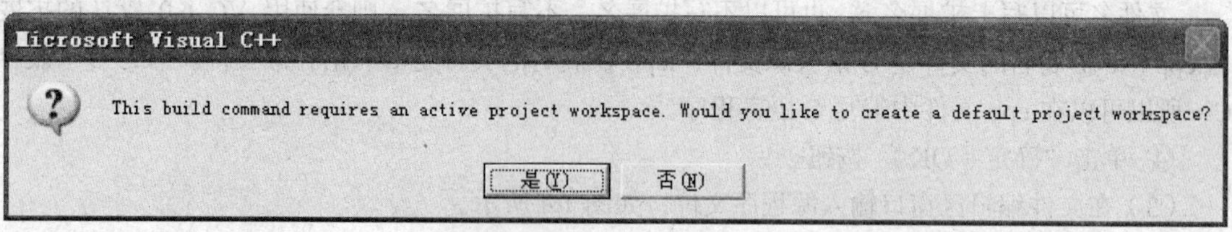

图 1.6　新建项目工作空间提示

③ 随后将弹出保存源程序文件提示，如图 1.7 所示，选择“是（Y）”即可。

图 1.7　保存源程序文件提示

④ 编译完成时，下方的调试信息输出区会显示发现的错误和警告，如图 1.8 所示。

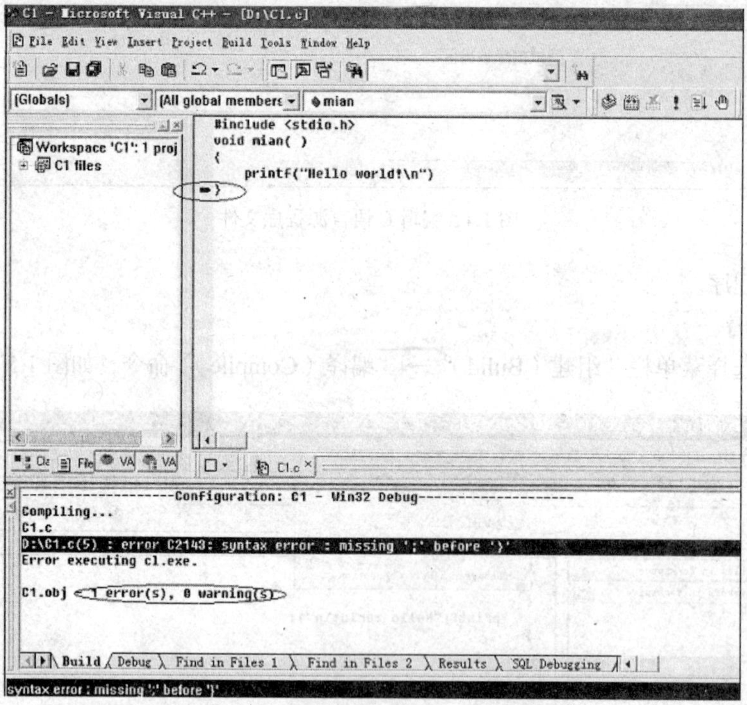

图 1.8　输出编译中发现的错误和警告

编译过程中系统如发现程序有语法错误或不严谨，会在调试信息输出区窗口中给出相应的提示信息，包括错误或警告的位置、代号、性质、原因和数量等信息。此时用户双击某一提示信息，则编辑区窗口左侧会出现一个蓝色箭头，指示出该错误或警告所在的程序行。用户可以根据给出的提示信息和位置对源程序进行修改，然后重新编译，直到通过为止。

提示信息有两种：error 和 warning。error 如果不修改程序就无法运行。warning 如果不修改程序可以运行，但可能会导致错误。warning 在开发 C 语言程序过程中可以不予理会，但是 error 必须修改。

（5）连接程序。

① 连接程序。

方法一：选择菜单栏“组建（Bulid）”→“组建（Bulid）”命令，如图 1.9 所示。

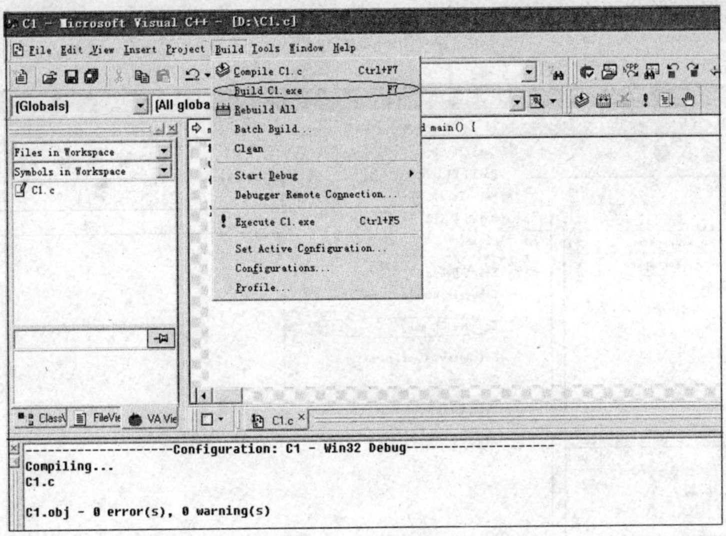

图 1.9　连接程序

方法二：单击“组建（Bulid）”工具栏上左边第二个的“组建（Bulid）”按钮进行编译和连接。

方法三：按下【F7】键。

② 连接完成时，下方的调试信息输出区中也会显示在连接中发现的错误和警告，如图 1.10 所示。

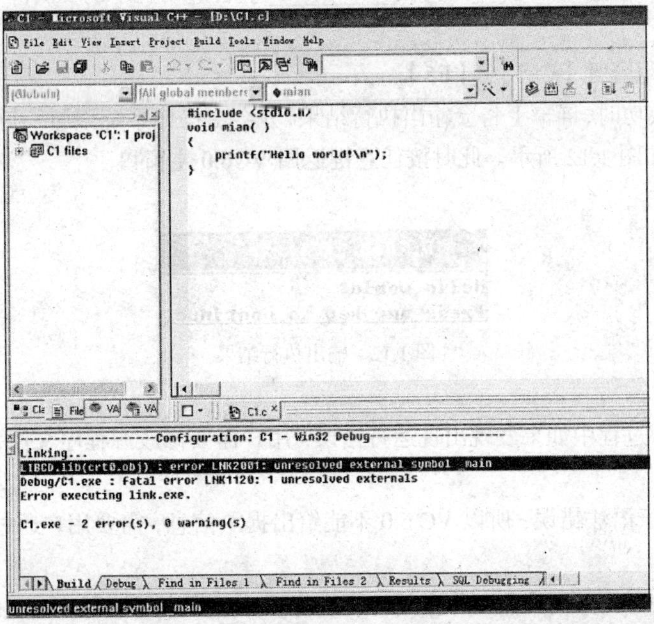

图 1.10　输出连接中发现的错误和警告

连接过程中，系统如发现程序有错误或警告，同样在调试信息输出区窗口中显示错误或警告的代号、原因和数量等信息。用户可以据此对源程序进行相应的修改，然后重新组建，直到通过为止。

（6）运行程序。

① 运行程序。

方法一：选择菜单栏“组建（Bulid）”→“执行（Execute）”命令，如图 1.11 所示。

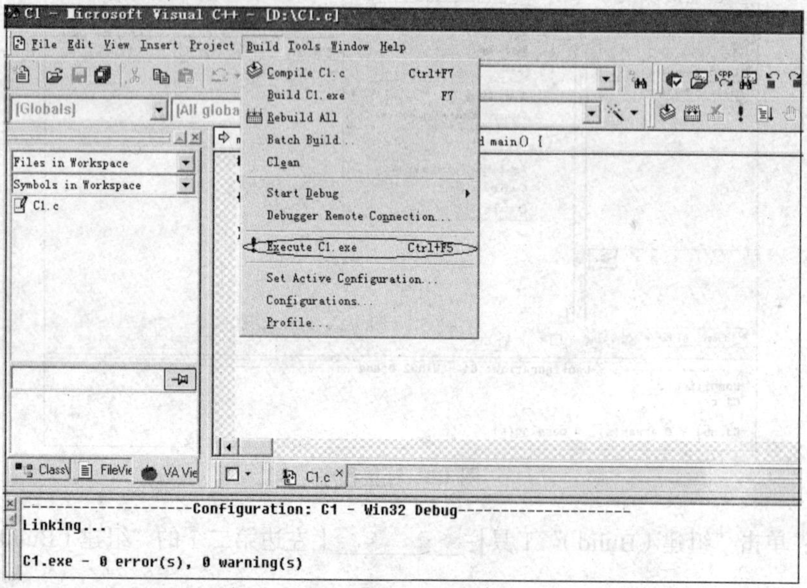

图 1.11 执行程序

方法二：单击“组建（Bulid）”工具栏上右边第三个的“执行（Execute Program）”按钮。

方法三：按下组合键【Ctrl】+【F5】。

② 程序运行成功时，屏幕上将会输出执行结果，并会由操作系统添加一句提示信息“Press any key to continue”，如图 1.12 所示。此时按任意键返回 VC6.0 主窗口。

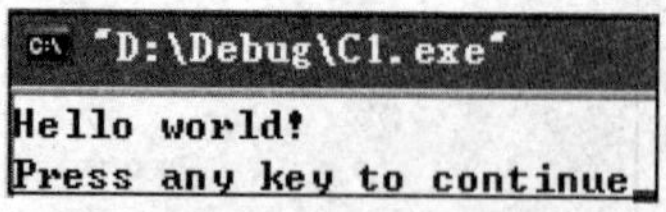

图 1.12 输出执行结果

③ 在运行程序过程中如果发现出现运行错误，用户需要修改源程序文件，然后重新编译、连接和执行。

运行错误不属于语法错误，所以 VC 6.0 不能给出提示信息，需要用户通过调试自行发现错误并改正。

④ 运行完毕，需要关闭当前工作空间，再进行下一个程序的编写。

单击菜单栏“文件（File）”→“关闭工作空间（Close Workspace）”，如图 1.13 所示。

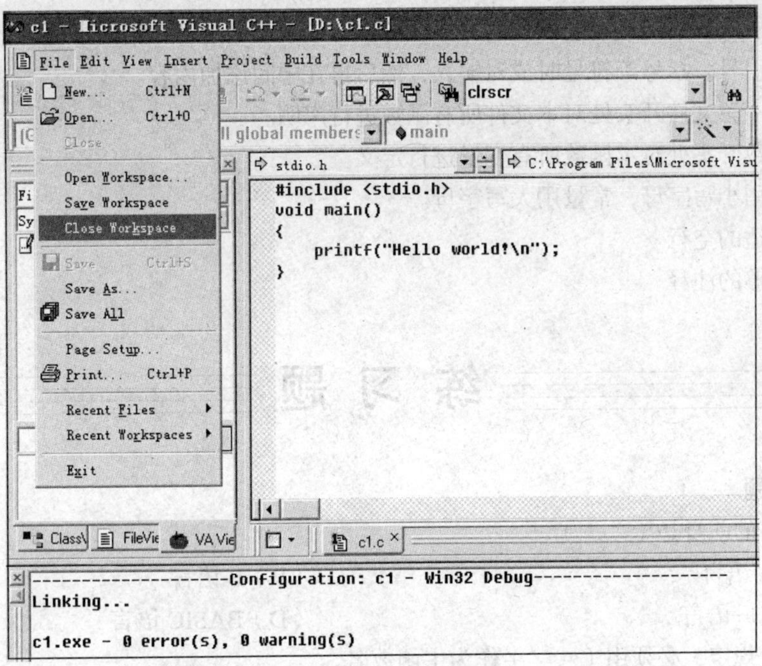

图 1.13　关闭工作空间

⑤ 随后将弹出询问是否要关闭所有文档对话框，如图 1.14 所示，选择“是（Y）”即可。

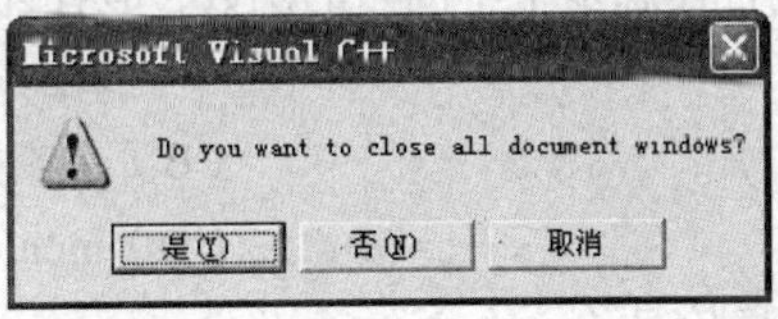

图 1.14　询问是否要关闭所有文档对话框

⑥ 如果没有关闭当前工作空间就进行下一个程序的编写，则在对下一个程序连接时会出现错误提示，如图 1.15 所示。

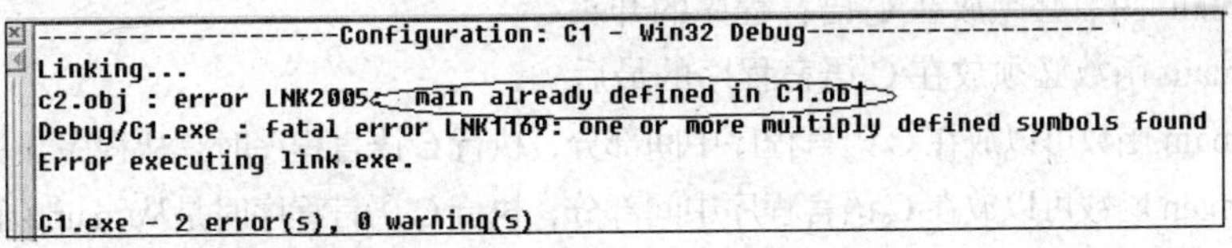

图 1.15　main 函数已经在 C1.obj 文件中定义过了

因为在同一个工作空间里编写两个程序会导致同一个工作空间中出现两个 main 函数，而一个 C 语言程序中有且只能有一个 main 函数，所以会发生以上错误。

1.3.3　编写 C 语言程序时应遵循的规则

在编程时应力求遵循以下规则，以养成良好的编程习惯。

（1）一个语句占一行。

（2）用大括号{}括起来的部分，通常表示了程序的某一层次结构。{}一般与该结构语句的第一个字母对齐，并单独占一行。每一组{}对齐。

（3）低一层次的语句或说明可比高一层次的语句或说明缩进若干格后书写。

（4）输入引号、括号等符号时成对输入，然后再在中间添加内容。

（5）在程序源文件开头处对本文件所有函数进行声明。

（6）在函数开头处对本函数所有变量进行定义。

（7）变量用小写字母，常量用大写字母。

（8）有合适的空行。

（9）有足够的注释。

练 习 题

一、选择题

1. C 语言的前身是（　　）。

（A）A 语言　　（B）B 语言

（C）C++语言　　（D）BASIC 语言

2. C 语言规定，必须用（　　）作为主函数名。

（A）Function　　（B）include

（C）main　　（D）stdio

3. 一个 C 语言程序可以包含任意多个不同名的函数，但有且仅有一个（　　），一个 C 语言程序总是从该函数开始执行。

（A）过程　　（B）主函数

（C）函数　　（D）include

4. C 语言程序的基本构成单位是（　　）。

（A）函数　　（B）函数和过程

（C）超文本过程　　（D）子程序

5. 下列说法正确的是（　　）。

（A）main 函数必须放在 C 语言程序的开头

（B）main 函数必须放在 C 语言程序的最后

（C）main 函数可以放在 C 语言程序中间部分，执行 C 语言程序时是从程序开头执行的

（D）main 函数可以放在 C 语言程序中间部分，执行 C 语言程序时是从 main 函数开始的

6. 下列说法正确的是（　　）。

（A）在执行 C 语言程序时不是从 main 函数开始的

（B）C 语言程序书写格式严格限制，一行内必须写一个语句

（C）C 语言程序书写格式自由，一个语句可以分写在多行上

（D）C 语言程序书写格式严格限制，一行内必须写一个语句，并要有行号

7. 在 C 语言中，每个语句和数据定义是用（　　）结束。

（A）句号　　（B）逗号

（C）分号　　（D）括号

8. 不是 C 语言提供的合法关键字（　　）。

（A）switch　　（B）print

（C）case　　（D）default

9. C 语言提供的合法关键字是（　　）。

（A）break　　（B）print

（C）funiton　　（D）end

10. C 语言提供的合法关键字是（　　）。

（A）continue　　（B）procedure

（C）begin　　（D）append

二、填空题

1. C 语言是一种________语言。它层次清晰，便于按模块化方式组织程序，易于调试和维护。C 语言的表现能力和处理能力极强。它不仅具有丰富的运算符和数据类型，便于实现各类复杂的数据结构，它还可以直接访问内存的________，进行位（bit）一级的操作。

2. 常见的预处理命令有两种：________和________。

3. C 语言的________中包括了各个标准库函数的函数原型。凡是在程序中调用一个库函数时，都必须包含该函数原型所在的________。

4. 在程序里/*…*/或//均表示________，其中/*…*/表示________，//表示________。程序运行时不会执行________内容。

5. “Press any key to continue”是由操作系统自动添加的，意思是________。

6. 主函数体分为两部分，前半部分为________，后半部分为________。

7. C 语言程序的开发分为 4 个步骤：________、________、________、________。

8. C 语言源程序的扩展名为________。

9. 编译是将源程序转换成二进制文件，即________，扩展名为________。

10. 连接就是将若干目标文件加以归并、整理，为所有的函数、变量分配具体地址，同时将库函数连接到目标文件中，生成可________，扩展名为________。

三、简答题

1. 简述 C 语言的优点。
2. 简述 C 语言与 C++语言的关系与区别。
3. 简述 C 语言源程序的结构特点。
4. 简述 C 语言的字符集有哪些。
5. 简述编写 C 语言程序时应遵循的规则。

第2章 数据类型、运算符和表达式

数据和运算符是程序的基本要素。数据类型是对程序所处理的数据的“抽象”，将计算机中可能出现的数据进行分类。我们在学习编写C语言程序之前，必须先掌握一些关于数据和运算符的基础知识，因为C语言规定，在程序中使用的每一个数据，必须指定其数据类型。在本章学习中，要求了解C语言的数据类型和运算符；掌握各种基本类型常量的书写方法和变量的定义、赋值、初始化和使用方法；掌握各种基本表达式的组成、运算规则，以及不同类型数据运算的类型转换规则。

2.1 C语言的数据类型

数据类型是指数据在计算机内存中的表现形式，也可以说是数据在程序运行过程中的特征。在C语言中，数据类型可分为基本类型、构造类型、指针类型和空类型4种。

（1）基本类型包含整型、实型（又称浮点型）、字符型和枚举型4种。

（2）构造类型包含数组类型、结构体类型和联合类型（或称共用类型）3 种。构造数据类型是根据已定义的一个或多个数据类型用构造的方法来定义的。构造数据类型是由多个其他数据类型组合而成的，一个构造类型的值可以分解成若干个元素，其中每个元素是一个基本的数据类型。

（3）指针类型是一种特殊的数据类型，其值是用来表示变量的内存地址的。

（4）空类型（void）主要用在函数以及指针应用中。

以上类型可简单地概括成图2.1。

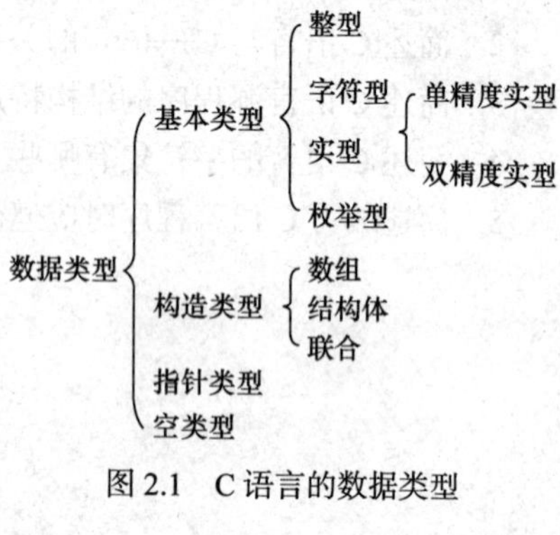

图2.1　C语言的数据类型

C语言中的数据有常量和变量之分，它们都具有上述这些类型。

2.2 常量与变量

在程序运行过程中，其值不能被改变的量称为常量，其值可以改变的量称为变量。常量是指直接出现计算机指令中的数值，例如x+8中，x是一个变量，需要通过变量名去寻找对应的内存空间中的值，而 8 就是常量，无需寻找其地址。

2.2.1 常量

常量可分为不同的类型，如整型常量 0，−3；实型常量 4.6，−1.23；字符常量'd'，字符串常量'a'。常量从形式上又可分为字面（直接）常量和符号常量两种。从字面上就可以判别的常量叫字面常量。

在 C 语言中，常量可以用符号来代替，通过引用这个符号，就相当于引用这个常量，如例 2.1 所示。

【例 2.1】 符号常量的使用。

```
/*程序功能:计算圆的面积*/
#include <stdio.h>
#define  PI  3.1415926
void main()
{
    float r,s;
    r = 5.0;
    s = PI * r * r;
    printf("Area is %f\n", s);
}
```

运行测试：

```
Area is 78.539815
Press any key to continue
```

在实际开发中，如果程序代码长、文件多时，为使用 3.1415926 这个常量方便，可以用某个标识符代表，这个标识符称为符号常量，即标识符形式的常量。用 #define 命令行定义 PI，即程序中的 PI 就是常量 3.1415926。

习惯上，符号常量名用大写，变量名用小写，以示区别。

使用符号常量的优点如下：

（1）含义清楚。通过有意义的单词符号，可以指明该常量的意思，如上面的程序中，从 PI 就可知道它代表圆周率。因此定义符号常量名时，应考虑见名知意。

（2）在需要改变一个常量时能做到“一改全改”。需要修改常量的时候，只需要修改一次就可以实现批量修改。例如在程序中多处用到圆周率，如果用常数表示，则在进行圆周率小数位数调整时，就需要在程序中做多处修改，若用符号常量 PI 代表圆周率，则只需改动一处即可。如：

```
#define PI 3.1416
```

在程序中所有以 PI 代表的数值就会一律自动改为 3.1416。

（3）符号常量不同于变量，它的值在其作用域内不能改变，也不能再被赋值。如再用以下赋值语句给 PI 赋值是错误的。

```
PI = 3.14;
```

但是实际上，符号常量也有自己的缺点，如不能进行类型检查等。

2.2.2 变量

变量代表内存中代表特定属性的一个存储单元，它用来存放数据，也就是变量的值。在程序运行过程中，其值是可以改变的。一个变量应该有一个名字，以便被引用。每个变量必须具有以下两个要素。

1. **变量名**

每个变量都必须有一个名字—— 变量名，变量命名遵循标识符命名规则。最好在定义变量名时应考虑见名知意，如 max 表示求最大值.sum 表示求和。

2. **变量值**

在程序运行过程中，变量值存储在内存中，不同类型的变量占用的内存单元（字节）数不同。在程序中，我们通过引用变量名来引用变量的值。

一个变量在内存中占据一定的存储单元，在该存储单元中存放变量的值，如图 2.2 所示。变量名实际上是一个符号地址，在对程序编译连接时由系统给每一个变量名分配一个内存地址。在程序中，从变量中取值，实际上是通过变量名找到相应的内存地址，从其存储单元中读取数据。

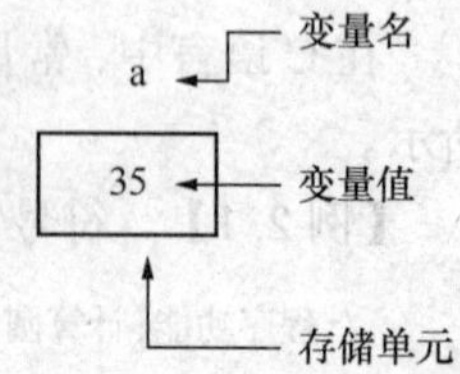

图 2.2　变量值与变量名

在 C 语言中，有以下 3 类标识符。

（1）关键字。C 语言规定了 32 个关键字（见附录），如 int，float 等，这些关键字有特定的用途，不能用作变量名。

（2）系统预定义的标示符。系统提供的库函数的函数名，如 printf，scanf 等。系统允许它们用作变量名，但是这样会使它们失去原有作用容易混淆。一般不把它们用作变量名。

（3）用户标识符。用户自定义的标识符，用来给程序中的变量、函数、符号常量、数组等命名。

变量的名字必须符合 C 语言标识符命名规则。C 语言规定标识符只能由字母、数字和下划线 3 种字符组成，且第一个字符必须为字母或下划线。另外，C 语言对大小写敏感，因此要注意变量名字母的大小写，如 sum 和 SUM，系统认为是两个不同的变量名。

下面是一些合法的标识符，可以作为变量名：

```
total, s_num, int_a, teacher1, age, sorce, _no, max_min
```

下面是一些不合法的标识符和变量名：

```
Jack.jones, ￥350, $180, 7days, x>y, #3.14, name?, 年龄, char, int
```

注意

C 语言规定，对所用到的变量要做强制定义，即“先定义，后使用”，这样做的原因如下。

（1）凡是未被事先定义的，系统不把它认作变量名，这样能保证程序中变量名使用得正确。比如程序中声明：

```
int  week_num;
```

而在程序的执行部分错写成了 week_nom，如：

```
week_nom=6;
```

编译时系统会提示“Undefined symbol week_nom…”，的信息，表示该变量未定义，不作为变量名，提醒用户检查错误，避免使用变量名出错。

（2）定义变量后，程序连接时由系统在内存中开辟（分配）存储空间。如定义整型变量 x，程序连接时在内存中开辟 4 个字节（在 Visual C++ 6.0 环境下）的存储区，并将该存储区命名为 x。

（3）指定每一个变量属于一个类型，这就便于在编译时据此检查，在程序中检查该变量进行的运算是否合法。例如下面的例子：

```
float x;
int y;
y=5%x;
```

%是求余运算，要求运算符的两边都是整数。此处 x 为实型变量，不允许进行求余运算，否则在编译时会给出"出错信息"。

2.3　整型数据

2.3.1　整型常量

整型常量即整型数，在 C 语言中整型常量有以下 3 种表示形式。

（1）十进制整数表示形式由数字 0～9 组成。如 123、−45、0 等。

（2）八进制整数表示形式由数字 0～7 组成。在书写时要加前缀"0"（零）。如 012 表示八进制数 12。所以如果出现 089 这样的数，是错误的。因为出现了 8 超出八进制所使用的数码。

（3）十六进制整数表示形式由 0x 或 0X 开头，其余各位由 0～9 与字母 a～f（0X 开头为 A～F）组成。在书写时要加前缀"0x"或"0X"。如 0x36 表示十六进制数 36。

2.3.2　整型变量

1. 整型数据在内存中的存放形式

数据在内存中以二进制形式存放，如定义了一个整型变量 x：

```
int x;
x=10;
```

十进制数 10 的二进制形式为 1010，编译器为它分配 2 个字节的存储单元（在 Turbo C 环境下），如下所示。

0	0	0	0	0	0	0	0	0	0	0	0	1	0	1	0

在内存中，数据是以补码表示的，其中：

（1）正数的补码和原码相同；

（2）负数的补码，将该数的绝对值的二进制形式按位取反再加 1。

例如求−10 的补码。

（1）求 10 的原码。

0	0	0	0	0	0	0	0	0	0	0	0	1	0	1	0

（2）取反。

1	1	1	1	1	1	1	1	1	1	1	1	0	1	0	1

（3）再加 1，得−10 的补码。

1	1	1	1	1	1	1	1	1	1	1	1	0	1	1	0

由此可知，在存放整数的存储单元中，最左边一位是符号位，该位为 0 时表示数值为“正”；该位为 1 时表示数值为“负”。

2. 整型变量的分类

根据占用内存字节数的不同，整型变量分为 4 类。

（1）基本整型（类型关键字为 int）。

（2）短整型（类型关键字为 short [int]）。

（3）长整型（类型关键字为 long [int]）。

（4）无符号整型。

其中无符号整型又分为无符号基本整型（用 unsigned [int]表示）、无符号短整型（用 unsigned short 表示）和无符号长整型（用 unsigned long 表示）3 种，它们只能用来存储无符号整数。

如果不指定 unsigned 或指定 signed，则存储单元中最高位代表符号（0 为正，1 为负）。如果指定 unsigned，为无符号型，存储单元中全部二进制位都用来存放数本身，而不包括符号。因此一个无符号整型变量中可以存放的正数的范围比一般整型变量中正数的范围扩大一倍。例如：

```
int x;
unsigned int y;
```

变量 x 的取值范围是−32768～32767，变量 y 的取值范围是 0～65535（在 Turbo C 环境下）。如下所示，分别表示有符号整型变量 x 和无符号整型变量 y 的最大值。

（1）有符号整型数据：最大值表示 32767。

0	1	1	1	1	1	1	1	1	1	1	1	1	1	1	1

（2）无符号整型数据：最大值表示 65535。

1	1	1	1	1	1	1	1	1	1	1	1	1	1	1	1

表 2.1 列出了 C 语言中各类整型数据所分配的内存字节数及数的表示范围。

表 2.1　各类整型数据所分配的内存字节数及数的表示范围

类型	Turbo C 2.0		Visual C++ 6.0	
	字节数	数值范围	字节数	数值范围
[signed]int	2	−32768～32767	4	−2147483648～2147483647
unsigned int	2	0～65535	4	0～4394967295
[signed]short[int]	2	−32768～32767	2	−32768～32767
unsigned shor[int]	2	0～65535	2	0～65535
long[int]	4	−2147483648～2147483647	4	−2147483648～2147483647
unsigned long[int]	4	0～4394967295	4	0～4394967295

3. 整型变量的定义

C 语言程序设计中，所有用到的变量都必须在程序中先定义，即类型定义或类型说明，也就是“先定义，后使用”。例如：

```
int num;                    //定义变量 num 为整型
unsigned short max,min;     //定义变量 max、min 为无符号短整型
long total,sum;             //定义变量 total、sum 为长整型
```

【例 2.2】　整型变量的定义与使用。

```
#include <stdio.h>
void main()
{
    int num1,num2,sum;              // 定义 num1、num2、sum 为整型变量
    unsigned num3;                  // 定义 num3 为无符号整型变量
    num1 = 100;
    num2 = -50;
    num3 = 10;
    sum = num1+num2+num3;
    printf("sum = %d\n",sum);
}
```

运行测试：

```
sum = 60
Press any key to continue
```

可以看到不同类型的整型数据可以进行算术运算。在本例中是 int 型数据与 unsigned int 型数据进行相加、相减运算。

注意　在 Turbo C 中，一个 int 型变量的最大值是 32767，如果再加 1 会出现数据的溢出。

【例 2.3】　整型数据的溢出。

```
#include <stdio.h>
void main()
{
    int a,b;
    a=32767;
    b=a+1;
    printf("%d,%d\n",a,b);
}
```

上例在 Turbo C 下输出值是 32767，-32768；在 VC6.0 下，输出值是 32767，32768。因为 int 类型在 Turbo C 下默认占 2 个字节，在 VC 6.0 下默认占 4 个字节，32768 不会导致溢出。

2.3.3　整型常量的类型

既然整型变量有类型，那么整型常量也应该有类型，才能在赋值时匹配。假定整型数据在内存中占 2 个字节，赋值时应注意以下几点。

① 一个整数，如果其值在-32768～+32767 范围内，认为它是 int 型，它可以赋值给 int 型和 long int 型变量。

② 一个整数，如果其值超过了上述范围，而在-2147483648～+2147483647 范围内，则认为它是长整型。可以将它赋值给一个 long int 型变量。

③ 如果所用的 C 版本（如 Turbo C）分配给 short int 与 int 型数据在内存中占据的长度相同，则它的表示范围与 int 型相同。因此一个 int 型的常量同时也是一个 short int 型常量，可以赋给 int 型或 short int 型量。

④ 一个整型常量后面加一个字母 u 或 U，认为是 unsigned int 型，如 12345u，在内存中按 unsigned int 规定的方式存放（存储单元中最高位不作为符号位，而用来存储数据）。

⑤ 在一个整型常量后面加一个字母 l 或 L，则认为是 long int 型常量。

例如：123l，432L，0L 用于函数调用中。

2.4 浮点型数据

2.4.1 浮点型常量

浮点数即实数，在 C 语言中只有十进制的表现形式，没有十六进制和八进制的表示。实数有以下两种表现形式。

（1）十进制形式的实数由数字和小数点组成（注意必须加小数点），如 0.123、123.0。

（2）指数形式的实数用指数记数法的形式来表示。由十进制数、加阶码标志“e”或“E”以及阶码（只能为整数，可以带符号）组成。其一般形式为：

a E *n*（*a* 为十进制数，*n* 为十进制整数）

其值为 $a*10^n$。当“*a*”的小数点左边有一位（且只能有一位）非零的数字时，这种格式称为规范化的指数形式。如下例都是合法的浮点型数据：

2.1E5 （等于 $2.1*10^5$）
3.7E-2 （等于 $3.7*10^{-2}$）
0.5E7 （等于 $0.5*10^7$）
-2.8E-2 （等于 $-2.8*10^{-2}$）

其中 2.1E5、3.7E-2、-2.8E-2 都是规范化的指数形式。

以下都不是合法的浮点数：

345 （无小数点）
E7 （阶码标志 E 之前无数字）
-5 （无阶码标志）
53.-E3 （负号位置不对）
2.7E （无阶码）

【例 2.4】 浮点型数据的输出。

```
#include <stdio.h>
void main()
{
    printf("%f\n",356.);            //%f 是输出浮点型数据使用的格式符
    printf("%f\n",356);
    printf("%f\n",356.0);
}
```

运行测试：

```
356.000000
0.000000
356.000000
Press any key to continue
```

2.4.2 浮点型变量

1. 浮点型变量在内存中的存放形式

浮点型变量一般占 4 个字节（32 位）内存空间，按指数形式存储。例如，实数 9.527 在内存中的存放形式如下：

+	.527	1
数符	小数部分	指数

说明

（1）小数部分占的位（bit）数愈多，数的有效数字愈多，精度愈高。

（2）指数部分占的位数愈多，则能表示的数值范围愈大。

2. 浮点型变量的分类

C 语言的浮点型变量分为单精度型、双精度型和长双精度 3 种类型。单精度型的类型关键字为 float，一般占 4 个字节（32 位），提供 6～7 位有效数字。双精度型的类型关键字为 double，一般占 8 个字节，提供 15～16 位有效数字。长双精度型的类型关键字为 long double，一般占 16 个字节，提供 18～19 位有效数字。对每一个浮点型变量都应在使用前加以定义。

表 2.2 列出了 C 语言中各类浮点型数据所分配的内存字节数及数的表示范围。

表 2-2　各类浮点型数据所分配的内存字节数及数的表示范围

类型说明符	比特数（字节数）	有效数字	数的范围
float	32(4)	6～7	10^{-37}～10^{38}
double	64(8)	15～16	10^{-307}～10^{308}
long double	128(16)	18～19	10^{-4931}～10^{4932}

浮点型变量定义的格式和书写规则与整型相同。例如：

```
float x,y;                  // 定义 x、y 为单精度实数
double b;                   // 定义 b 为双精度实数
long double c;              // 定义 c 为长双精度实数
```

3. 浮点型数据的舍入误差

由于浮点数是由有限的存储单元组成的，因此能提供的有效数字总是有限的，在有效位以外的数字将被舍弃。如下例所示。

【例 2.5】　浮点型数据的舍入误差（一）。

```
#include <stdio.h>
void main()
{
    float a,b;
    a=123456.789e5;
    b=a+20;
    printf("a=%f\n",a);
    printf("b=%f\n",b);
}
```

运行测试：

```
a=12345678848.000000
b=12345678848.000000
Press any key to continue
```

从本例可以看出：由于 a 的值比 20 大很多，a+20 的理论值是 12345678920，而单精度浮点型变量的有效位数只有七位，因此七位以后的数字是无意义的，把 20 加在后几位上也是无意义的。

【例 2.6】　浮点型数据的舍入误差（二）。

```
#include <stdio.h>
void main()
{
```

```
    float a;
    double b;
    a=33333.33333;
    b=33333.33333333333333;
    printf("a=%f\nb=%f\n",a,b);
}
```

运行测试：

```
a=33333.332031
b=33333.333333
Press any key to continue
```

从本例可以看出：

（1）由于 a 是单精度浮点型变量，有效位数只有七位，而整数已占五位，故小数两位后的数字均为无效数字；

（2）b 是双精度型变量，有效位为十六位，但 VC 6.0 规定%f 格式中小数后最多保留六位，其余部分四舍五入。

2.4.3　浮点型常量的类型

C 语言编译系统将浮点型常量默认为双精度来处理。假设有如下语句：

```
double var_d;
float var_f;
var_d=3.1415926 * 3.0;
var_f=3.1415926 * 3.0;
```

由于 3.1415926 和 3.0 都是 double 类型的常量，它们的乘积也是 double 型的。将结果赋给 var_d 时，可顺利通过编译；但是，若将结果赋给 var_f 时，系统给出警告“truncation from const double to float”，提醒用户把一个 double 常量赋给 float 型变量，精度会受损失。警告不影响连接和运行，但是用户应了解警告中提出的问题是否影响运行的结果。

当然，我们也可以指定浮点型常量的类型。在浮点型常量后面添上 f 或者 F，编译器就会用 float 类型来处理这个常量。例如：1.5f，2.1e6F。在后面添上 l 或者 L 的话，编译器会用 long double 类型来处理这个常量。例如：4.1l，50.2E5L。最好用大写 L，因为小写 l 容易和数字 1 混淆。

2.5　字符型数据

2.5.1　字符型常量

字符常量是用一对单引号括起来的单个字符，如'A'、'a'、'X'、'?'、'$'都是字符常量。注意，单引号是定界符，不是字符常量的一部分，如果不用单引号括起来，例如 a，编译器将认为 a 是一个变量或者是其他有名称的对象。

在计算机内存中，字符是按 ASCII 码值存储的。字符常量'a'对应的 ASCII 码值是 97，'A'对应的 ASCII 码值是 65，所以'a'和'A'是两个不同的字符常量。同样，'0'对应的 ASCII 码值是 48，而 0 本身就是一个整型常量。'0'和 0 两者是不相同的。

除了以上形式的字符常量外，C 语言中还包含一种特殊的表现形式即转义字符。其形式为反斜杠“\”后面跟一个数值或一个字符。例如'\102'表示字符'B'，'\n'为换行。其中'\n'是一种“控制字符”，在屏幕上是不能显示的，在程序中也无法用一个一般形式的字符表示，只能采用特殊形式来表示。所以 C 语言规定用'\'开头的字符其后跟随的字符用另外的意思代替。常见的转义字符如表 2.3 所示。

表 2.3　常见的转义字符

转义字符	表示含义
\\	将\转义为字符常量中的有效字符(\字符)
\'	单引号字符
\"	双引号字符
\n	换行，将当前位置移到下一行开头
\t	横向跳格，横向跳到下一个制表位
\r	回车，将当前位置移到本行开头
\f	走纸换页，将当前位置移到下页开头
\b	退格，将当前位置移到前一列
\v	竖向跳格
\ddd	1 到 3 位八进制数所代表的字符
\xhh	1 到 2 位十六进制数所代表的字符

其中，"\ddd"的形式表示 1 到 3 位八进制数所代表的字符，如'\101'代表八进制数 101（十进制数 65）的 ASCII 码所对应的字符为‘A’；"\xhh"的形式表示 1 到 2 位十六进制数所代表的字符，如'\x42'代表十六进制数 42（十进制数 66）的 ASCII 码所对应的字符为'B'。

【例 2. 7】　转义字符的使用。

```
#include <stdio.h>
void main()
{
    printf("□ab□c\t□de\rf\tg\n");           // □表示一个空格
    printf("h\ti\b\bj□k");
}
```

程序运行后在显示屏上的输出结果如下所示。

```
f□□□□□□□gde
h□□□□□□j□k
```

程序分析：

（1）第一个 printf 函数先在第一行左端开始输出“□ab□c”；

（2）遇到“\t”，它的作用是“跳格”，即跳到下一个“制表位置”，在我们所用系统中，一个“制表区”占 8 列。“下一制表位置”从第 9 列开始，故在第 9～11 列上输出“□de”；

（3）遇到“\r”，它代表“回车”（不换行），返回到本行最左端（第 1 列），输出字符“f ”；

（4）遇到“\t”再使当前输出位置移到第 9 列，输出“g”；

（5）遇到“\n”，作用是使当前位置移到下一行的开头；

（6）第二个 printf 函数先在第一列输出字符“h”，后面的“\t”使当前位置跳到第 9 列，输出字符“i”，此时已输出“h□□□□□□□i”；

（7）当前位置移到下一列（第 10 列）准备输出下一个字符。遇到两个“\b”，“\b”的作用是退一格，因此“\b\b”的作用是使当前位置回退到第 8 列，接着输出字符“j□k”，j 后面的“□”将原有的字符“i”取而代之，因此屏幕上看不到“i”。

> **注意** 为什么运行结果中开始输出的“□ab□c”没有了？

这是由于“\r”使当前位置回到本行的开头，由此输出的字符（包括空格和跳格所经过的位置）将取代原来屏幕上该位置上显示的字符，所以原有的字符“□ab□c□□□□”被新的字符“f□□□□□□□□□g”代替，其后的“de”未被新字符代替。

实际上，屏幕上完全按程序要求输出了全部的字符，只是因为在输出前面的字符后，很快又输出后面的字符，在人们还未看清楚之前，新的已取代了旧的，所以误以为未输出应该输出的字符。若在打印机上输出，则结果如下所示。

```
fab□c□□□gde
h□□□□□□jik
```

它不像显示屏那样会“抹掉”原字符，而是留下了痕迹，能真正反映输出的过程和结果。

2.5.2 字符型变量

字符变量的类型关键字为 char，占用一个字节的内存单元。字符变量用来存储字符常量，一个字符变量只能存储一个字符常量。在存储时，实际上是将该字符的 ASCII 码值（无符号整数）存储到内存单元中。例如：'x'的十进制 ASCII 码是 120，'y'的十进制 ASCII 码是 121。对字符变量 a、b 赋予'x'和'y'值。

```
char a,b;          // 定义两个字符变量 a、b
a='x';             // 给字符变量赋值
b='y';
```

实际上是在 a、b 两个单元内存放 120 和 121 的二进制代码。

变量 a 在内存中的存放形式：

0	1	1	1	1	0	0	0

变量 b 在内存中的存放形式：

0	1	1	1	1	0	0	1

字符数据在内存中存储的是字符的 ASCII 码值，即一个无符号整数，其形式与整数的存储形式一样，所以 C 语言允许字符型数据与整型数据之间可以通用。

（1）一个字符型数据，既可以以字符形式输出，也可以以整数形式输出。以字符形式输出时，系统先将存储单元中的 ASCII 码转换成相应字符再输出；以整数形式输出时，直接将 ASCII 码作为整数输出。

【例 2.8】 字符变量的字符形式输出和整数形式输出。

```
#include<stdio.h>
void main()
{
    char a,b;
    a='x';
    b='y';
    printf("%c,%c\n",a,b);                //以字符的形式输出
    printf("%d,%d\n",a,b);                //以整数的形式输出
}
```

运行测试：

```
x,y
120,121
Press any key to continue
```

注意　字符数据占一个字节，它只能存放 0～255 范围内的整数，而 char 是用符号存放 −128～127，超过 127 用负数存放。其中，%c 是输出字符时使用的格式符，%d 是输出整型数据时使用的格式符。

（2）允许对字符数据进行算术运算，此时就是对它们的 ASCII 码值进行算术运算。

【例 2. 9】　字符数据的算术运算。

```
#include <stdio.h>
void main()
{
    char ch1,ch2;
    ch1 = 'a';
    ch2 = 'B';
    printf("ch1 = %c,ch2 = %c\n",ch1-32,ch2+32);  // 字母的大小写转换
}
```

运行测试：

```
ch1 = A,ch2 = b
Press any key to continue
```

从例 2.9 中可以看出，程序的作用是将小写字母 a 转换成大写字母 A，大写字母 B 转换成小写字母 a。'a'的 ASCII 码为 97，而'A'的 ASCII 码为 65，'B'的 ASCII 码为 66，而'b'的 ASCII 码为 98。从 ASCII 代码表中可以看到每一个小写字母的 ASCII 码比它相应的大写字母的 ASCII 码大 32。

（3）字符型数据和整型数据可以相互赋值。字符数据在内存中存储的是字符的 ASCII 码值，因此可以把字符型数据看成是整型量。C 语言允许对整型变量赋以字符值，也允许对字符变量赋以整型值。

【例 2.10】字符型数据和整型数据相互赋值。

```
#include <stdio.h>
void main()
{
    int i;
    char c;
    i='a';              //将字符常量赋给整型变量
    c=97;               //将整型常量赋给字符变量
    printf("%c,%d\n",c,c);
    printf("%c,%d\n",i,i);
}
```

运行测试：

```
a,97
a,97
Press any key to continue
```

2.5.3　字符串常量

字符串常量是用一对英文双引号括起来的字符序列，如"abc"、"CHINA"、"yes"、"1234"、"How do you do"都是字符串常量。双引号不是字符串的一部分，只起定界的作用。

字符串和字符不同，它们之间主要有以下区别。

（1）字符由单引号括起来，字符串由双引号括起来。

（2）字符只能是单个字符，字符串则可以含一个或多个字符。

（3）可以把一个字符型数据赋予一个字符变量，但不能把一个字符串赋予一个字符变量。在

C 语言中没有相应的字符串变量，也就是说不存在这样的关键字，将一个变量声明为字符串。但是可以用一个字符数组来存放一个字符串，这将在数组一章内予以介绍。

（4）字符占一个字节的内存空间。字符串占的内存字节数等于字符串中字符数加 1。增加的一个字节中存放字符'\0' （ASCII 码为 0），这是字符串结束的标志。

例如，字符串“C program”在内存中所占的字节为 10 个字节非 9 个字节，如下所示

C		p	r	o	g	r	a	m	\0

同理可知，字符'a'和字符串"a"虽然都只有一个字符，但在内存中的情况是不同的。'a'在内存中占一个字节，"a"在内存中占两个字节，可分别表示如下

a

a	\0

注意：在写字符串时不必加'\0'，否则会画蛇添足。字符'\0'是系统自动加上的。

程序设计过程中，可以将多个字符串常量连接起来并进行输出。如例 2.11 所示。

【例 2.11】 字符串常量被连接实例。

```
#include <stdio.h>
void main()
{
    printf("This is my first program in C\n");
}
```

运行测试：

```
This is my first program in C
Press any key to continue
```

2.6 C 语言的运算符和表达式

2.6.1 C 语言运算符和表达式简介

C 语言表达式是由运算符、常量及变量组成的，运算符（即操作符）是对运算对象（又称操作数）进行某种操作的符号。

1. C 语言运算符

C 语言为了加强对数据的表达、处理和操作能力，提供了大量的运算符，它们可以与运算对象一起组成丰富的表达式。例如表达式：

```
1+2*3-10
```

其中，1、2、3、10 称为运算对象，+、*、−称为运算符。

上面的表达式先进行 * 运算，再进行 + 运算和 − 运算，这是因为运算符的优先级不同，*的优先级高于+和−，所以先进行*运算。进行−运算时，是 7 减 10，而不是 10 减 7，这是由运算符的结合性决定的，−运算符的结合性是从左到右。

由此可知，运算符不仅具有不同的优先级，还有不同的结合性。在表达式中，各运算量参与运算的先后顺序不仅要遵守运算符优先级别的规定，还要受运算符结合性的制约，以便确定是自

左向右进行运算还是自右向左进行运算。

C 语言的运算符可分为以下几类，如表 2-4 所示。

表 2-4　　C 运算符分类

运算符	说明
算术运算符	用于各类数值运算。包括加(+)、减(−)、乘(*)、除(/)、求余(或称模运算，%)、自增(++)、自减(− −)共 7 种
关系运算符	用于比较运算。包括大于(>)、小于(<)、等于(==)、大于等于(>=)、小于等于(<=)和不等于(!=)6 种
逻辑运算符	用于逻辑运算。包括与(&&)、或(||)、非(!)3 种
位操作运算符	参与运算的量，按二进制位进行运算。包括位与(&)、位或(|)、位非(~)、位异或(^)、左移(<<)、右移(>>)6 种
赋值运算符	用于赋值运算，分为简单赋值(=)、复合算术赋值(+=, −=, *=, /=, %=)和复合位运算赋值(&=, |=, ^=, >>=, <<=)三类共 11 种
条件运算符	这是一个三目运算符，用于条件求值(?:)
逗号运算符	用于把若干表达式组合成一个表达式(，)
指针运算符	用于取内容(*)和取地址(&)两种运算
求字节数运算符	用于计算数据类型所占的字节数(sizeof)
强制类型转换运算符	用于将一个表达式转换成所需类型
特殊运算符	有括号()，下标[]，成员(−>，.)等几种

2. C 语言表达式

用运算符和括号将运算对象（常量、变量和函数等）连接起来的、符合 C 语言语法规则的式子，称为表达式。单个常量、变量或函数，可以看作是表达式的一种特例。将单个常量、变量或函数构成的表达式称为简单表达式，其他表达式称为复杂表达式。

C 语言包含以下几类表达式：

（1）算术表达式如 a+b*c；

（2）关系表达式如 x>y；

（3）逻辑表达式如 x>=0&&y>>0；

（4）赋值表达式如 a=5；

（5）逗号表达式如 x=3，y=6。

本章主要介绍算术表达式、赋值表达式以及逗号表达式，关系表达式、逻辑表达式一般作为条件来使用，因此在选择结构章节中进行介绍。

2.6.2　算术运算符和算术表达式

算术运算符分为单目运算符和双目运算符两类。单目算术运算符只需要一个操作数，操作数一般位于运算符的右边（自增、自减运算中也可位于运算符的左边）；双目算术运算符需要两个操作数，操作数位于运算符的两边。

1. 五种基本算术运算符

C 语言中的算术运算符可以用来进行各种数值计算，基本的算术运算符包括以下五种：

```
+ (加法)、- (减法/取负)、* (乘法)、/ (除法)、% (求余数)
```

这五种算术运算符的运算规则与代数运算规则基本相同，但也存在一些不同之处。算术运算符的运算规则可以通过表 2.5 进行说明。

表 2.5　　C 算术运算符

名称	符号	说明
加法运算符	+	双目运算符，即应有两个量参与加法运算，如 a+b，4+8 等。具有右结合性
减法运算符	-	双目运算符。但“-”也可作负值运算符，此时为单目运算，如-x，-5 等具有左结合性
乘法运算符	*	双目运算符，具有左结合性
除法运算符	/	双目运算符，具有左结合性。参与运算量均为整型时，结果也为整型，舍去小数。如果运算量中有一个是实型，则结果为双精度实型
求余运算（模运算符）	%	双目运算符，具有左结合性。要求参与运算的量均为整型，不能应用于 float 或 double 类型。求余运算的结果等于两数相除后的余数，整除时结果为 0

对于表 2.5 有两点需要加以说明。

① 除法运算（/）。两个整数相除，其商为整数，小数部分被舍弃，例如，5/2 = 2；若两个运算对象中至少有一个是实型，则运算结果为实型，例如，5.0/2 = 2.5。

② 求余数运算（%）。要求运算符两侧的操作数均为整型数据，结果是整除后的余数。运算结果的符号随不同系统而定，在 Turbo C 中，运算结果的符号与被除数相同。例如，7%3、7%-3 的结果均为 1；-7%3、-7%-3 的结果均为-1。如果 x%y 中，x 能被 y 整除，则结果为零。求余运算符不能应用到 float 型或 double 型。

2. 自增、自减运算符

自增、自减运算符均为单目运算符，它们的作用是分别使单个变量的值增 1 或减 1。自增、自减运算符都有前置运算和后置运算两种用法。此外，这两种运算符的运算对象只能是整型变量，从运算结果看 i++相当于 i=i+1，利用自增运算符的写法使得程序更加简洁。

（1）前置运算。运算符放在变量之前，以整型变量 i 为例

```
++i、--i
```

前置运算可以分成两种情况来分析。

①当运算中只包含前置运算，仅仅只需要对该对象执行增 1 或减 1 操作，不存在先后问题。

例如　　++i;或--i;

相当于　i=i+1;或 i=i-1;

②当运算中包括前置运算和其他运算时，则需要先使变量的值增（或减）1，然后再以变化后的值参与其他运算，即先增（减）、后运算。

例如，如果 i 的原值等于 3，则执行下面的赋值语句后，

```
j = ++i;
```

i 的值先增 1 变成 4，再赋给整型变量 j，j 的值为 4。

（2）后置运算。运算符放在变量之后，仍以整型变量 i 为例

```
i++、i--
```

同理，后置运算也可以分成两种情况来分析。

① 当运算中只包含后置运算，仅仅只需要对该对象执行增 1 或减 1 操作，不存在先后问题，

等同于前置运算的处理。

例如　　i++;或 i--;

相当于　i=i+1;或 i=i-1;

② 当运算中包括后置运算和其他运算时，则需要变量先参与其他运算，然后再使变量的值增（或减）1，即先运算、后增（减）。

例如，如果 i 的原值等于 3，则执行下面的赋值语句后，结果不同。

```
j = i++;
```

先将 i 的值 3 赋给 j，j 的值为 3，然后 i 增 1 变成 4。

【例 2.12】　自增、自减运算符的用法与运算规则。

```
#include <stdio.h>
void main()
{
    int x = 6, y;
    printf("x = %d\n", x);        // 先输出 x 的初值
    y = ++x;                      // 前置运算:x 先增 1(=7)，然后再赋值给 y(=7)
    printf("y = ++x : x = %d,y = %d \n", x , y);
    y = x -- ;                    // 后置运算:先将 x 的值(=7)赋值给 y(=7)，然后 x 再减 1(=6)
    printf("y = x--:x = %d,y = %d\n", x , y);
}
```

运行测试：

```
x = 6
y = ++x : x = 7,y = 7
y = x--:x = 6,y = 7
Press any key to continue
```

关于自增、自减运算符说明如下。

（1）自增、自减运算符不能用于常量和表达式。例如，5++、--（a+b）都是非法的。

（2）在表达式中，连续使用同一变量进行自增或自减运算时，很易出错，所以最好避免这种用法。

例如，表达式（x++）+（x++）+（x++）的值等于多少（假设 x 的初值为 3）？在 Turbo C 系统下，该表达式的值等于 9，变量 x 的值变为 6。因为 x 自增了 3 次，x 自身的值为 6。

（3）使用++和--时，在书写时最好采用大家都能理解的写法，避免误解。如：不要写成 i+++j 的形式，这会产生二义性，最好写成（i ++）+ j 或 i+（++ j）的形式。

（4）在 printf()函数中，打印的各项目的求值顺序随各系统而定，在 Turbo C 系统中是从右向左。例如，在如下程序段中，设 i 的初值为 5，则

```
printf("%d,%d",i,i++);
```

的输出结果为：6,5

3. 算术表达式

用算术运算符和括号将运算对象（常量、变量和函数等）连接起来的、符合 C 语言语法规则的式子，称为算术表达式。例如，a+b*c-2+'b'都是合法的算术表达式，表达式的结果为一个算术值。运算符都有优先级和结合性，因此在求表达式的值时，要按照优先级的高低以此计算，如果在一个运算量两侧运算符优先级相同，则按规定的结合方向进行。

算术运算符的优先级与代数中的运算规则相同，即先乘除取余，后加减，结合性是从左到右，如当表达式中有多个加法或减法，则按从左到右的顺序求值。

2.6.3 赋值运算符和赋值表达式

1. 赋值运算

C 语言中符号“=”就是赋值运算符，从形式上看，它和数学中谈到的等号相同，但是两者的含义却存在着差别。数学中的“=”表示相等关系，如 $x=y$ 表示 x 和 y 相等；C 语言中“=”表示赋值关系，它的作用是将一个表达式的值赋给一个变量。由“=”连接的式子称为赋值表达式，其一般形式为：

```
变量=表达式
```

（1）赋值表达式的计算

赋值表达式的计算过程可以通过以下步骤进行描述：

① 计算赋值运算符右侧“表达式”的值；

② 将计算结果赋给左侧的变量；

③ 赋值表达式的值就是左侧被赋值变量的值。

例如：a=8+5

该表达式是一个赋值表达式，执行过程如下：

① 先运算赋值运算符右侧的表达式，如上式是加法运算 8+5，结果为 13；

② 将结果 13 赋值给赋值运算符左侧的变量 a；

③ 整个表达式的值即为被赋值变量 a 的值，即表达式 a=8+5 的值为 13。

注意

① 赋值运算符左侧的标识符称为“左值”，并不是任何对象都可以为左值，左值必须是一个有存储空间的量，因此变量可以为左值，表达式不能为左值，例如 b+c 不能为左值。常量不能被修改，也不能被赋值，所以常量也不能为左值。与之相对应的赋值运算符右侧的称为“右值”。

② 当表达式值的类型与被赋值变量的类型一致时，可以直接赋值；当表达式值的类型与被赋值变量的类型不一致，但都是数值型或字符型时，系统会自动地将表达式的值转换成被赋值变量的数据类型，然后再赋值给变量，这一点将在类型转换一节中专门介绍。以 y 是整型变量为例：

```
y = 5.0/2                    // 将表达式的值(=2.5)赋值给变量 y
```

（2）赋值运算符的结合性

赋值运算符具有右结合性，因此在表达式中若出现多个赋值运算符应遵循从右到左的顺序进行计算。例如：

```
a=b=c=5 可理解为 a=(b=(c=5))
```

① 先计算表达式 c=5，得到值为 5，即转换为 a=b=5；

② 再计算表达式 b=5，得到值为 5，即转换为 a=5；

③ 表达式 a=5 的值为 5，因此整个表达式 a=b=c=5 的值为 5。

（3）赋值运算符的优先级

凡是表达式可以出现的地方均可出现赋值表达式，因此涉及其他运算符的混合运算。从书后附录中的运算符和结合性可以看出，赋值运算符优先级低于算术运算符。例如：

```
x=(a=5)+(b=8)
```

这个表达式是合法的，对于该表达式的计算还需要考虑运算符“()”的优先级，由于“()”高于“+”，“+”的优先级高于“=”，因此先计算赋值表达式 a=5 和 b=8 的值，得到 5 和 8，再计算两者的和赋予 x，故 x 应等于 13。

2. **复合的赋值运算**

在赋值符“=”之前加上其他双目运算符可构成复合赋值符，如+=、−=、*=、/=、%=、<<=、>>=、&=、^=、|=。构成复合赋值表达式的一般形式为：

```
变量 双目运算符=表达式
等价于
变量=变量 运算符 表达式
```

例如：

```
i += 3        // 等价于 i = i + 3
```

注意 当赋值运算符右侧的表达式非单个常量、变量或函数时，等价形式中表达式外需要加一对圆括号，否则可能出错。

```
y *= x + 6   // 等价于 y = y * (x + 6)，而不是 y = y * x + 6
```

复合的赋值运算符也是赋值运算符，因此优先级和结合性与“=”相同。例如，整型变量 a 的初值为 6，求赋值表达式“a+=a−=a*=a”的求解步骤如下。

① 先计算表达式“a*=a”，它相当于 a=a*a，则 a=36，得该表达式的值为 36，即原表达式转换为“a+=a−=36”。

② 再计算“a−=36”，它相当于 a=a−36，则 a=0，得该表达式的值为 0，即原表达式转换为“a+=0”。

③ 最后计算“a+=0”，它相当于 a=a+0，则 a=0，即原表达式的值为 0。

2.6.4 逗号运算符和逗号表达式

在 C 语言中逗号“,”也是一种运算符，称为逗号运算符。其功能是把两个表达式连接起来组成一个表达式，称为逗号表达式。其一般形式为：

```
表达式 1，表达式 2
```

其求值过程是分别求两个表达式的值，并以表达式 2 的值作为整个逗号表达式的值。

例如：2+3，4+5

先计算表达式 1 的值为 5，再计算表达式 2 的值为 9，则该逗号表达式的值为 9。

逗号表达式的一般形式可以扩展为：

```
表达式 1，表达式 2，…，表达式 N
```

从附录中可知，逗号运算符的优先级是最低的，它的结合性是从左到右。因此计算各表达式的值后，最后表达式 *N* 的值即为整个逗号表达式的值。

【例 2.13】 逗号运算符的运用。

```
#include <stdio.h>
void main()
{
    int a=2,b=4,c=6,x,y;
    y=(x=a+b,b+c);
    printf("y=%d, x=%d\n",y,x);
}
```

运行测试：

```
y=10, x=6
Press any key to continue
```

程序分析：由附录中可得几种运算符的优先级“()”＞“+”＞“=”＞“,”（>表示“高于”），即计算表达式 y=（x=a+b，b+c）时，按以下步骤进行：

（1）先计算括号里的逗号表达式“x=a+b，b+c”，即逗号表达式“x=6，10”；

（2）再计算表达式“x=6”，得 x 的值为 6，该表达式的值为 6，进而（1）中的逗号表达式转换为表达式“6，10”，可得值为 10；

（3）再计算表达式“y=10”，可得 y 的值为 10。y 等于整个逗号表达式的值，也就是表达式 2 的值，x 是第一个表达式的值。

对于逗号表达式还要说明一下 3 点。

（1）逗号表达式一般形式中的表达式 1 和表达式 2 也可以又是逗号表达式。例如：

```
(x=2*3,x+2),x+5
```

先计算 x 的值为 6，再计算 x+2 得 8（x 的值仍为 6），最后计算 x+5 得 11，即整个逗号表达式的值为 11。

（2）程序中使用逗号表达式，通常是要分别求逗号表达式内各表达式的值，并不一定要用整个逗号表达式的值，常用于循环结构中。

（3）不是在所有出现逗号的地方都组成逗号表达式。例如：

```
int a, b;
printf("%d, %d", a, b);
```

上例在变量说明中、函数输出项列表中逗号只是用作各变量之间的间隔符。

2.7 C 语言数据类型转换

C 语言中变量的数据类型是可以转换的，转换的方法有两种，一种是自动转换，一种是强制转换。

1. 自动转换

自动转换发生在不同数据类型的量进行混合运算时，由编译系统自动完成。自动转换遵循以下规则。

（1）若参与运算量的类型不同，则先转换成同一类型，然后进行运算。

（2）转换按数据长度增加的方向进行，以保证精度不降低。如 int 型和 long 型运算时，先把 int 量转成 long 型后再进行运算。

（3）所有的浮点运算都是以双精度进行的，即使仅含 float 单精度量运算的表达式，也要先转换成 double 型，再作运算。

（4）char 型和 short 型参与运算时，必须先转换成 int 型。

以上的转换规则可以用图 2.3 表示。

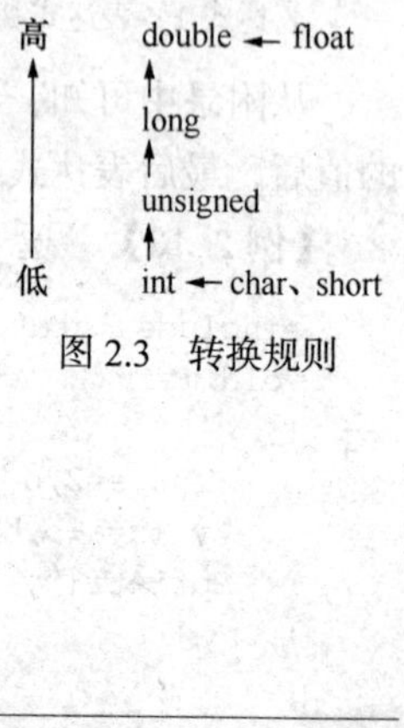

图 2.3　转换规则

例如，有如下定义：

```
int   m;
float   n;
double   d;
long int   e;
```

对表达式（'c'+'d'）×20+m×n−d/e 在运算时是这样转换的：

① 计算（'c'+'d'）时，先将字符常量'c'和'd'转换成整型数 99、100，运算结果为 199；

② 计算（'c'+'d'）×20 结果为 3980；

③ 计算 m×n 时，先将 m 和 n 都转换成双精度型；

④ 计算 d/e 时，将 e 转换成双精度型，d/e 结果为双精度型；

⑤ 最后将 3980 转换成双精度型，然后与 m×n 的结果相加，再减去 d/e 的结果，表达式计算完毕，结果为双精度实型数。

（5）在赋值运算中，如果赋值运算符两边的数据类型不相同，系统将自动进行类型转换，即把赋值号右边的类型换成左边的类型。具体规定如下：

① 实型赋予整型，舍去小数部分；

② 整型赋予实型，数值不变，但将以浮点形式存放，即增加小数部分（小数部分的值为 0）；

③ 字符型赋予整型，由于字符型为一个字节，而整型为两个字节（Turbo C 中），当 ASCII 码为 0～127 时，将字符的 ASCII 码值放到整型量的低八位中，高八位为 0；当 ASCII 码为 128～255 时，将字符的 ASCII 码值放到整型量的低八位中，高八位为 1。

④ 整型赋予字符型，只把低八位赋予字符量，数据有可能发生改变。

【例 2.14】　实型与整型的赋值转换。

```
#include <stdio.h>
void main()
{
    int a;
    float x;
    a=8.88;
    x=322;
    printf("%d,%f\n",a,x);
}
```

运行测试：

```
8,322.000000
Press any key to continue
```

【例 2.15】　字符型与整型的赋值转换。

```
#include <stdio.h>
void main()
{
    int a,b=322;
    char c1='k',c2;
    a=c1;
    c2=b;
    printf("%d,%c\n",a,c2);
}
```

运行测试：

```
107,B
Press any key to continue
```

程序分析：字符型量 c1 赋予整型变量 a，高字节补 0，得到整型数据 107；整型变量 b 赋予 c2 后取其低八位成为字符型（b 的低八位为 01000010，即十进制 66，按 ASCII 码对应于字符 B）。

2. 强制类型转换

强制类型转换是通过强制类型转换运算符来实现的，其一般形式为：

(类型说明符)　(表达式)

其功能是把表达式的运算结果强制转换成类型说明符所表示的类型。当被转换的表达式是一个简单表达式时，外面的一对圆括号可以缺省。例如，变量 a 为整型变量，变量 x、y 为浮点型变量，则：

```
(float) a           表示把 a 转换为单精度浮点型
(int)(x+y)          表示把 x+y 的结果转换为整型
```

在使用强制转换时应注意以下问题。

（1）类型说明符和表达式都必须加括号（单个变量可以不加括号），如上例把（int）(x+y）写成（int）x+y 则成了把 x 转换成 int 型之后再与 y 相加了。

（2）无论是强制转换或是自动转换，都只是为了本次运算的需要而对变量的数据长度进行的临时性转换，而不改变数据说明时对该变量定义的类型。

【例 2.16】 强制类型转换。

```
#include<stdio.h>
void main(void)
{
    float f=5.75;
    printf("(int)f=%d,f=%f\n",(int)f,f);
}
```

运行测试：

```
(int)f=5,f=5.750000
Press any key to continue
```

上例中，f 原定为 float 型，则（int）f 只是将变量 f 的值转换成一个 int 型的中间量，f 的数据类型并未转换成 int 型，仍为 float 型。

练 习 题

一、单选题

1. 以下选项中合法的实型常数是（　　）。

（A）5E2.0　　（B）E-3

（C）.2E0　　（D）1.3E

2. 下列关于 C 语言用户标识符的叙述中正确的是（　　）。

（A）用户标识符中可以出现下划线和减号

（B）用户标识符中不可以出现减号，但可以出现下划线

（C）用户标识符中可以出现下划线，但不可以放在用户标识符的开头

（D）用户标识符中可以出现下划线和数字，它们都可以放在用户标识符的开头

3. 以下选项中合法的用户标识符是（　　）。

（A）long　　（B）_2Test

（C）3Dmax　　（D）A.dat

4. 在 C 语言中提供的合法的关键字是（　　）。

（A）swich　　（B）char

（C）case　　（D）default

5. 在 C 语言中，要求运算数必须是整型的运算符是（　　）。

（A）%　　（B）/

（C）<　　（D）!

6. 以下选项中属于 C 语言的数据类型是（　　）。

（A）复数型　　（B）逻辑型

（C）双精度型　　（D）集合型

7. 变量 x 为 float 型且已赋值，则以下语句中能将 x 中的数值保留到小数点后两位，并将第三位四舍五入的是（　　）。

（A）x=x*100+0.5/100.0;　　（B）x=（x*100+0.5）/100.0;

（C）x=（int）(x*100+0.5）/100.0;　　（D）x=（x/100+0.5）*100.0;

8. a 和 b 均为 double 型变量，且 a=5.5，b=2.5，则表达式（int）a+b/b 的值是（　　）。

（A）6.500000　　（B）6

（C）5.500000　　（D）6.000000

9. 下列不正确的转义字符是（　　）。

（A）'\\'　　（B）'\"'

（C）'074'　　（D）'\0'

10. 以下选项中不属于字符常量的是（　　）。

（A）'C'　　（B）"C"

（C）'\XCC'　　（D）'\072'

11. 若变量 a、i 已经正确定义，且 i 已经正确赋值，则合法的语句为（　　）。

（A）a==1;　　（B）++i;

（C）a=a++5;　　（D）a=int（i）;

12. 变量 t 为 double 类型，表达式 t=1，t+5，t++的值是（　　）。

（A）1　　（B）6.0

（C）2.0　　（D）1.0

13. 下列关于单目运算符++、--的叙述中正确的是（　　）。

（A）它们的运算对象可以是任何变量和常量

（B）它们的运算对象可以是 char 型变量和 int 型变量，但不能是 float 型变量

（C）它们的运算对象可以是 int 型变量，但不能是 double 型变量和 float 型变量

（D）它们的运算对象可以是 char 型变量、int 型变量和 float 型变量

14. 以下选项中，与 k=n++完全等价的表达式是（　　）。

（A）k=n，n=n+1　　（B）n=n+1，k=n

（C）k=++n　　（D）k+=n+1

二、填空题

1. x 和 y 均为 int 型变量，且 x=1，y=2，则表达式 1.0+x/y 的值为________。

2. a，b，c 均为整型数，且 a=2，b=3，c=4，则执行以下语句后，a 的值是________。

```
a*=16+(b++)-(++c);
```

3. C 语言基本类型包含有________、________、________和枚举型 4 种。

4. C 语言中的运算符，优先级最低的是________。

5. 在程序运行过程中，其值不能改变的量称为________，其值可以改变的量称为________。

6. 字符型常量包括________、________和________3 种。

7. 每个变量必须具有以下两个要素：________和________。

8. 字符变量用来存储________，一个字符变量只能存储一个字符常量，一个字符变量在内存中占用________。在存储时，实际上是将该字符的________存储到内存单元中。

9. C 语言表达式是由________、________及________组成的；________（即操作符）是对运算对象（又称操作数）进行某种操作的符号。

10. 自增、自减运算的作用是分别使单个变量的值增 1 或减 1，均为________。自增、自减运算符都有两种用法：________和________。

11. 所谓________是指用一个关系运算符将两个表达式（可以是算术表达式、关系表达式、逻辑表达式等）连接起来的式子。

12. 值符“=”之前加上其他双目运算符可构成________，它是 C 语言中特有的一种运算符。

13. 运算对象先与左边的运算符结合，称为________；反之，称为________。除单目运算符、条件运算符和赋值运算符是________外，其他运算符都是________。

三、计算题

设 a=12，n=5 且 a，n 都定义为整型变量，分别写出下列表达式运算后 a 的值。

a+=a;________ a-=2________;

a*=2+3;________ a%=（n%=2）;________

a/=a+a;________ a+=a-=a*=a;________

四、读程序，写结果

1. 执行下列语句，变量 b 中的结果是________。

```
int a=10, b=9, c=8;
c=（a-=（b-5））;
c=（a%11）+（b=3）;
```

2. 以下程序执行后 m，i 的输出结果是________。

```
void main（  ）
{
    int k=2, i=2, m;
    m=（k+=i*=k）;
}
```

3. 在 C 语言中，如果下面的变量都是 int 类型的，则 pAd 输出的结果是________。

```
sum=pad=5;
pAd=sum + + , pAd + + , + + pAd;
```

4. 以下程序段的输出的结果是________。

```
int k=10;
float a=3.5, b=6.7, c;
c=a+k%3*（int）（a+b）%2/4;
```

5. 以下程序执行后 a，b，c，d 的输出结果是________。

```
void main()
{
    int a=10,  b=11,  c=12,  d;
    d=++<=10||b-->=20||c++;
}
```

第3章 顺序结构

从程序流程的角度来看，程序可以分为3种基本结构，即顺序结构、选择结构、循环结构。这3种基本结构组成的程序结构合理、思路清晰、容易理解、便于维护，这样的程序称为结构化程序。其中本章介绍最简单的顺序结构，涉及赋值语句、字符输入输出和格式输入输出函数的使用方法。

3.1 顺序程序设计

顺序结构是一种线性结构，其特点是：各语句组按照出现的先后顺序，依次执行。顺序结构是3种基本结构中最简单的一种，无专门的控制语句。

1. 顺序结构

每个操作步骤按顺序执行，如图3.1所示，虚线框内是一个顺序结构，先执行完A步骤，再执行B步骤。顺序结构虽然是最简单的结构，但是作为其他结构的基础，不可以缺少。

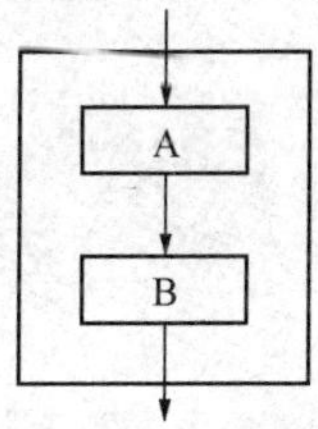

图3.1 顺序结构流程图

2. 选择结构

选择结构也称为分支结构，根据是否满足条件而从两组操作中选择一组操作，或者是否进行某一操作。如图3.2所示，此结构包含一个判断条件P，根据是否满足条件P来选择执行A步骤或者B步骤。另外一种情况如图3.3所示，根据是否满足条件P来决定是否执行A步骤，否则结束本次选择。

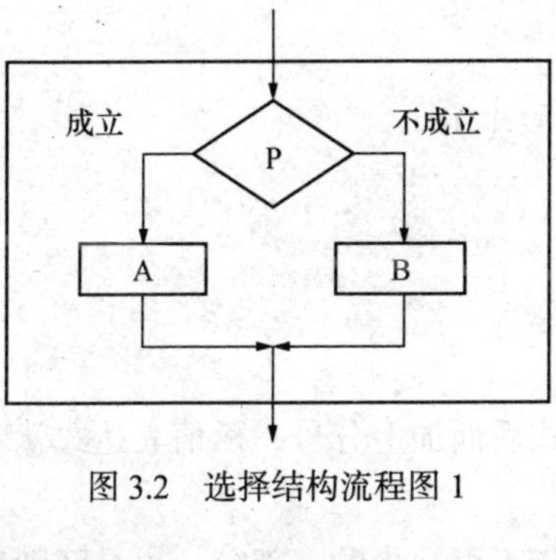

图3.2 选择结构流程图1

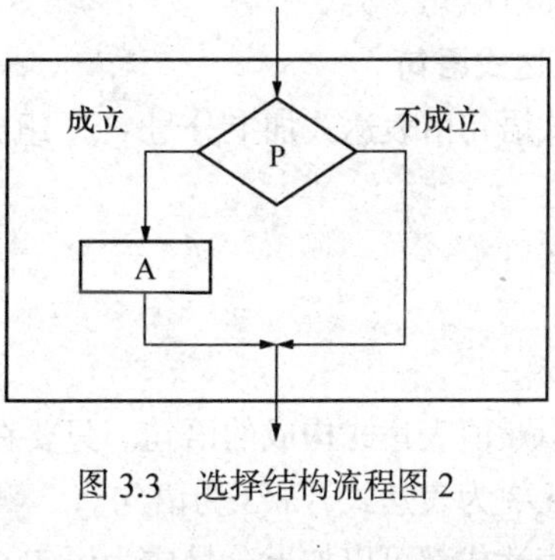

图3.3 选择结构流程图2

3. 循环结构

在满足条件P后反复执行某一部分的操作。如图3.4所示的执行过程是：条件P成立时，执行 A 步骤，然后判定 P 条件是否成立，如果成立再次执行 A 操作，直到 P 条件不成立，则退出循环结构。另外一种情况是如图 3.5 所示，先执行 A 步骤，然后判定 P 条件是否成立，如果不成立再次执行 A 步骤，直到 P 条件成立，退出循环结构。

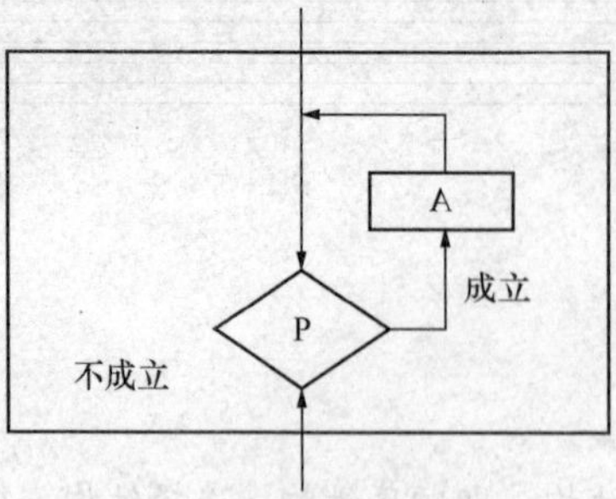

图 3.4　循环结构流程图 1

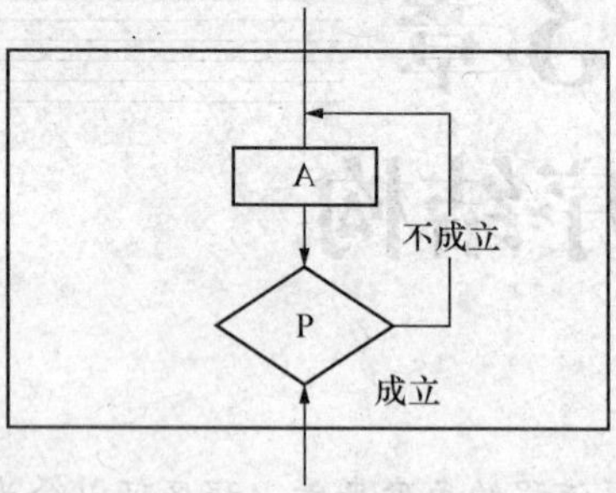

图 3.5　循环结构流程图 2

3.2　C 语句概述

C 程序的结构如图 3.6 所示。一个 C 程序可以由若干个源程序文件组成，一个源程序文件又可以由预处理命令和全局变量声明以及若干个函数组成。函数由函数首部和函数体组成，其中函数体包含局部变量声明和若干执行语句。

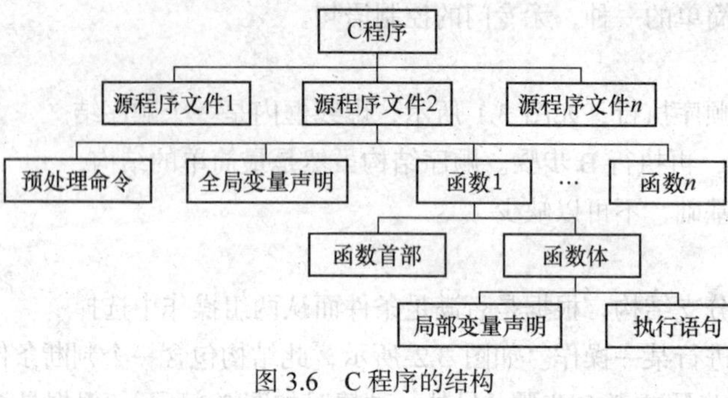

图 3.6　C 程序的结构

C 程序的功能是由语句实现的，程序中的语句可分为表达式语句、函数调用语句、控制语句、复合语句和空语句 5 类。

1. 表达式语句

表达式语句由表达式加上分号“;”组成。其一般形式为

```
表达式;
```

例如：

```
x=y+z;
```

它是由赋值表达式构成的语句。只要在赋值表达式后面加上分号，赋值表达式就变成了赋值语句。如 a=3 为表达式，a=3;为语句。

任何表达式都可以加上分号成为语句，分号是语句不可缺少的一部分，也是区别表达式与语句的重要标志。例如：

```
i++;        //是一条语句，作用是使 i 值加 1
a+b;        //是一条语句，作用是完成 a+b 的操作，但和没有赋给变量
```

2. 函数调用语句

函数调用语句由一个函数调用形式加一个分号构成。例如：

```
printf("C Program");
```

该函数调用语句是调用库函数 printf，输出字符串。

3. 控制语句

控制语句用于控制程序的流程。C 语言有 9 种控制语句，可分成以下 3 类。

（1）条件判断语句：if 语句、switch 语句。

（2）循环执行语句：do-while 语句、while 语句、for 语句。

（3）转向语句：break 语句、goto 语句、continue 语句、return 语句。

4. 复合语句

把多个语句用花括号{}括起来组成的一个语句称为复合语句。在程序中应把复合语句看成是单条语句，而不是多条语句。例如：

```
{
    x=y+z;
    a=b+c;
    printf("%d%d",x,a);
}
```

是一条复合语句。复合语句内的各条语句都必须以分号“;”结尾，在括号“}”外不能加分号。

5. 空语句

只有分号“;”组成的语句称为空语句。空语句是什么也不执行的语句。例如：在程序中空语句可用来做空循环体。

```
while(getchar()!='\n')
;
```

3.3 赋 值 语 句

赋值语句是由赋值表达式再加上分号构成的表达式语句。在赋值语句的使用中需要注意以下几点。

（1）由于在赋值运算符右边的表达式可以是一个赋值表达式，例如：

```
a=b=c=d=e=5;
```

按照赋值运算符的右结合性进行赋值。

（2）变量初始化是赋值语句中最常见的一种。变量初始化有以下两种方法。

① 先定义一个变量，然后再给它赋一个值，例如：

```
int  a;
a=8;
```

② 在定义变量的同时，就对变量进行初始化，例如：

```
char  ch = 'a';
float b = 2.345;
```

```
int  x,y = 3;          // 部分变量赋初值,对 y 赋初值 3
```

【例 3.1】 变量赋初值。

```
#include <stdio.h>
void main()
{
    int x = 1,y = 3;
    int sum ;
    sum=x+y ;
    printf("sum=%d\n",sum);
}
```

运行测试：

```
sum=4
Press any key to continue
```

变量的定义及初始化一般放在函数开始部分，变量初始化是变量说明的一部分，初始化后的变量与其后其他同类变量之间仍必须用逗号间隔。例如：

```
int a=5,b,c;
```

在变量说明中，不允许连续给多个变量赋初值。如下述说明是错误的：

```
int a=b=c=5;
```

上述式子的正确写法为

```
int a=5,b=5,c=5;
```

3.4 字符数据的输入/输出

所谓输入/输出是以计算机为主体而言的。本章介绍的是向标准输出设备即显示器输出数据的语句。在 C 语言中，所有的数据输入/输出都是由库函数完成的，因此都是函数语句。在使用 C 语言库函数时，要用预编译命令“#include”将有关“头文件”包含到源文件中。

使用标准输入/输出库函数时要用到 stdio.h 文件，因此源文件开头应有以下预编译命令：

```
#include< stdio.h >
```

或

```
#include "stdio.h"
```

其中 stdio 是 standard input & output 的意思。

本节主要介绍 putchar、getchar 这两个字符输入输出函数。

3.4.1 字符输出函数 putchar

putchar 函数是字符输出函数，其功能是在显示器上输出单个字符。其一般形式为

```
putchar(c);
```

其中 c 可以是字符型常量或变量，也可以是整型常量或变量。

例如：

```
putchar('A');      //输出大写字母 A
putchar(x);        //输出变量 x 所对应的字符
putchar('\101');   //输出大写字母 A
```

```
putchar('\n');    //换行
```

使用 putchar 函数前必须要用文件包含命令：#include<stdio.h>。

【例 3.2】 输出单个字符。

```
#include<stdio.h>
void main()
{
    char a='B',b='o',c='k';
    putchar(a);putchar(b);putchar(b);putchar(c);putchar('\n');
    putchar(b);putchar(c); putchar('\n');
}
```

运行测试：

```
Book
ok
Press any key to continue
```

用 putchar 函数可以输出能在屏幕上显示的字符，也可以输出屏幕控制字符，如 putchar（'\n'）的作用是输出一个换行符，使输出的当前位置移到下一行开头。

3.4.2 字符输入函数 getchar

getchar 函数的功能是从键盘上输入一个字符。其一般形式为：

```
getchar();
```

通常把输入的字符赋给一个字符变量，构成赋值语句。例如：

```
char c;
c=getchar();
```

【例 3.3】 输入单个字符。

```
#include<stdio.h>
void main()
{
    char c;
    printf("input a character\n");
    c=getchar();
    putchar(c);
    putchar('\n');
}
```

运行测试：

```
input a character
H
H
Press any key to continue
```

由于运行时没有提示，所以在输入单个字符之前需要一个 printf 函数作为提示。在"input a character"提示之后，从键盘输入一个字符，然后 putchar 函数将字符变量 c 的值输出。

使用 getchar 函数还应注意如下几个问题。

（1）getchar 函数只能接收单个字符，输入数字也按字符处理。当输入多于一个字符时，只接收第一个字符。

（2）使用本函数前必须包含#include<stdio.h>。

（3）程序最后两行可用下面两行的任意一行代替

```
putchar(getchar());
printf("%c",getchar());
```

3.5 格式输入与输出

C 语言的格式输入输出函数最常用的是 scanf()函数和 printf()函数，其中 scanf()函数实现键盘输入，printf()函数实现屏幕输出，这两个函数由系统 stdio.h 库函数提供。调用 scanf()函数和 printf()函数实现输入输出时，应根据数据的类型和输出，并通过“格式控制”来控制输入的形式。

3.5.1 格式输出函数 printf

printf 函数称为格式输出函数，功能是将参数按照指定的格式进行输出，可以同时输出任意类型的多个数据。其关键字最末的一个字母 f 即为“格式”（format）之意。

1. printf 函数的一般形式

printf 函数调用的一般形式为：

```
printf("格式控制字符串", 输出列表);
```

例如：printf（"%d，%c"，i，c）；

（1）格式控制字符串，是用双引号括起来的字符串，用于指定输出格式，可以包含 3 种字符串。

① 格式指示符。由“%”和格式字符组成，如%d、%f 等，它的作用是将输出的数据转换成为指定的格式输出。格式说明总是由“%”字符开始。例如：

```
%d        // 表示按十进制整型输出
%ld       // 表示按十进制长整型输出
%c        // 表示按字符型输出等
```

② 转义字符。例如 printf（"\n"）;中的'\n'就是转义字符，输出时产生一个“回车换行”操作。

③ 普通字符。除格式指示符和转义字符之外的其他字符。格式字符串中的普通字符，输出时按原样输出。

例如：

```
    printf("a=%d b=%d\n",a,b);
```

在输出语句格式控制串中，"a="和"b="是一些普通字符，将原样输出。若 a 为 5，b 为 7，则运行该语句的结果为：

```
a=5,b=7
```

（2）输出列表。输出列表是可选的。如果要输出的数据不止 1 个，相邻 2 个之间用逗号分开。下面的 printf()函数都是合法的：

```
printf("I am a student.\n");          //输出列表为空
printf("%d",3+2);                     //输出列表为一个常量
printf("a=%f  b=%5d\n", a, a+3);      //输出列表为一个变量和一个变量表达式
```

注意

① “格式字符串”中的格式指示符，必须与“输出项表”中输出项的数据类型一致，个数相同，否则会引起输出错误。

② 当输出列表为空，“格式字符串”后面的逗号可以省略，否则该逗号一定不能少。

2. 格式字符

输出不同类型的数据，要使用不同的类型转换字符。

（1）类型转换字符 d——以带符号的十进制整数形式输出

【例 3.4】　类型转换字符 d 的使用。

```
#include <stdio.h>
void main()
{
    int  num1=123;
    long  num2=123456;
    printf("num1=%d,num1=%5d,num1=%-5d,num1=%2d\n", num1,num1,num1,num1);
                              //用 3 种不同格式，输出 int 型数据 num1 的值。
    printf("num2=%ld,num2=%8ld,num2=%5ld\n", num2,num2,num2);
                              //用 4 种不同格式，输出 long 型数据 num2 的值。
}
```

运行结果如下（用□代表一个空格）：

```
num1=123,num1=□□123,num1=123□□,num1=123
num2=123456,num2=□□123456,num2=123456
```

d 格式符用来输出十进制整数，有以下几种形式。

① %d，按十进制整型数据的实际长度输出。

② %±md，按指定数据宽度输出。m 是指定的数据宽度，如果数据的位数小于 m，则左端补以空格（+号）或右端补空格（-号）；如果数据的位数大于 m，则按实际位数输出。正号表示输出右对齐（也是默认对齐方式），负号表示左对齐。

例如：

```
int a=258;
printf("%+4d,%-4d,%4d,%2d",a,a,a,a);
```

则输出的结果为：

```
□258,258□,□258,258
```

③ %ld，输出长整型数据，如例 3.3 中的 num2 都是采用长整型格式输出的。如果对 num2 用%d 输出，就会发生错误，因为整型数据的范围是-32768～32767（在 Turbo C 环境中）。

对长整型数据也可以指定字段宽度。如例 3.3 中对 num2 的输出。

对于整数，还可用八进制、十六进制、无符号形式输出。

（2）类型转换字符 o——以八进制形式输出格式符

由于八进制输出的数值是不带符号的，即符号位也一起作为八进制数的一部分输出。

例如：

```
int a=-1;
printf("%d,%o",a,a);
```

输出结果：

```
-1, 177777
```

出现这样的结果，是由-1 在内存中的存储情况决定的。-1 在内存中补码形式如下所示（Turbo C 环境下）

1	1	1	1	1	1	1	1	1	1	1	1	1	1	1	1

所以按十进制输出为-1，而按八进制输出为 177777。

（3）类型转换字符 x——以十六进制形式输出格式符

由于符号位也作为了十六进制数的一部分，同样不会出现负的十六进制数，例如：

```
int  a=-1;
printf("%x,%o,%d",a,a,a);
```

输出结果为：

```
ffff,177777,-1
```

原因与八进制中的一样。

（4）类型转换字符 u——以无符号形式输出格式符

用来以十进制形式输出 unsigned 型数据。例如：

```
int  a=-1;
printf("%u",a);
```

输出结果为：

```
65535
```

（5）类型转换字符 c——以字符形式输出格式符

【例 3.5】　类型转换字符 c 的使用。

```
#include <stdio.h>
void main()
{
    char c='A';
    int i=65;
    printf("c=%c,%5c,%d\n",c,c,c);
    printf("i=%d,%c",i,i);
}
```

程序运行结果如下：

```
c=A,□□□□A,65
i=65,A
```

注意

① %后面的 c 是格式符，逗号后面的 c 是变量，不要搞混淆了。

② 字符变量和整型变量都可以用%c 或%d 两种格式输出。在 C 语言中，一个整数如果在 0～255 范围内就可以用字符形式输出，系统会将该数作为 ASCII 码，转换成相应的字符输出。反之，字符数据也可以用整数形式输出。

（6）类型转换字符 s——输出一个字符串

【例 3.6】　类型转换字符 s 的使用。

```
#include <stdio.h>
void main()
{
    printf("%s\n%5s\n%-10s\n","Internet", "Internet","Internet");
    printf("%10.5s\n%-10.5s\n%3.5s\n","Internet", "Internet","Internet");
}
```

程序运行结果如下：

```
Internet
Internet
Internet□□
□□□□□Inter
Inter□□□□□
Inter
```

注意　系统输出字符和字符串时，不输出单引号和双引号。

s 格式符的有以下几种用法。

① %s，原样输出字符串。

② %ms，输出字符串占 m 列，如果字符串本身的长度大于 m 值，则突破 m 的限制，将字符串原样输出；如果字符串本身的长度小于 m 值，不足部分左边补空格。

③ %-ms，字符串输出左对齐，如果字符串小于 m，不足部分右边补空格。

④ %m.ns，输出占 m 列，但只取字符串从左到右 n 个字符，右对齐，不足部分左边补空格。

⑤ %-m.ns，输出占 m 列，但只取字符串从左到右的 n 个字符，左对齐，不足部分右补空格；如果 n>m，则 m 自动取 n 值。

（7）类型转换字符 f——以小数形式输出单精度和双精度实数

【例 3.7】　类型转换字符 f 的使用。

```
#include <stdio.h>
void main()
{
    float  f=123.456;
    double d1,d2;
    d1=1111111111111.111111111;
    d2=2222222222222.222222222;
    printf("%f\n%12f\n%12.2f\n%-12.2f\n%.2f\n",f,f,f,f,f);
    printf("d1+d2=%f\n",d1+d2);
}
```

程序运行结果如下：

```
123.456001
□□123.456001
□□□□□□123.46
123.46□□□□□□
123.46
d1+d2=3333333333333.333000
```

f 格式符有以下几种用法。

① %f，不指定字符宽度，由系统自动指定，使整数部分全部输出，并输出 6 位小数，但要注意，不是所有被输出的数字都是有效数字。比如本例程序的输出结果中，数据 123.456001 和 3333333333333.333010 最后的 001 和 000 都是无意义的，因为它们超出了有效数字的范围（单精度的有效范围为 7 位数字，双精度的有效数字一般为 16 位）。

② %m.nf，指定输出数据占 m 列，其中有 n 位小数，右对齐，如果位数不足左边补空格。

③ %-m.nf，格式基本同%m.nf，只是左对齐，不足位数右边补空格。

（8）类型转换字符 e——以指数形式输出单精度和双精度实数

对于浮点数，也可使用格式符%e，在 Turbo C 的环境下以规范化的指数形式输出：整数部分占一位，小数点占一位，尾数中的小数部分占五位；指数部分占四位（如 e-03），其中 e 占一位，指数符号占一位，指数占二位，共计十一位。

例如：

```
double  x=123.456;
printf("%e",x);
```

在 Turbo C 环境下输出结果为：1.23456e+02；

在 Visual C 环境下输出结果为 1.234560e+002。

%m.ne 和-%m.ne 与前面的含义相同，在此不再赘述。

（9）类型转换字符 g

对于浮点数也可使用格式符%g，系统根据数值的大小，自动选择%f 或%e 格式，且不输出无意义的零。

例如：

```
float f=123.456;
printf("%f\n%e\n%g\n",f,f,f);
```

在 Turbo C 环境下输出结果为：

```
123.456001
1.23456e+02
123.456
```

用%g 格式输出时，系统自动地选择较短的输出方式（此处选择%f），且最后三位无意义的 001 不输出。

终上所述，格式字符串的一般形式为：

```
[标志][输出最小宽度][.精度][长度]类型
```

其中方括号[]中的项为可选项。各项的意义如下。

① 类型。类型字符用以表示输出数据的类型，其格式字符及其含义如表 3.1 所示。

表 3.1　　类型格式字符及其含义

格式字符	含义
d	以十进制形式输出带符号整数(正数不输出符号)
o	以八进制形式输出无符号整数(不输出前缀 0)
x，X	以十六进制形式输出无符号整数(不输出前缀 0x)
u	以十进制形式输出无符号整数
f	以小数形式输出单、双精度实数
e，E	以指数形式输出单、双精度实数
g，G	以%f 或%e 中较短的输出宽度输出单、双精度实数
c	输出单个字符
s	输出字符串

② 标志。标志字符有–、+、#、空格四种，其含义如表 3.2 所示。

表 3-2　　　　标志字符及其含义

标志字符	含义
–	结果左对齐，右边填空格
+	输出符号(正号或负号)
空格	输出值为正时冠以空格，为负时冠以负号
#	对 c、s、d、u 类无影响；对 o 类,在输出时加前缀 0；对 x 类,在输出时加前缀 0x；对 e、g、f 类，当结果有小数时才给出小数点

③ 输出最小宽度。用十进制整数来表示输出的最少位数。若实际位数多于定义的宽度，则按实际位数输出，若实际位数少于定义的宽度则补以空格或 0。

④ 精度。精度格式符以“.”开头，后跟十进制整数。本项的意义是：如果输出数字，则表示小数的位数；如果输出字符，则表示输出字符的个数；若实际位数大于所定义的精度数，则截去超过的部分。

⑤ 长度。长度格式符为 h、l 两种，h 表示按短整型量输出，l 表示按长整型量输出。

3.5.2 格式输入函数 scanf

scanf 函数称为格式输入函数，即按用户指定的格式从键盘上把数据输入到指定的变量之中。在 C 语言程序中，可以用赋值语句提供数据，也可以用 scanf 函数，通过键盘输入数据，使程序变得更为灵活。

1. scanf 函数的一般形式

```
scanf("格式控制字符串",地址列表);
```

（1）格式控制字符串。格式控制字符串可以包含三种类型的字符：格式指示符、空白字符（空格、Tab 键和回车键）和非空白字符（又称普通字符）。

格式指示符与 printf()函数相似，空白字符作为相邻两个输入数据的缺省分隔符，非空白字符在输入有效数据时，必须原样输入。

（2）地址列表。由若干个输入项地址组成，相邻两个输入项地址之间用逗号分隔。输入项的地址，可以是变量的首地址，也可以是字符数组名。

变量首地址的表示方法是： &变量名

其中“&”是地址运算符，也可以叫作取地址符。例如：

```
scanf("%d,%d",&a, &b);
```

&a 和&b 分别表示变量 a 和变量 b 在内存中的地址。scanf 函数的作用是按照 a 和 b 的地址将 a 和 b 的值存进去。

2. 格式指示符

输入格式指示符和 printf 函数的格式指示符相似，一般形式为:

```
%[*][输入数据宽度][长度]类型
```

其中有方括号[]的项为可选项。各项的意义说明如下。

（1）类型。表示输入数据的类型，其格式字符及含义如表 3.3 所示。

表 3.3　　　　　　　　　　　　　格式字符及其含义

格式字符	含义
d，i	输入十进制整数
o	输入八进制整数
x，X	输入十六进制整数
u	输入无符号十进制整数
f，e，E，g，G	输入实型数(用小数形式或指数形式)
c	输入单个字符
s	输入字符串

（2）“*”符。用以表示该输入项被读入后不赋予相应的变量，即跳过该输入值。例如：

```
scanf("%d %*d %d",&a,&b);
```

当输入为：“1□2□3”时，把 1 赋予 a，2 被跳过，3 赋予 b。在利用现成数据时，可以使用此方法组剔除数据中不需要的部分。

（3）宽度。用十进制整数指定输入的宽度（即字符数）。例如：

```
scanf("%5d",&a);
```

输入“12345678”，只把 12345 赋予变量 a，其余部分被截去。又如：

```
scanf("%4d%4d",&a,&b);
```

输入“12345678”，把 1234 赋予 a，而把 5678 赋予 b。这种方法也适用于字符型，如：

```
scanf("%3c%3c",&ch1,&ch2);
```

假设输入“abcdefg”，则系统将读取的“abc”中的“a”赋给变量 ch1；再读取“def”中的“d”赋给变量 ch2。

（4）长度。长度格式符为 l 和 h。其中 l 表示输入长整型数据（如%ld、%lo）和双精度浮点数（如%lf），h 表示输入短整型数据。

使用 scanf 函数输入数据时应注意以下问题。

（1）scanf 函数中没有精度控制，例如：

```
scanf("%5.2f",&a);
```

是非法的。不能企图用此语句输入小数位数为 2 位的实数。

（2）scanf 函数中的“地址列表”要求给出变量地址，而不是变量名。例如：

```
scanf("%d",a);
```

是非法的，应改为：

```
scnaf("%d",&a);
```

才是合法的。初学者要特别注意。

（3）“格式字符串”中出现的普通字符（包括转义字符），务必原样输入。

例如：

```
scanf("%d,%d",&num1,&num2);
```

在两个%d 之间有一个逗号，是普通字符，正确的输入操作为：

```
12,36↙
```

另外，scanf 函数中，格式字符串内的转义字符（如\n），系统并不把它当转义字符来解释，从而产生一个控制操作，而是将其视为普通字符，所以也要原样输入。例如：

```
scanf("num1=%d,num2=%d\n",&num1,&num2);
```

正确的输入操作为：

```
num1=12,num2=36\n↙
```

其中“num1=”、“，num2=”和“\n”都是必须照原样输入的。

为改善人机交互性，同时简化输入操作，在设计输入操作时，一般先用 printf()函数输出一个提示信息，再用 scanf()函数进行数据输入。

例如，将 scanf（"num1=%d，num2=%d\n"，&num1，&num2）；

改为：

```
printf("num1="); scanf("%d",&num1);
printf("num2="); scanf("%d",&num2);
```

（4）使用格式说明符“%c”输入单个字符时，空格和转义字符均作为有效字符被输入。

例如：

```
scanf("%c%c%c",&ch1,&ch2,&ch3);
printf("ch1=%c,ch2=%c,ch3=%c\n",ch1,ch2,ch3);
```

假设输入：A□B□C↙，则系统将字母'A'赋值给 ch1，空格'□'赋值给 ch2，字母'B'赋值给 ch3。正确的输入方法应当是 ABC↙

（5）输入数据时，遇到以下情况，系统认为该项数据结束。

① 遇到空格，或者回车键，或者 Tab 键。

例如：

```
scanf("%d%d",&x,&y);
```

以下输入方式都是合法的：

```
        12□25↙        //输完 12，输入一个空格，再输入 25
或者：  12↙           //输完 12，输入一个回车，再输入 25
        25↙
或者：  12    25↙     //输完 12 后按 Tab 键，然后再输入 25
```

② 遇到输入域宽度结束。例如“%3d”，只取 3 列。

③ 遇到非法输入。例如，在输入数值数据时，遇到字母等非数值符号（数值符号仅由数字字符 0～9、小数点和正负号构成）。

【例 3.8】　遇到非法输入时自动截断的例子。

```
#include  <stdio.h>
void main()
{
    int a ;
    char b;
    float c;
    printf("input a  b  c: ");
    scanf("%d%c%f",&a,&b,&c);
    printf("a=%d,b=%c,c=%f",a,b,c);
}
```

如果输入：92h35

则输出结果为：a=92，b=h，c=35.000000

系统在读取数据时，当读到'h'时，认为整型数据的输入已经结束，将 92 赋给 a，'h'赋给 b，继续读入剩下的全部数据，赋给 c。

（6）在 Turbo C 2.0 环境下，如果程序中包含 printf 函数和 scanf 函数，允许不加：

```
#include  <stdio.h>
```

但是如果是 Visual C++的环境下，缺少#include <stdio.h>程序是无法通过编译的。

3.6　顺序结构程序设计举例

在介绍了前面两章的基础之后，我们就可以编写顺序结构的程序。顺序结构是最简单的一种结构，所涉及的程序都是从上而下的顺序执行，没有选择和循环。下面介绍五个基础数学或物理学中常见的问题。

【例 3.9】　输入一个华氏温度，要求输出摄氏温度。

公式为：$c=\frac{5}{9}(F-32)$，结果取 2 位小数。

算法思路：在分析题目之后，首先思考需要几个变量，每个变量是什么类型。借助题目给出的物理公式，定义两个变量 c 和 f，这样命名可以尽量保持和原公式一致。由于数据可能是整数也可能是小数，所以变量 c 和 f 应定义为 float 类型。标准输入输出函数选用 printf 和 scanf 函数。

程序实现：

```
#include<stdio.h>
void main()
{
    float f,c;
    printf("请输入华氏温度：");
    scanf("%f",&f);
    c=5*(f-32)/9;
    printf("摄氏温度为：%.2f\n",c);
}
```

运行测试：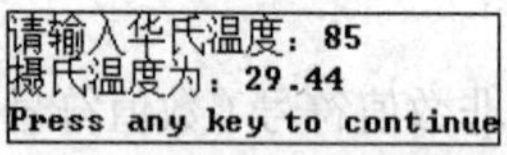

编写该程序时，特别要注意题目给出的公式需要进行改写才能用于程序执行。因为如果程序中出现：

```
c=(5/9)*(f-32);
```

系统会先执行（5/9）这个表达式，即整数除以整数得到一个小于 1 的整数，结果必为 0。后面的乘法运算无需执行，变量 c 的值都将为 0。正确的做法是，将（5/9）这个式子拆开，最后除以 9（如本例程序中的做法）；或者将（5/9）改写成（5.0/9）。

【例 3.10】　输入一个小写字母，打印其大写字母及其前导字母与后续字母。

算法思路：

（1）小写字母的 ASCII 码对应的大写字母大 32；

（2）前导字母的 ASCII 码小 1；后续字母的 ASCII 码大 1。

在选择标准输入输出函数中，获取小写字符时使用 getchar 函数。输出时是多个字符，可以使用 printf 函数。

程序实现：

```
#include<stdio.h>
void main()
{
    char c;
    printf("请输入任意一个小写字符：");
    c=getchar();
    printf("%c 的前导字母是：%c,后续字母是：%c\n",c,c-1,c+1);
    printf("%c 的前导字母是：%c,后续字母是：%c\n",c-32,c-33,c-31);
}
```

运行测试：

```
请输入任意一个小写字符：c
c的前导字母是：b,后续字母是：d
C的前导字母是：B,后续字母是：D
Press any key to continue
```

【例 3.11】　输入三角形的三边长，求三角形面积。已知三角形的三边长 a、b、c，则该三角形的面积公式为

$$area=\sqrt{s(s-a)\ (s-b)\ (s-c)}$$

其中 $s=(a+b+c)/2$。

算法思路：根据公式可以定义 5 个变量：a、b、c、s、$area$，类型可以都为 float。通过 scanf 函数从键盘输入 a，b，c，先根据 s=1.0/2*（$a+b+c$）公式计算出变量 s 的值。然后利用 sqrt 函数计算出 area 的数值，使用数学函数应在程序开头包含 math.h 的头文件。

程序实现：

```
#include<math.h>
#include<stdio.h>
void main()
{
    float a,b,c,s,area;
    scanf("%f,%f,%f",&a,&b,&c);
    s=1.0/2*(a+b+c);
    area=sqrt(s*(s-a)*(s-b)*(s-c));
    printf("a=%7.2f,b=%7.2f,c=%7.2f,s=%7.2f\n",a,b,c,s);
    printf("area=%7.2f\n",area);
}
```

运行测试：

```
10,12,15
a=  10.00,b=  12.00,c=  15.00,s=  18.50
area=  59.81
Press any key to continue
```

本例中使用到了 math.h 数学函数库中的库函数 sqrt，因此#include<math.h>不能省。另外注意输入的时候，每个数据之间用逗号“,”分隔，输错或不输会导致错误出现。

【例 3.12】　求方程 $ax^2+bx+c=0$ 的根，a、b、c 由键盘输入，设 $b^2-4ac>0$。求根公式为

$$x_1=\frac{-b+\sqrt{b^2-4ac}}{2a}\qquad x_2=\frac{-b-\sqrt{b^2-4ac}}{2a}$$

令 $p=\dfrac{-b}{2a}$，$q=\dfrac{\sqrt{b^2-4ac}}{2a}$

则

$$x_1=p+q$$

$$x_2=p-q$$

算法思路：

（1）定义 float 型变量 a，b，c 和 disc，其中 disc=b*b−4*a*c。

（2）通过 scanf 函数输入 a，b，c 三个变量的值。

（3）计算出 disc 的值。

（4）利用数学函数 sqrt 求出 x_1，x_2。

程序实现：

```
#include<math.h>
#include<stdio.h>
void main()
{
    float a,b,c,disc,x1,x2,p,q;
    scanf("a=%f,b=%f,c=%f",&a,&b,&c);
    disc=b*b-4*a*c;
    p=-b/(2*a);
    q=sqrt(disc)/(2*a);
    x1=p+q;
    x2=p-q;
    printf("\nx1=%5.2f\nx2=%5.2f\n",x1,x2);
}
```

运行测试：

```
a=1,b=2,c=1
x1=-1.00
x2=-1.00
Press any key to continue
```

上面的程序中没有对 disc 值的判断，如果计算出 disc 的值小于 0，系统仍将进行计算，得出的 *x*1 和 *x*2 的值是无意义的。

如：

```
a=2,b=1,c=1
x1=-1.#J
x2=-1.#J
Press any key to continue
```

要避免这种情况，需要在程序中增加对 disc 值的判断：如果 disc<0，将停止计算。这种根据判断结果决定执行内容的结构就是选择结构，下一章将做介绍。

【例 3.13】 设圆半径 r=1.5cm，圆柱高 h=3cm，求圆周长、圆面积、圆球表面积、圆柱体积。输出计算结果，取小数点后 2 位数字。

算法思路：用 scanf 函数获取圆半径和圆柱高，赋值给变量 r 和 h。依次使用公式计算出周长、面积、球表面积、圆柱体积。输出结果取 2 位小数，可以在输出时使用“%.2f”的格式。

程序实现：

```
#include <stdio.h>
void main ()
{
    float h,r,l,s,sq,vq,vz;
    float pi=3.141526;
```

```
    printf("请输入圆半径 r，圆柱高 h：");
    scanf("%f,%f",&r,&h);                    //要求输入圆半径 r 和圆柱高 h
    l=2*pi*r;                                //计算圆周长 l
    s=r*r*pi;                                //计算圆面积 s
    sq=4*pi*r*r;                             //计算圆球表面积 sq
    vq=3.0/4.0*pi*r*r*r;                     //计算圆球体积 vq
    vz=pi*r*r*h;                             //计算圆柱体积 vz
    printf("圆周长为:       l=%6.2f\n",l);
    printf("圆面积为:       s=%6.2f\n",s);
    printf("圆球表面积为:   sq=%6.2f\n",sq);
    printf("圆球体积为:     v=%6.2f\n",vq);
    printf("圆柱体积为:     vz=%6.2f\n",vz);
}
```

运行测试：

```
请输入圆半径r，圆柱高h：1.5,3
圆周长为:        l=  9.42
圆面积为:        s=  7.07
圆球表面积为:    sq= 28.27
圆球体积为:      v=  7.95
圆柱体积为:      vz= 21.21
Press any key to continue
```

该题给出圆半径 *r*=1.5cm，圆柱高 *h*=3cm，可以在程序中直接对变量 *r* 和 *h* 赋值。为了提高程序的实用性，使用 scanf 函数对 *r* 和 *h* 进行的赋值。

练 习 题

一、单选题

1. 若变量 a， b 已正确定义，且 a，b 均已正确赋值，下列选项中合法的语句是（　　）。

（A）a=b　　（B）++a;

（C）a+=b++=1;　　（D）a=int（b）;

2. 若有定义 int　x=4；则执行语句 x + = x * = x + 1；后，x 的值为（　　）。

（A）5　　（B）20

（C）40　　（D）无答案

3. 以下程序段的输出结果是（　　）。

```
int a=1234;
printf("%2d\n",a);
```

（A）12　　（B）34

（C）1234　　（D）提示出错，无结果

4. 下列程序段的输出结果是（　　）。

```
int a=1234;
float b=123.456;
double c=12345.54321;
printf ("%2d, %3.2f, %4.1f", a, b, c);
```

（A）无输出　　（B）12， 123.46， 12345.5

（C）1234，123.46，12345.5　　（D）1234，123.45， 1234.5

5. 下列程序的运行结果是（　　）。

```
void  main()
{
   float x=2.5;
   int y;
   y=(int)x;
   printf("x=%f, y=%d", x, y);
}
```

（A）x=2.500000，y=2　　（B）x=2.5，y=2

（C）x=2，y=2　　（D）x=2.500000，y=2.000000

6. printf（"%d，%d，%d\n"，010，0x10，10）；输出结果是（　　）。

（A）10，10，10　　（B）16，8，10

（C）8，16，10　　（D）无答案

7. 已知 i、j、k 为 int 型变量，若从键盘输入：1，2，3↙，使 i 的值为 1，j 的值为 2，k 的值为 3，以下选项中正确的输入语句是（　　）。

（A）scanf（"%2d%2d%2d"，&i，&j，&k）；

（B）scanf（"%d　%d　%d"，&i，&j，&k）；

（C）scanf（"%d，%d，%d"，&i，&j，&k）；

（D）scanf（"i=%d，j=%d，k=%d"，&i，&j，&k）；

8. x、y、z 被定义为 int 型变量，若从键盘给 x、y、z 输入数据，正确的输入语句是（　　）。

（A）INPUT　x、y、z;

（B）scanf（"%d%d%d"，&x，&y，&z）；

（C）scanf（"%d%d%d"，x，y，z）；

（D）read（"%d%d%d"，&x，&y，&z）；

9. 执行下面程序中的输出语句，a 的值是（　　）。

```
void main()
{
   int a;
   printf("%d\n",(a=3*5,a*4,a+5));
}
```

（A）65　　（B）20

（C）15　　（D）10

10. 以下叙述中正确的是（　　）。

（A）输入项可以是一个实型常量，如:scanf("%f"，3.5);

（B）只有格式控制，没有输入项，也能正确输入数据到内存，例如 scanf("a=%d，b=%d");

（C）当输入一个实型数据时，格式控制部分可以规定小数点后的位数，例如：scanf("%4.2f"，&f);

（D）当输入数据时，必须指明变量地址，例如：scanf("%f"，&f);

二、填空题

1. 从程序流程的角度来看，程序可以分为三种基本结构，即________、________、________。

2. 赋值语句的一般表示形式为________。

3. 格式输出函数是________，格式输入函数是________。

4. 若有定义：int t1; double t2;，执行 t1=(t2=1.9，t2+5，t2++);语句后，t1 的值是________。

三、读程序写结果

1. 以下程序段的输出结果是________。

```
int x=17, y=26;
printf ("%d", y/=(x%=6));
```

2. 以下程序的输出结果是________。

```
#include<stdio.h>
void main()
{
    int i=010, j=10;
    printf ("%d, %d\n", i, j);
}
```

3. 若有以下程序：

```
#include<stdio.h>
void  main()
{
   char a;
   a='H'-'A'+'0';
   printf("%c, %d\n", a,a);
}
```

执行后的输出结果是________。

4. 以下程序的输出结果是________。

```
#include<stdio.h>
void main()
{
   int a=177;
   printf ("%o\n", a);
}
```

5. 以下程序的输出结果是________。

```
#include<stdio.h>
void main()
{
   int y=3,x=3,z=1;
   printf("%d   %d\n",(++x,y++),z+2);
}
```

6. 以下程序的输出结果是________。（小数点后只写一位）

```
#include<stdio.h>
void main()
{
   double d;  float f;  ling l;  int i;
   i=f=1=d=20/3;
   printf("%d %ld %f %f \n", i,l,f,d);
}
```

7. 以下程序的输出结果是________。

```
#include<stdio.h>
void main()
{
    int a,b,c;
    long int u,n;
    float x,y,z;
    char c1,c2;
    a=3;b=4;c=5;
    x=1.2;y=2.4;z=-3.6;
    u=51274;n=128765;
    c1='a';c2='b';
    printf("\n");
    printf("a=%2d  b=%2d  c=%2d\n",a,b,c);
    printf("x=%8.6f,y=%8.6f,z=%9.6f\n",x,y,z);
    printf("x+y=%5.2f  y+z=%5.2f  z+x=%5.2f\n",x+y,y+z,z+x);
    printf("u=%6ld  n=%9ld\n",u,n);
    printf("c1='%c' or %d(ASCII)\n",c1,c1);
    printf("c2='%c' or %d(ASCII)\n",c2,c2);
}
```

四、程序填空

1. 下列程序的输出结果是 16.00，请填空。

```
#include<stdio.h>
void main()
{
    int a=9, b=2;
    float x=_______, y=1.1, z;
    z=a/2+b*x/y+1/2;
    printf("%5.2f\n", z );
}
```

2. 将以下程序段补充完整（填在下划线上），使执行后 i，j，m，n 输出的结果分别为 11，9，11，8。

```
#include<stdio.h>
void main()
{
    int i,j,m,n;
    i=10,j=8;
    _______;
    _______;
    printf("%d,%d,%d,%d",i,j,m,n);
}
```

3. 将以下程序段补充完整（填在下划线上），使执行后求出三个数的平均数。

```
#include<stdio.h>
void main()
{
    float a,b,c,average;
    print("Enter a,b,c: ");
    scanf("%f,%f,%f",&a,&b,&c);
    ______________;
    printf("The average value is:%f\n",average);
}
```

4. 将以下程序段补充完整（填在下划线上），使输入三个数为 a，b，c，程序运行后 a，b，c 的值交换后输出。

```
#include<stdio.h>
void main()
{
    int a,b,c,________;
    print("Enter a,b,c:");
    scanf("%d%d%d",&a,&b,&c);
    _______;
    _______;
    _______;
    _______;
   printf("%d,%d,%d",a,b,c);
}
```

五、编程题

1. 编写一个程序，输出如下信息：

```
*******************
* C LANGUAGE *
*******************
```

2. 编写一个程序，从键盘输入三个整数，求它们的平均值。

3. 用字符输入\输出函数输入三个字符，将它们反向输出。

4. 用 scanf 函数输入数据，问在键盘上应如何输入才能使 a=3，b=7，x=8.5，y=71.82，c1='A'，c2='a'。

第 4 章 选择结构

学完前面的内容，读者应该能够编写简单完整的 C 语言程序了。在现实生活中我们总是要做出判断；而在 C 语言程序中同样也有先进行判断，再选择执行某组语句的结构形式。这种结构称为选择结构。和前面学过的顺序结构不同，选择结构语句可以控制程序中的执行顺序，因此能实现较为复杂的功能。本章主要介绍的内容：关系运算符和关系表达式、逻辑运算符和逻辑表达式、if 结构、嵌套 if 结构、switch 结构、多重 if 结构和 switch 结构的比较以及条件运算符。

4.1 关系运算符与关系表达式

要学习选择结构，首先要学习如何进行条件判断。关系运算可以完成简单的条件语句。所谓关系运算，就是比较运算，即将两个值进行比较，判断比较的结果是否符合给定的条件关系。比如式子 $x>5$ 就是一个关系表达式，其中 “>” 是一个关系运算符。如果 x 取值 7，则 $x>5$ 这个式子为 “真”（条件符合）；如果 x 取值 3，则 $x>5$ 这个式子为 “假”（条件不符）。

4.1.1 关系运算符

C 语言提供了六种关系运算符，它们的用法和优先级如表 4.1 所示。

表 4.1 关系运算符的用法和优先级

运算符	名称	示例	功能	优先级
<	小于	a<b	a 小于 b 时返回真；否则返回假	高
<=	小于等于	a<=b	a 小于等于 b 时返回真；否则返回假	
>	大于	a>b	a 大于 b 时返回真；否则返回假	
>=	大于等于	a>=b	a 大于等于 b 时返回真；否则返回假	
==	等于	a==b	a 等于 b 时返回真；否则返回假	低
!=	不等于	a!=b	a 不等于 b 时返回真；否则返回假	

从表 4.1 可以看出，<、<=、>、>=这四个运算符的优先级相同，==和！=的优先级相同，且优先级低于前四个运算符。当关系运算和其他运算符的混合运算时，按照 “关系运算符低于算术运算符，高于赋值运算符” 的优先级规则进行处理。

例如：　c>a+b　　等价于　　c>（a+b）

　　　　a==b<c　　等价于　　a==（b<c）

　　　　a=b<c　　等价于　　a=（b<c）

注意

不要将关系表达式中的“==”和赋值表达式中的“=”混淆了。“==”表达式表示左边表达式和右边表达式的值相等，该式的结果要么为 1，要么为 0；而“=”表达式表示将右边表达式的值赋给左边的变量，该式最终的值为左边变量的值。例如有一个值为 −4 的整型变量 x，则表达式 x==5 的值为 0，表达式 x==−4 的值为 1，而表达式 x=−4 的值为−4。

4.1.2　关系表达式

1. 概念

关系表达式就是用关系运算符将两个表达式（可以是算术表达式、字符表达式、赋值表达式、关系表达式或者逻辑表达式）连接起来的式子。如 a+b>c-d，x>3/2，'a'+1<c，-i-5*j==k+1 都是合法的关系运算表达式。由于左右表达式也可以是关系表达式，所以允许出现嵌套的关系表达式，如 a>（b>c），a!=（c==d）等。

2. 关系表达式的值

关系表达式的值是“真”和“假”。在 C 语言中“真”用“1”表示，“假”用“0”表示，因此所有关系运算的结果都为整数类型的值（0 或 1）。

例如：已知 ch='A'，i=97，f=3.14，则'a'+5<ch 的值为 0，f*i<4*f 的值为 1，f+i==ch 的值为 0。当关系运算中包含字符类型的数据时，系统先将字符转换成对应的 ASCII 值，再参与运算。

对于含多个关系运算符的表达式，如 ch==i==f+5，根据运算符的左结合性，先计算出 ch==i 的值为 1，再计算 1==f+5，得到表达式值为 0。

注意

如果想判断 *x*∈（1，100）是否为真，不能写成 1<*x*<100。该式将先计算出 1<*x* 的值，要么是 1 要么是 0，但都小于 100。不论 *x* 取值多少，该式的值永远为 1，因此使用该关系表达式不能判断出 *x* 是否属于（1，100）这个范围。

4.2　逻辑运算符与逻辑表达式

关系表达式只能表示单一的条件，而有些复杂的条件是由多个子条件组成，举例如下。

（1）一年级以上的在校大学生方可报名参加英语四、六级考试。这个命题中报考英语四、六级的条件是同时满足“在校大学生”和“一年级以上”这两个子条件。

（2）年龄在 60 岁以上的老人和 6 岁以下的儿童，乘坐公交车可以免票。这个命题中可以免费乘车的条件是“年龄大于等于 60”和“年龄小于等于 6”这两个子条件满足其一即可。

（3）非本市户口的学生，需要将档案转入到学校集体户口。这个命题中需要转入集体户口的条件是不满足“本市户口”这个子条件。

以上命题仅用关系运算是无法表示的，还需要借助逻辑运算共同完成。上面的第 1 个例子需要两个子条件同时满足，是一种“与”的关系；第 2 个例子需要两个子条件满足其一，是一种“或”的关系；第 3 个例子需要子条件不满足，即“非”的关系。逻辑运算就包含与、或、非这三种运算。

4.2.1 逻辑运算符

C 语言提供三种逻辑运算符，它们的用法和优先级如表 4.2 所示。

表 4.2 逻辑运算符的用法和优先级

运算符	名称	示例	功能	优先级
!	非	! a	a 为真时表达式的值为假；a 为假时表达式值为真	高
&&	与	a&&b	a 和 b 同时为真时表达式值为真； a 和 b 其中一个为假则表达式的值为假	↓
||	或	a||b	a 和 b 同时为假时表达式值为假； a 和 b 其中一个为真则表达式的值为真	低

4.2.2 逻辑表达式

1. 逻辑量和逻辑值

参与逻辑运算的数据就是逻辑量，它们要么代表真、要么代表假，如表 4.2 中的 a 和 b。在 C 语言中，逻辑量可以是任意基本类型的常量或变量，因此对于参与逻辑运算的所有数据

非 0→真　　　　0→假

例如：整数 1、−6，浮点数 3.14、−0.8，字符'a'、'\n'都作为“真”处理。

逻辑运算的值也为真和假两种，用 1 和 0 来表示。

例如：　1&&-6　　　值为 1　　　3.14&&0　　　值为 0

　　　　3.14||'a'　　值为 1　　　!'\n'　　　　值为 0

2. 逻辑表达式

逻辑表达式，是用逻辑运算符将关系表达式或逻辑量连接起来的符合 C 语言语法的式子。

逻辑运算符经常和关系运算符、算术运算符、赋值运算符一起使用，构成一个复合表达式。算术运算符、关系运算符、逻辑运算符、赋值运算符在混合运算中的优先级按照从高到低的顺序排列如下：

! → 算术运算符 → 关系运算符 → && → || → 赋值运算符

例如：（1）a>b&&b>c　　等价于　　（a>b）&&（b>c）

　　　（2）a!=b&&c!=0　　等价于　　（a!=b）&&（c!=0）

　　　（3）!a||a>b　　等价于　　（!a）||（a>b）

设 a=3，b=2，c=1，则以上几个式子的值为：

（1）a>b 的值为真，b>1 的值为真，而真&&真的值为真，所以该式的值为 1；

（2）a!=b 的值为真，c!=0 的值为真，真&&真的值为真，所以该式的值也为 1；

（3）!a 的值为假，a>b 的值为真，假||真的值为真，所以该式的值为 1；

（4）a>b 的值为真，c 为真，而真&&真的值为真，所以（a>b）&&c 的值为真。!a 的值为假，也就是 0；b-c 的值为真，也就是 1，所以 0<1 的值为真。最后，真||真的值为真，所以该式的值为 1。

学习了逻辑表达式以后，对于变量的范围就容易表示了，例如：

（1）x∈（1，100）　　可以表示为　　x<100&&x>1

（2）|x|>2　　　可以表示为　　　x>2||x<-2

（3）$f(x)=\dfrac{\sqrt{(x-1)(x-2)}}{x}$ 的定义域

可以表示为

（x>=2||x<=1）&&x!=0　或（x-1）*（x-2）>=0&&x!=0

需要注意的是，在逻辑表达式的求解中，并不是所有的逻辑运算符都被执行，只是在必须执行下一个逻辑运算符才能求出表达式的解时，才执行该运算符，即

① 对于逻辑与运算，如果第 1 个对象被判定为“逻辑假”，系统不再计算第 2 个对象（因为无论真假，都不影响整个表达式的结果）。

② 对于逻辑或运算，如果第 1 个对象被判定为“逻辑真”，系统不再计算第 2 个对象。

例 1：假设 n_1=1，n_2=2，n_3=3，n_4=4，x=1，y=1，求解表达式（$x = n_1 > n_2$）&&（$y = n_3 > n_4$）后，x、y 的值？

解答：x=0，y=1。

计算 $x = n_1 > n_2$ 子表达式的值为假，即一个操作数为假，已经可以判断该表达式的值为假，所以后面的 $y = n_3 > n_4$ 子表达式不会被执行，y 也不会被赋值。

例 2：表达式 a>b&&c||!a<b−c 等价于((a>b)&&c)||((!a)<(b−c))，在运算时先计算“与”运算而不是“非”运算。

4.3 if 结构

学习了关系表达式和逻辑表达式，我们就可以在程序中使用选择结构的语句了。在 C 语言中常用的选择结构有 if 结构和 switch 结构两种。下面先介绍 if 结构。

if 结构，是根据给定的条件进行判断，以决定执行某个分支程序段。C 语言中提供了三种 if 结构的语句。

4.3.1 单 if 语句

单 if 语句的结构形式如下：

```
if（表达式）
{
    若干条语句
}
```

（1）该语句的包含以下信息。

① 关键字是“if”。

② if后面紧跟一对小括号，小括号里表达式称为if语句中的条件表达式。

③ 用大括号括起若干条语句，作为条件表达式成立的情况下，需要执行的内容。

（2）该语句的执行流程是：先计算条件表达式的值，如果条件表达式的值为（非 0）真，则执行其后的复合语句；如果条件表达式的值为 0（假），则不做任何操作。if 语句的流程图如图 4.1 所示。

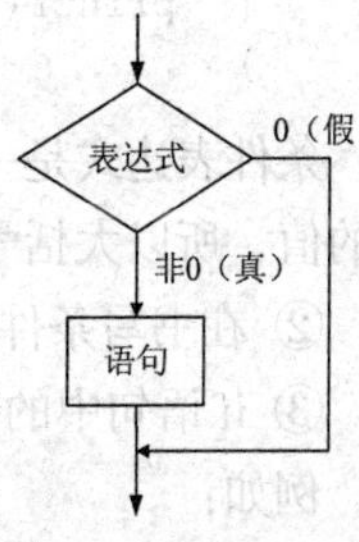

图 4.1　if 语句的流程图

注意　在 if 语句中，若复合语句中只有一条语句，大括号可以省略不写。但作为一种良好的编程习惯，建议保留大括号，以增强程序的可读性。

【例 4.1】　输入任意两个整数 num1 和 num2，输出两个数中较大的一个。

算法思路：

① 定义整型变量 num1、num2、max，输入两个整数并保存在 num1 和 num2 这两个变量的地址空间中。

② 先令 num1 赋值给 max，即假设 num1 较大。

③ 比较 max 和 num2 的值，若 num2 较大，则重新将 num2 赋值给 max。

④ 输出 max 的值。

程序实现：

```
#include<stdio.h>
void main()
{
    int num1,num2,max;
    printf("please input the two numbers:\n");
    scanf("%d%d",&num1,&num2);
    max=num1;
    if(max<num2)
    {
       max=num2;
    }
    printf("the larger number is:%d\n",max);
}
```

运行测试：

```
please input the two numbers:
452 521
the larger number is:521
```

（3）需要注意的地方。

① if 语句中的条件表达式一般是关系表达式或者逻辑表达式，但也可以是其他任意形式的数据或表达式。这时当条件表达式为非 0 时，一律当真来处理。

例如：

```
if('a')
{   printf("o.k. ");
}
```

条件表达式是'a'，其对应的 ASCII 值为 97，即为真，大括号中的 printf 语句将被执行。

```
if(y=0)
{   printf("o.k. ");
}
```

条件表达式是一个赋值表达式。先将 0 赋值给变量 y，再将 y 的值（0，即假）作为条件表达式的值，所以大括号中的 printf 语句将不会执行。

② 在书写条件表达式时，注意不要将"=="和"="混淆使用。

③ if 语句中的执行语句的大括号要用对地方。

例如：

```
if(x>0)
{   y=x*2+1;
```

```
    printf("y=%d\n",y);
 }
 if(x>0)
 {   y=x*2+1;
 }
 printf("y=%d\n",y);
```

上面两段程序段比较相似，不同之处是大括号包含的内容不同。程序段 A. 中，当 $x>0$ 为真时，执行语句有两条；当 $x>0$ 为假时，两条语句都不会执行。但在程序段 B. 中，当 $x>0$ 为真时，只执行一条语句，也就是说，另一条 printf 语句不论条件是否为真，都是一定会执行的。由此可见，当条件表达式为真时，只会执行下面最近的一条语句或者最近的一条复合语句，随意书写大括号或者省略大括号都可能导致执行语句的内容不正确。

④ 同一个程序中可以连续使用多个 if 语句来表示多个选择分支。

【例 4.2】 已知有分段函数：

$$y=\begin{cases}1 & (x<-3)\\ x^2+1 & (-3\leqslant x\leqslant 3)\\ x-1 & (x>3)\end{cases}$$

输入 x 的值，计算并输出正确的 y 值。

算法思路：

① 输入浮点数 x 的值。

② 依次将 x 的值代入三个条件表达式，判断是否为真，若为真则计算相应的 y 值。

③ 输出 y 值。

程序实现：

```
#include<stdio.h>
void main()
{
    float x,y;
    printf("please input x:\n");
    scanf("%f",&x);
    if(x<-3)
    {
       y=1;
    }
    if(x<=3&&x>=-3)
    {
      y=x*x+1;
    }
    if(x>3)
    {
      y=x-1;
    }
    printf("y=%f\n",y);
}
```

运行测试：

```
please input x:
-7
y=1.000000
```

```
please input x:
2.3
y=6.290000
```

```
please input x:
7.9
y=6.900000
```

在例 4.2 中，x 的三个取值范围各不重合，因此可以使用三条 if 语句表示三个选择分支。

4.3.2 if-else 语句

if-else 语句的结构形式如下：

```
if（表达式）
{
    若干条语句（1）
}
else
{
    若干条语句（2）
}
```

（1）该语句的包含以下信息。

① 该语句中的关键字是“if”和“else”。

② if 后面紧跟一对小括号，小括号里表达式称为 if-else 语句的条件表达式。

③ if 条件表达式后面的用大括号括起的若干条语句（1），是在条件表达式成立的情况下需要执行的内容，称为 if 操作。

④ else 后面的用大括号括起的若干条语句（2），是在条件表达式不成立的情况下需要执行的内容，称为 else 操作。

（2）该语句的执行流程是：先计算条件表达式的值，如果条件表达式的值为（非 0）真，则执行 if 操作部分[若干条语句（1）]；如果条件表达式的值为 0（假），则执行 else 操作部分［若干条语句（2）］。if-else 语句的流程图如图 4.2 所示。

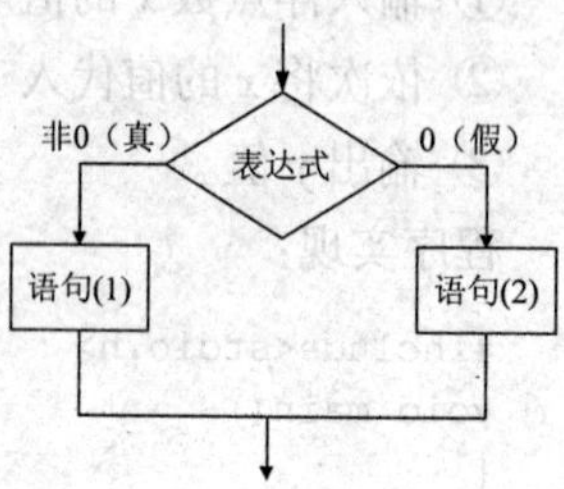

图 4.2　if-else 语句的流程图

【例 4.3】　使用 if-else 语句改写例 4.1。

算法思路：

① 定义整型变量 num1、num2、max，输入两个整数并保存在 num1 和 num2 这两个变量的地址空间中。

② 比较 num1 和 num2 的值，若 num1 较大，则将 num1 赋值给 max；否则将 num2 赋值给 max。

③ 输出 max 的值。

程序实现：

```
#include<stdio.h>
void main()
{
    int num1, num2, max;
    printf("please input the two numbers:\n");
    scanf("%d%d",&num1,&num2);
    if(num1>num2)
    {
      max=num1;
    }
    else
    {
      max=num2;
    }
    printf("the larger number is:%d\n",max);
}
```

运行测试：
```
please input the two numbers:
345 2671
the larger number is:2671
```

（3）需要注意的地方。

① 当 if 操作的语句只有一条时，可以省略大括号，此时整个 if-else 还是视为一条语句。

【例 4.4】　输入一个整数，判断其奇偶性。

算法思路：

A. 定义整数 num，输入一个整数保存在 num 所在地址空间。

B. 对条件表达式 num%2==0 进行判断，若为真，则输出“偶数”；否则输出“奇数”。

程序实现：

```
#include<stdio.h>
void main()
{
    int num;
    printf("please input the number:\n");
    scanf("%d",&num);
    if(num%2==0)
    {
      printf("%d是偶数\n",num);
    }
    else
    {
      printf("%d是奇数\n",num);
    }
}
```

运行测试：
```
please input the number:
24
24是偶数
```

② if 语句中的 if 和 else 必须成对出现，它们之间只能有一条语句（或一条复合语句）。下面的程序段是错误的：

```
if(x>0)
    y=x*x+1;
printf("y=%d\n",y);
else
  y=x-2;
printf("y=%d\n",y);
```

错误的原因在于，关键字 if 和 else 之间有两条语句。编译系统会认为，当 x>0 成立时执行条件表达式后面最近一条语句，即“y=x*x+1;”；后面的 printf 语句是一个独立的语句，将被顺序执行。于是 else 部分找不到配对的 if 了，系统将报语法错误。上面程序段正确的写法是：

```
if(x>0)
{
    y=x*x+1;
    printf("y=%d\n",y);
}
else
{
  y=x-2;
  printf("y=%d\n",y);
}
```

可见，不论是 if 操作还是 else 操作，当语句条数超过 1 时，需要将它们用大括号括起，写成一条复合语句。注意，缩进只能让程序看起来美观，不能起到大括号的作用。

4.3.3 if-else if-else 语句

if-else if-else 语句是一种多条件、多分支的选择语句，它的结构形式如下：

```
if(表达式1)
{
    若干条语句(1)
}
else if(表达式1)
{
    若干条语句(2)
}
……
else
{
    若干条语句(n)
}
```

（1）该语句的执行流程是：先计算条件表达式 1 的值，如果条件表达式的值为真，则执行若干条语句（1）部分；否则计算条件表达式 2，若为真则执行若干条语句（2），以此类推。若前面的条件表达式都为假，则执行最后一个 else 操作部分（若干条语句 *n*）。if-else if-else 语句的流程图如图 4.3 所示。

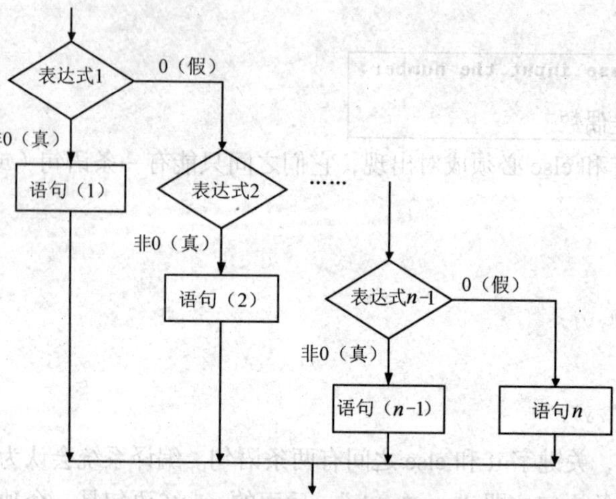

图 4.3 if-else if-else 语句的流程图

【例 4.5】 使用 if-else if-else 语句改写例 4.2。

算法思路：

① 输入浮点数 x 的值。

② 根据 x 的值进行判断，若 $x<-3$ 为真，则 y 的值按第一个式子计算；否则若 $x\leqslant 3$ 并且 $x\geqslant -3$，则 y 的值按第二个式子计算；否则 y 的值按第三个式子计算。

③ 输出 y 的值。

程序内容：

```
#include<stdio.h>
```

```
void main()
{
    float x, y;
    printf("please input x:\n");
    scanf("%f", &x);
    if(x<-3)
    {
        y=1;
    }
    else if(x<=3&&x>=-3)
    {
        y=x*x+1;
    }
    else
    {
        y=x-1;
    }
    printf("y=%f\n", y);
}
```

运行测试：

```
please input x:
-7
y=1.000000
```

```
please input x:
2.3
y=6.290000
```

```
please input x:
7.9
y=6.900000
```

（2）需要注意的地方。

① if-else if-else 语句中的关键字 if 和 else 仍然是成对出现，其配对原则是：每一个 else 总是与前面最近的一个 if 进行配对。为了提高程序的可读性，应采用正确的缩进格式。

② if-else if-else 语句中的最后一个 else 部分是可选项。如果没有最后一个 else 部分，则表示当前面所有的表达式都为假时，什么都不执行并结束当前的 if-else if-else 语句。

③ 当分支条件较为复杂时，应注意分析每个条件之间的关系，合理设计语句顺序。

【例 4.6】　根据成绩打印出分数等级，其中 0～59：E，60～69：D，70～79：C，80～89：B，90～100：A。

算法思路：

① 输入整型数据 score 的值。

② 判断 score 在哪一个分数段，并将对应的等级输出。

```
60>score≥0          E
70>score≥60         D
80>score≥70         C
90>score≥80         B
100≥score≥90        A
```

程序实现：

```
#include <stdio.h>
void main()
{
   int score;
   printf("score= " );
   scanf( "%d" , &score );
   if (score>=0 && score<60)
   {
     printf("grade is E\n" );
   }
```

```
        else if(score >=60 && score<70)
        {
          printf( "grade is D\n");
        }
          else if (score >=70 && score<80 )
          {
            printf( "grade is C\n");
          }
            else if(score>=80 && score<90 )
            {
              printf( "grade is B\n " );
            }
              else
              {
                printf( "grade is A\n " );
            }
}
```

运行测试：

```
score= 78
grade is C
```

思考一个问题：上面程序中的条件表达式是否可以更简洁一些？上面程序中第一个 if 的条件表达式是"score>=0 && score<60"，对应的 else 已经隐含了条件 score>=60（不考虑 score 低于 0 分或者高于 100 分的情况），因此 else if 的条件表达式只需要 score>70 即可。以此类推，上面程序中的 if-else if-else 语句可以改写成以下形式：

```
if (score>=0 && score<60)
{
  printf("grade is E\n" );
}
else if(score<70)
  {
    printf( "grade is D\n");
  }
    else if (score<80 )
    {
      printf( "grade is C\n");
    }
      else if(score<90 )
      {
        printf( "grade is B\n " );
      }
        else
        {
          printf( "grade is A\n " );
        }
```

4.4 嵌套 if 结构

所谓嵌套 if 结构，就是在 if 结构中有包含了一个或多个 if 结构。if 语句的嵌套形式多种多样，可以在 if 操作部分嵌套 if 结构，也可以在 else 操作部分嵌套 if 结构，如下所示。

在 if 操作部分嵌套 if 结构

```
if(表达式)
{
   if(表达式)
     {
       若干条语句
     }
   else
     {
       若干条语句
     }
}
else
{
     若干条语句
}
```

在 else 操作部分嵌套 if 结构

```
if(表达式)
{
   若干条语句
}
else
{
   if(表达式)
     {
       若干条语句
     }
   else
     {
       若干条语句
     }
}
```

上述的两种嵌套形式中，后一种等同于 if-else if-else 结构。

if 语句可以进行多层嵌套，当语句中出现多个 if 和 else 关键字时，要特别注意 if 和 else 的配对问题。

【例 4.7】 使用嵌套的 if 结构改写例 4.2，要求在 if 操作部分嵌套 if 结构。

算法思路：

（1）输入浮点数 x 的值。

（2）根据 x 的值进行判断，当 $x \leqslant 3$ 为真，如果 $x \leqslant 3$ 也为真则 y 的值按第一个式子计算，否则（即 $x \leqslant 3$ 为真且 $x < -3$ 也为真）y 的值按第二个式子计算；当 $x \leqslant 3$ 为假，y 的值按第三个式子计算。

（3）输出 y 的值。

程序内容：

```
#include<stdio.h>
void main()
{
    float x, y;
    printf("please input x:\n");
    scanf("%f", &x);
    if(x<=3)
    {
       if(x<-3)
       {
          y=1;
       }
       else
       {
          y=x*x+1;
       }
    }
    else          // x<=3 为假的情况
    {
       y=x-1;
    }
    printf("y=%f\n", y);
}
```

4.5 switch 结构

if-else if-else 语句是多条件、多分支的选择语句，此外 C 语言还提供了 switch 语句，实现单条件、多分支的选择结构，它的结构形式如下：

```
switch(表达式)
{
    case 常量表达式 1:  语句 1
    case 常量表达式 2:  语句 2
    ⋮
    case 常量表达式 n:  语句 n
    default         :  语句 n+1
}
```

（1）该语句的执行流程是：计算表达式的值，若与常量表达式 i 值一致，则从语句 i 开始执行；直到遇到 break 语句或者 switch 语句的"}"；若与任何常量表达式值均不一致时，则执行 default 语句，或执行 switch 以外的后续语句。

【例 4.8】　输入一个 1～7 以内的整数，输出其对应星期的英文单词。

算法思路：

① 输入一个整数保存于变量 num 中。

② 将 num 依次与关键字 case 后面的整数进行比对，发现一致则输出对应的英语单词；若都不相同则输出"Error!"。

程序内容：

```
#include "stdio.h"
void main()
{
   int num;
   printf("please input a week number: ");
   scanf("%d",&num);
   switch(num)
   {
      case 1 : printf("Monday\n"); break;
      case 2 : printf("Tuesday\n"); break;
      case 3 : printf("Wednesday\n"); break;
      case 4 : printf("Thursday\n"); break;
      case 5 : printf("Friday\n"); break;
      case 6 : printf("Saturday\n"); break;
      case 7 : printf("Sunday\n"); break;
      default : printf("Error!\n");
   }
}
```

运行测试：

```
please input a week number:5
Friday
Press any key to continue
```

（2）需要注意的地方。

① 经常需要使用 break 语句，用来跳出整个 switch 语句。

在例 4.8 中，若输入 5，则程序将输出“Friday”；去掉所有的 break 后再运行，输入 5 后程序将输出“Friday”↙“Saturday”↙“Sunday”↙“Error!”↙，这显然与题目的需求不符。

② “表达式”可以是整型或字符型表达式，但不可以是浮点型表达式。

③ case 后面必须是常量表达式，不能包含变量；每个常量表达式的值应互不相同。

④ “表达式”和“常量表达式”的类型必须一致或赋值兼容。

⑤ switch 语句中的 default 是可选的，如果它不存在，并且表达式与所有的常量表达式都不相同，则 switch 语句将不执行任何内容就退出了。

⑥ case 语句先后顺序随意，不会影响程序运行的结果；多个 case 语句可以共用一组执行语句。

【例 4. 9】 输入任一平年的月份，输出该月份对应的天数。

算法思路：

A. 输入月份，保存在变量 month 中。

B. 设月份为 month，天数为 day，则 month 和 day 有如下关系：

```
month=1, 3, 5, 7, 8, 10, 12          day=31
month=4, 6, 9, 11                    day=30
month=2                              day=28
```

为了能使 case 语句的数目较少，可以将 31 天的情况放在 default 部分执行。

程序实现：

```
#include "stdio.h"
void main()
{
     int month,day;
     printf("please input month:");
     scanf("%d",&month);
     switch(month)
     {
        case 4 :
        casc 6 :
        case 9 :
        case 11 : day=30;break;
        case 2 : day=28;break;
        default : day=31;
     }
printf("day=%d\n",day);
}
```

运行测试：

```
please input month:7
day=31
Press any key to continue_
```

⑦ case 后面的常量表达式不能写成区间和逗号表达式，也不能写成关系表达式或者逻辑表达式。下面是比较常见的错误，平时要注意避免：

```
case 7~8 : day=30;break;
case 7,8 : day=30;break;
cash 90<score<=100 : ("grade is A\n" );break;
```

4.6 多重 if 结构和 switch 结构的比较

在很多需要使用多分支语句的地方，既可以使用多重 if 结构（if-else if-else 语句或 if 语句的嵌套），也可以使用 switch 结构。

【例 4.10】 使用 switch 语句，改写例 4.6 中的程序。

算法思路：

（1）输入整型数据 score 的值。

（2）令 *s*=score/10，根据 *s* 所匹配的常量值，将对应的等级输出。

```
s=1, 2, 3, 4, 5    E
s=6                D
s=7                C
s=8                B
s=9, 10            A
```

```
#include <stdio.h>
void main()
{
   int score,s;
   printf(" score= ");
   scanf("%d",&score);
   s= score/10;
   if(s<0||s>10)
   {
      printf("wrong score!\n");
   }
   else
   {
      switch(s)
      {
         case 10:
         case 9 : printf("grade is A\n " );break;
         case 8 : printf("grade is B\n " );break;
         case 7 : printf("grade is C\n " );break;
         case 6 : printf("grade is D\n " );break;
         default : printf("grade is E\n " );break;
      }
   }
}
```

注意 例 4.10 中，s 和 score 都是整型变量，score/10 的值也是整数。这个操作将原本 101 种分数等级（score：0～100）简化成了 11 种（s：0～10）。另外还加入了对不合法的分数的判断和处理，增加了程序的健壮性。

对比例 4.6 和例 4.10 可以看出，对于多分支结构的程序，很多情况下既可以使用多重 if 结构，也可以使用 switch 结构。从书写和阅读的角度看，switch 结构比多重 if 结构更为清晰、可读性高；从使用的范围上看，多重 if 结构用途更广泛，比如判断条件可以是含浮点型数据的区间或者表达式。

4.7 条件运算符

条件运算符是 C 语言中唯一的三目运算符，它的形式为：

```
? :
```

条件表达式是用条件运算符和三个表达式组成的，条件表达式的一般形式为：

```
表达式 1?表达式 2:表达式 3
```

上述表达式的运算规则如下：

（1）如果表达式 1 的值为真（非 0），则计算表达式 2 的值（不计算表达式 3 的值），并将表达式 2 的值作为该条件表达式的结果；

（2）如果表达式 1 的值为假（0），则计算表达式 3 的值（不计算表达式 2 的值），并将表达式 3 的值作为该条件表达式的结果。

条件表达式有时可以替代 if-else 条件语句。例如命题：将 x、y 中的较大值存放在 z 中，可以使用如下 if-else 语句：

```
if(x<y)
{
      z=y;
}
else
{
      z=x;
}
```

也可以使用条件表达式语句达到相同的效果：

```
z = (x < y) ? y : x ;
```

需要注意的是：

（1）条件运算符的优先级比较低，低于几乎所有的运算符，仅高于赋值运算符。

所以“z＝（x＜y）?y:x ”也可以写成“z＝x＜y?y:x ”。

（2）条件运算符的结合律是从右向左。

所以“5>3 ? 1 : 4 ? 2 : 3 ”表达式等价于“5>3 ? 1 :（4 ? 2 : 3）”，该条件表达式的值为 1。

【例 4.11】 使用条件表达式改写例 4.2 的分段函数。

程序实现：

```
#include<stdio.h>
void main()
{
      float x,y;
      printf("please input x:\n");
      scanf("%f",&x);
      x<-3 ? y=1 : (x<=3 ? y=x*x+1 : y=x-1);
      printf("y=%f\n",y);
}
```

上面的例子中，条件表达式的各个表达式都是一个赋值表达式，它也可以写成：

```
y=x<-3 ? 1 : (x<=3 ? x*x+1 : x-1);
```

4.8 应 用 举 例

【例 4.12】 某商场节假日商品打折，优惠政策如下：

① 购买商品价值低于 100 元不享受优惠；

② 购买商品价值高于 100 元但低于 300 元，享受 95 折优惠。

③ 购买商品价值高于 300 元但低于 500 元，享受 90 折优惠。

④ 购买商品价值高于 500 元的，享受 85 折优惠。

要求：编写一个程序，从键盘输入用户购买商品的总额，在输出窗口显示用户实际支付的金额。

该命题符合多条件多分支结构，使用 if-else if-else 语句或者 if 语句的嵌套都可以实现功能。以 if-else if-else 结构为例，程序实现代码如下：

```
#include <stdio.h>
void main()
{
    double totalmoney=0;
    double paymoney=0;
    printf("请输入商品总额：");
    scanf("%lf",&totalmoney);
    if(totalmoney<100&&totalmoney>=0)
    {
       paymoney=totalmoney;
    }
    else if(totalmoney<300&&totalmoney>=100)
         {
            paymoney=totalmoney*0.95;
         }
         else if(totalmoney<500&&totalmoney>=300)
              {
                 paymoney=totalmoney*0.9;
              }
              else if(totalmoney>=500)
                   {
                      paymoney=totalmoney*0.85;
                   }
                   else paymoney=-1;
    if(paymoney==-1)
    {
         printf("输入的金额不正确\n");
    }
    else
    {
         printf("实际需支付商品金额为: %.2lf\n",paymoney);
    }
}
```

运行测试：

```
请输入商品总额：399
实际需支付商品金额为：359.10
```

【例 4.13】 某次抽奖活动中，抽中一等奖的号码是 911，抽中二等奖的号码是 329、96，抽中三等奖的号码是 55、7、726。

要求：编写一个程序，根据用户输入的抽奖号码判断其是否为中奖号码，以及中奖的等级。

该命题符合多条件、多分支的选择结构，即判断输入的号码是否等于一个整数，从而输出相应的等级，因此可以使用 switch 语句，程序实现代码如下：

```
#include <stdio.h>
void main()
{
   int number;
   printf("请输入抽奖号码：");
   scanf("%d",&number);
   switch(number)
   {
      case 911 : printf("恭喜，号码%d获得了一等奖\n",number);break;
      case 329 :
      case 96 : printf("恭喜，号码%d获得了二等奖\n",number); break;
      case 55 :
      case 7 :
      case 726 : printf("恭喜，号码%d获得了三等奖\n",number); break;
      default : printf("抱歉，号码%d未中奖\n",number);
   }
}
```

练　习　题

一、选择题

1. 以下关于运算符优先级的描述中，正确的是（　　）。

（A）!（逻辑非）>算术运算>关系运算>&&（逻辑与）>||（逻辑或）>赋值运算

（B）&&（逻辑与）>算术运算>关系运算>赋值运算

（C）关系运算>算术运算>&&（逻辑与）>||（逻辑或）>赋值运算

（D）赋值运算>算术运算>关系运算>&&（逻辑与）>||（逻辑或）

2. 逻辑运算符的运算对象的数据类型（　　）。

（A）只能是 0 或 1　　（B）只能是.T.或.F.

（C）只能是整型或字符型　　（D）任何类型的数据

3. 能正确表示 *x* 的取值范围在[0，100]和[−10，−5]内的表达式是（　　）。

（A）（x<=−10）||（x>=−5）&&（x<=0）||（x>=100）

（B）（x>=−10）&&（x<=−5）||（x>=0）&&（x<=100）

（C）（x>=−10）&&（x<=−5）&&（x>=0）&&（x<=100）

（D）（x<=−10）||（x>=−5）&&（x<=0）||（x>=100）

4. 判断字符型变量 ch 为大写字母的表达式是（　　）。

（A）'A'<=ch<='Z'　　（B）（ch>='A'）&（ch<='Z'）

（C）（ch>='A'）&&（ch<='Z'）　　（D）（ch>='A'）AND（ch<='Z'）

5. 若有以下函数关系

$x<0 \rightarrow y=2x$

$x>0$ → $y=x$

$x=0$ → $y=x+1$

下面程序段能正确表示以上关系的是（　　）。

（A）
```
y=2x;
if (x!=0)
if(x>0) y=x;
else y=x+1;
```

（B）
```
y=2x;
if (x<=0)
if(x= =0) y=x+1;
else  y=x;
```

（C）
```
if (x>=0)
if(x>0)  y=x;
else    y=x+1;
else  y=2x;
```

（D）
```
y=x+1;
if (x<=0)
if(x<0)  y=2x;
else   y=x;
```

6. 以下不正确的 if 语句形式是（　　）。

（A）if（x > y &&　x != y）;

（B）if（x = = y）x + = y ;

（C）if（x != y）scanf（"%d"，&x）else scanf（"%d"，&y）;

（D）if（x < y）{ x++; y++;}

7. 设有如下定义：char　ch='z'，则执行下面语句后变量 ch 是值为（　　）。

```
ch=('A'<=ch&&ch<='Z')?(ch+32):ch
```

（A）A　　（B）a

（C）Z　　（D）z

8. 已知 int x=30，y=50，z=80;以下语句执行后变量 x、y、z 的值分别为（　　）。

```
if (x>y||x<z&&y>z)  z=x; x=y; y=z;
```

（A）x=50，y=80，z=80　　（B）x=50，y=30，z=30

（C）x=30，y=50，z=80　　（D）x=80，y=30，z=50

9. C 语言中，要求运算对象必须是整型的运算符是（　　）。

（A）>　　（B）++

（C）%　　（D）!=

10. 在 C 语言中，多分支选择结构语句为（　　）。

```
switch(c)
{
case 常量表达式 1：语句 1;
    ......
    case  常量表达式 n-1：语句 n-1;
    default            语句 n;
}
```

其中括号内表达式 c 的类型（　　）。

（A）可以是任意类型　　（B）只能为整型

（C）可以是整型或字符型　　（D）可以为整型或实型

二、填空题

1. 在 C 语言中，对于 if 语句，else 子句与 if 子句的配对原则是________。

2. 在 C 语言中提供的条件运算符"?:"的功能是________。

3. 用 C 语言描述下列命题：

（1）a 小于 b 或小于 c

（2）a 和 b 都大于 c

（3）a 或 b 中有一个小于 c

（4）a 是奇数

4. 以下两条 if 语句可合并成一条 if 语句为________。

```
if(a<=b)
{
    x=1;
}
else
{
    y=2;
}
if(a>b)
{
    printf("* * * * y=%d\n",y);
}
else
{
    printf("# # # # x=%d\n",x);
}
```

5. 设有程序片段如下：

```
switch(class)
{
    case  'A':printf("GREAT!\n");
    case  'B':printf("GOOD!\n");
    case  'C':printf("OK! \n");
    case  'D':printf("NO!\n");
    default:printf("ERROR!\n");
}
```

若 class 的值为'B'，则输出结果是________。

6. 输入三个实数 a，b，c 要求按从大到小的顺序输出三数。请在空格内填入缺省的内容。

```
void main()
{ float a,b,c,t;
  scanf("%f,%f,%f",&a,&b,&c);
  if (a<b)
  {t=a;  _______   b=t;
  }
  if(_______)
  {t=a; a=c; c=t;
  }
  if(b<c)
  {_______ b=c; c=t;
  }
  printf("%f,%f,%f",a,b,c);
 }
```

7. 输入一个字符，如果是大写字母，则把其变成小写字母；如果是小写字母，则变成大写字母，其他字符不变。请在空格内填入缺省的内容。

```
void main()
```

```
{
   char  ch;
   scanf("%c",&ch);
   if (____________)    ch=ch+32;
   else if(ch>='a'&&ch<='z')________;
   printf("%c\n",ch);
}
```

8. 下面程序的输出结果是________。

```
void main()
{
   int x=100, a=10, b=20, ok1=5, ok2=0;
   if(a<b)
   if(b!=15)
   if(!ok1)
      x=1;
   else if(ok2) x=10;
   x=-1;
   printf("%d\n",x);
}
```

三、编程题

1. 编写一个程序，要求从键盘输入三个数，程序判断这三个数能否构成一个三角形。如果能，判断该三角形是否直角三角形。

2. 输入圆的的半径 r 和一个整型数 k，当 k=1 时，计算圆的面积；但 k=2 时，计算圆的周长，当 k=3 时，既要求圆的周长也要求出圆的面积。编程实现以上功能。

3. 有一函数，其函数关系如下，试编程求对应于每一自变量的函数值。

$$y=\begin{cases} x^2 & (x<0) \\ -0.5x+10 & (0\leqslant x<10) \\ x-\sqrt{x} & (x\geqslant 10) \end{cases}$$

4. 编写一个程序，输入 a、b、c 三个数，按从大到小的顺序将它们输出。

5. 编写一个程序，用户输入运算数 1、四则运算符和运算数 2，输出计算结果。例如，输入“4+3”，输出 7。

第5章 循环结构

现实世界中的许多问题具有规律性的重复操作，例如击鼓传花游戏，大家坐成一个圈，鼓声响起的时候将花束顺序交到下一个人的手里，依次向下传递。当鼓声突然中断时停止传花，花束落在谁的手里便成为输家。圈中的每个人都要重复完成相同的任务，即将花束顺序交到下一个人手里。又如4×100米接力赛跑，第1个人跑完100米后将接力棒传给第2个人，第2个人再跑100米，然后是第3个人，直到第4个人跑完最后一个100米。这些实际问题都具有这样的共同点：重复完成相同的操作，同时又具有结束条件。相应的操作在计算机程序中就体现为某些语句的重复执行，也就构成了循环结构。

循环结构是结构化程序设计所采用的三种基本控制结构之一，它可以减少源程序重复书写的工作量，通过计算机的反复执行完成大量类似计算。循环结构具有三个基本要素：循环控制变量、循环体和循环终止条件。通过不断改变循环控制变量的值使循环趋近于终止，而循环过程中反复执行的程序段即为循环体。

本章主要介绍C语言中提供的while语句、do-while语句和for语句以及如何用它们来实现循环结构的方法。

5.1 while语句

while语句的特点是：先判断表达式，后执行语句。一般形式为：

```
while（表达式）
{
  语句
}
```

1. while语句的要求

（1）while后面的括号()不能省略。

（2）while后面的表达式可以是任意类型的表达式，一般为条件表达式或逻辑表达式，表达式的值是循环的控制条件。

（3）语句部分即为循环体，当包含一条以上的语句时应以复合语句的形式出现。

注意：在循环体中，若只有一条语句，大括号可以省略不写。但作为一种良好的编程习惯，建议保留大括号，以增强程序的可读性。

2. while 语句的执行过程

当表达式的值为真（非 0）时，执行循环体内的语句，然后再判断表达式的值，如果为真，再执行循环体内的语句，如此重复，当表达式的值为假（0）时结束循环。其流程图如图 5.1 所示。

【例 5.1】 用 while 语句求幂值 2^{10}。

算法思路：

（1）2^{10} 即求 10 个 2 相乘的积，定义变量 t 存放累乘积，变量 i 控制幂指数。进行乘积运算时，一般将存放累乘积的变量赋初值 1，因此 t 的初始值为 1。

（2）i 初始值为 1，只要关系表达式 i<=10 的值为真，就重复执行循环体，将 2 累乘到 t 中，并使 i 自增 1。

（3）当 i 增至 11，11<=10 的值为假，退出 while 循环。

（4）输出 t 的值。

用流程图表示算法，如图 5.2 所示。

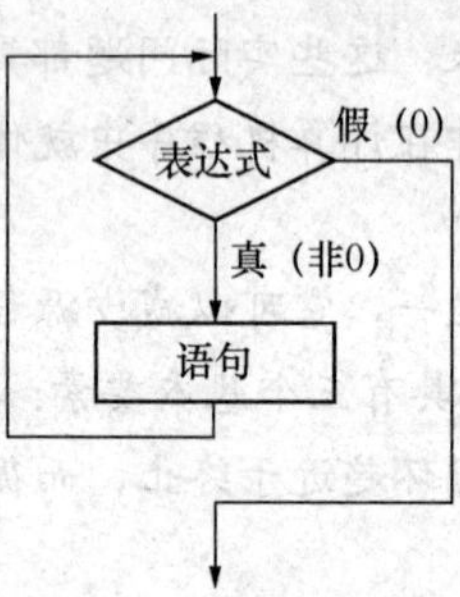

图 5.1 while 语句循环流程图

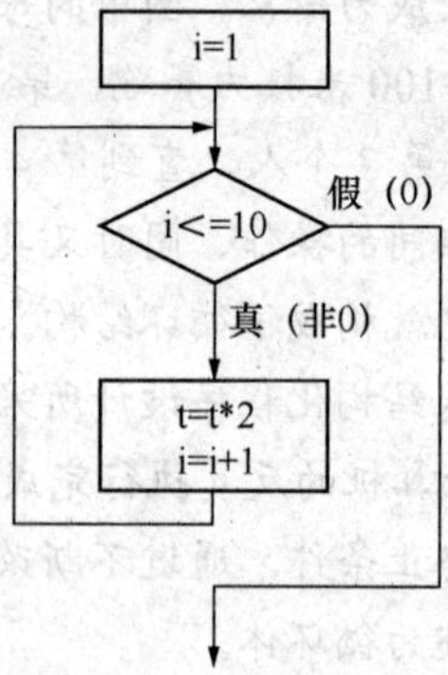

图 5.2 while 语句求幂流程图

程序实现：

```
#include <stdio.h>
void main()
{
    int i,t=1;
    i=1;
    while(i<=10)
    {
        t=t*2;
        i++;
    }
    printf("t=%d\n",t) ;
}
```

运行测试：

```
t=1024
Press any key to continue
```

【例 5.2】 用 while 语句求 100 以内的奇数、偶数之和。

算法思路：

（1）定义变量 k 存储求和过程中的加数，s1 为偶数的和，s2 为奇数的和。进行求和运算时，一般将存放和的变量初始化为 0，因此赋 s1、s2 均为 0。

（2）k 初始值为 1，只要关系表达式 k<=100 的值为真，就重复执行循环体。

（3）循环体中进行判断，若 k 为偶数累加到 s1 中，若 k 为奇数累加到 s2 中。

（4）当 k 增至 101，101<=100 的值为假，退出 while 循环。

（5）输出 s1、s2 的值。

程序实现：

```
#include <stdio.h>
void main()
{
    int k = 1, s1 = 0, s2 = 0;
    while (k <= 100)
    {
        if ( k%2 == 0 )  s1 += k;
        else   s2 += k;
        k++;
    }
    printf("偶数和为%d，奇数和为%d\n",s1,s2);
}
```

运行测试：

```
偶数和为2550，奇数和为2500
Press any key to continue
```

3. while 语句需要注意的用法

（1）程序中需要利用一个变量控制 while 语句的表达式的值，这个变量即为循环控制变量。如例 5.1 中的 i、例 5.2 中的 k。循环前，必须给循环控制变量赋初值，否则使用系统赋给的初值，会影响最终结果。例如求 1+2+3+…+100 的值：

```
int i, sum=0;      /* 应赋 i 的初值为 1 */
while (i<=100)
{
    sum = sum+i;
    i++;
}
printf("sum=%d\n",sum);
```

运行测试：

```
sum=-773089064
Press any key to continue
```

（2）循环体中，必须有改变循环控制变量值的语句，即使循环趋向结束的语句。例如：

```
int a = 1, b = 2;
while (a > 0)/* a 的值始终未变，永远大于 0，此循环为死循环 */
{
    b++;
}
```

（3）循环体可以为空。例如：

```
while ( (c=getchar())!='\n' );  /*键盘输入字符，直至输入回车符停止*/
```

等价于：

```
c = getchar();
while (c != '\n')
{
    c = getchar();
}
```

5.2 do-while 语句

do-while 语句的特点是：先执行语句，后判断表达式。一般形式为：

```
do
{
  语句
}while（表达式）;
```

1. do-while 语句的要求

（1）while 后面的括号()不能省略。

（2）while 后面的分号;不能省略。

（3）while 后面的表达式可以是任意类型的表达式，一般为条件表达式或逻辑表达式，表达式的值是循环的控制条件。

（4）语句部分即为循环体，当包含一条以上的语句时应以复合语句的形式出现。

2. do-while 语句的执行过程

先执行循环体语句一次，再判断表达式的值，如果为真（非 0），再执行循环体内的语句，如此重复，直到表达式的值为假（0）时结束循环。其流程图如图 5.3 所示。

【例 5.3】　用 do-while 语句求幂值 2^{10}。

算法思路：

（1）定义变量 t 存放累乘积，变量 i 控制幂指数，t 的初始值为 1，i 的初始值为 1。

（2）先执行一次循环体，将第 1 个 2 累乘到 t 中，并使 i 的值自增 1，再判断关系表达式 i<=10 的值，为真则继续执行循环体。

（3）重复执行循环体直到 i 增至 11，11<=10 的值为假，退出 do-while 循环。

（4）输出 t 的值。

用流程图表示算法，如图 5.4 所示。

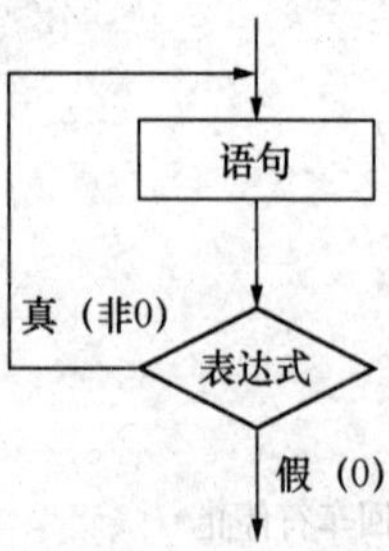

图 5.3　do-while 语句循环流程图

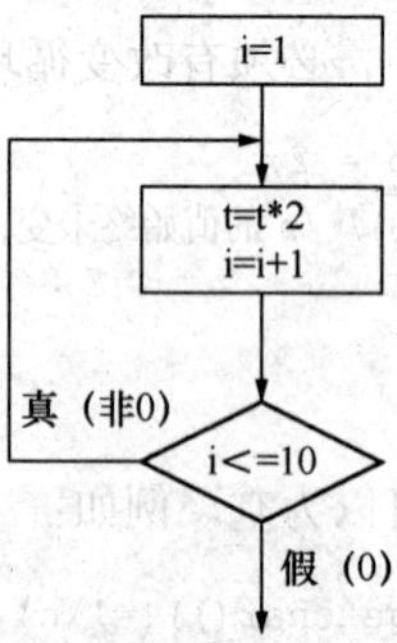

图 5.4　do-while 语句求幂流程图

程序实现：

```
#include <stdio.h>
void main()
{
```

```
    int i,t=1;
    i = 1;
    do
    {
           t = t*2;
           i++;
    } while(i<= 10);
       printf("t=%d\n", t) ;
    }
```

运行测试：

```
t=1024
Press any key to continue
```

3. do-while 语句需要注意的用法

（1）do-while 语句对于循环控制变量及循环体的相关约束均与 while 语句相同。但 while 语句中，表达式括号后一般不加分号，若加分号表示循环体为空，而 do-while 语句的表达式括号后必须加分号，否则将产生语法错误。

（2）do-while 和 while 语句一般可以相互转换，转换时可能需要修改循环控制条件。

【例 5.4】　比较 while 语句与 do-while 语句，如何修改 do-while 语句使得输出结果相同。

```
#include <stdio.h>
void main()
{
    int s = 0, n = 3;
    while (n--)
    {
       s++;
    }
    printf("s=%d\n",s);
}
```

```
#include <stdio.h>
void main()
{
    int s = 0, n = 3;
    do
    {
       s++;
    }while(n--);
    printf("s=%d\n",s);
}
```

算法思路：

这里作为循环条件的不是关系表达式，因此需要判断逻辑量 n 的值，非 0 则为真，0 则为假，判断结束再将 n 的值自减 1。

（1）while 语句中 n 从 3 递减至 1，即循环体执行 3 次，直至 n 为 0，结束循环，但注意 n 仍需再减 1，因此循环结束时 s=3，n=−1。

（2）do-while 语句中首先执行一次 s++，再判断 n 的值，循环体执行 4 次，结束循环。循环结束时 s=4，n= −1。

若要使得 do-while 循环得到的 s 值与 while 循环的相同，通过修改循环条件，从而更改循环体的执行次数。这里可以将 do-while 语句的循环条件改为--n，每次判断循环条件是否成立时，总是先对 n 减 1，再判断 n 的值是否为 0，决定是否再次执行循环体。

5.3　for 语句

for 语句是 C 语言所提供的功能更强、使用更广泛的一种循环语句。它的形式多样，用法更加灵活。

5.3.1 基本的 for 语句

基本的 for 语句形式为：

```
for(表达式 1; 表达式 2; 表达式 3)
{
  语句
}
```

1. 基本 for 语句的要求

（1）for 后面的括号()不能省略。

（2）表达式 1 一般为赋值表达式，通常用来给循环控制变量赋初值，其后的分号;不能省略。

（3）表达式 2 一般为关系表达式或逻辑表达式，作为循环控制的条件，其后的分号;不能省略。

（4）表达式 3 一般为赋值表达式，通常用来修改循环控制变量的值，其后无分号。

（5）语句部分即为循环体，当包含一条以上的语句时应以复合语句的形式出现。

2. for 语句的执行过程

先执行表达式 1，再判断表达式 2，若表达式 2 的值为真（非 0）时，执行循环体内的语句，接着执行表达式 3，再继续判断表达式 2，如此重复，直到表达式 2 的值为假（0）时结束循环。其流程图如图 5.5 所示。

【例 5.5】 用 for 语句求幂值 2^{10}。

算法思路：

（1）定义变量 t 存放累乘积，变量 i 控制幂指数，t 的初始值为 1。

（2）i 的初始值为 1，只要关系表达式 i<=10 的值为真就重复执行循环体，再执行表达式 3 即对 i 增 1。

（3）当 i 增至 11，11<=10 的值为假，退出 for 循环。

（4）输出 t 的值。

用流程图表示算法，如图 5.6 所示。

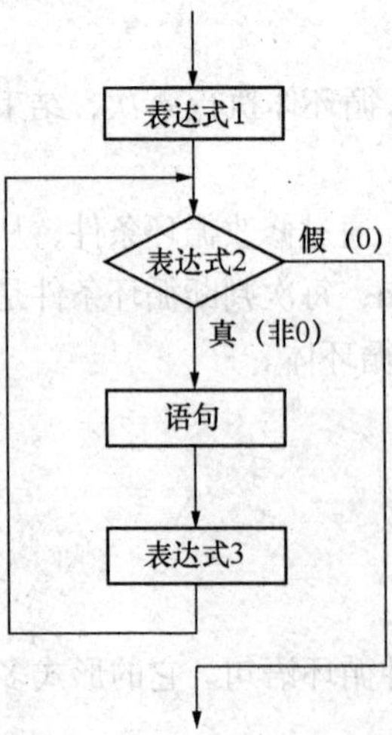

图 5.5 for 语句循环流程图

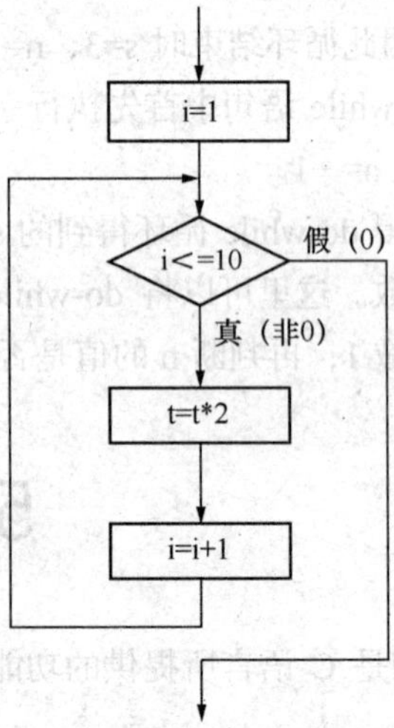

图 5.6 for 语句求幂流程图

程序实现：

```
#include <stdio.h>
void main()
{
    int i,t=1;
    for (i = 1; i<= 10; i++)
    {
      t = t*2;
    }
    printf("t=%d\n", t) ;
}
```

运行测试：

```
t=1024
Press any key to continue
```

3. for 语句需要注意的用法

（1）表达式 1 在进入循环之前求解，通常用来对循环控制变量进行初始化。从流程图可以看出，表达式 1 仅执行 1 次。

（2）表达式 3 可以看成循环体的一部分，因为每次执行完循环体必然要执行一次表达式 3。

（3）表达式 1 和表达式 3 可以是一个简单表达式也可以是逗号表达式。例如：

```
for(sum=0,i=1;i<=100;i++)
{
    sum = sum+i;
}
```

或

```
for(i=0,j=100;i<=100;i++,j--)
{
    k = i+j;
}
```

（4）表达式 2 一般是关系表达式或逻辑表达式，但也可以是数值表达式或字符表达式，只要其值不等于 0 就执行循环体。例如：

```
s = 0;
for(k=1; k-4; k++)
{
    s=s+k;
}
```

仅当 k 的值等于 4 时终止循环，k−4 是数值表达式。

5.3.2　各种特殊形式的 for 语句

除了基本的 for 语句，还可以对 for 语句进行一些变形，产生各种特殊形式，而每种形式在使用时都有需要注意的用法。

（1）表达式 1 可以移到 for 语句的前面。

表达式 1;

```
for (; 表达式 2; 表达式 3)
{
    语句
}
```

表达式 1 省略时，其后的分号;不能省略，并在 for 语句前给循环变量赋初值。例如求

1+2+3+…+100 的和：

```
int i , sum=0;
i = 1; /* for 前对循环控制变量赋初值*/
for(; i<=100; i++)
{
    sum = sum+i;
}
```

（2）表达式 2 为空。

```
for (表达式 1;; 表达式 3)
{
    语句
}
```

表达式 2 为空，但其后分号;不能省略。相当于表达式 2 的值永远为真，即为死循环。例如下面的循环是死循环：

```
for (a=1; ; a++)                相当于          a=1;
{                                               while(1)
    printf("%d\n",a);                           {  printf("%d\n",a); a++;
}                                               }
```

注意 死循环中，若要结束循环，需要在循环体中引入 break 语句，将在 5.5 节进行介绍。

（3）表达式 3 可以移到内嵌语句中。

```
for (表达式 1; 表达式 2;)
{
    语句
    表达式 3;
}
```

表达式 3 省略时，循环体内应有使循环条件改变的语句。例如：

```
for ( k=1; k<=3;)
{
    s = s+k;
    k++;    /* k 不断增 1 才能使循环趋近结束*/
}
```

（4）同时省略表达式 1 和表达式 3，只有表达式 2，相当于 while 语句。

```
for (; 表达式 2;)
{
    语句
}
例如：
k=1;              相当于      k = 1;
for(;k<=3;)                   while ( k<=3 )
{                             {
    s=s+k;                        s = s+k;
    k++;                          k++;
}                             }
```

【例 5.6】　读程序，判断程序的功能。

```
#include <stdio.h>
void main()
{
    char c;
    for(;(c=getchar())!='\n';)
    {
        putchar(c);
    }
    putchar('\n');
}
```

算法思路：

程序中 for 语句省略了表达式 1 和表达式 3，相当于执行一个 while 语句。只要读入的字符不为换行符则输出。直到输入换行符结束循环。若输入“OK!”，会打印“OK!”。

运行测试：

```
OK!
OK!
Press any key to continue
```

注意　getchar()仅当遇到回车符时才开始执行，从键盘缓冲区中取字符。因此屏幕上并非显示“OOKK!!”。

5.4　三种循环语句的比较

while 语句、do-while 语句和 for 语句都可以用来处理同一问题，一般情况下，它们可以互相代替。其中，while 语句与 do-while 语句的使用更为相似，但相互代替时需注意循环条件的修改。相比较而言，for 语句的功能更强，凡用 while 语句能完成的，用 for 语句都能实现。下面分别从三个方面讨论三者的联系与区别。

1. 循环控制变量及循环控制条件

（1）循环控制变量的初始化

在 while 语句和 do-while 语句中，循环控制变量的初始化应放在循环前进行；而 for 语句可放在循环前，也可作为表达式 1 的一部分。

（2）循环控制变量的修改

在 while 语句和 do-while 语句中，为了使循环能正常结束，应在循环体内包含使循环趋于结束的语句（如 i++等）。for 语句可以在表达式 3 中包含使循环趋于结束的操作，甚至可以将循环体中的操作全部放在表达式 3 中，同理，也可将表达式 3 中的语句移至内嵌循环体中。

（3）循环控制条件

在 while 语句和 do-while 语句中，循环条件都在 while 后的括号内指定，而 for 语句的循环条件通常在表达式 2 中指定。

2. 循环体的执行

while 语句先判断条件再执行循环体，因此有可能循环体一次都不执行。而 do-while 语句先执行循环体再判断条件，循环体至少执行一次。例如：

```
int a = 2, s = 0;
while (a>5)
{
    s++;
}
```

本例中 a 的初始值为 2<5，因此条件不成立，循环体一次都不执行。

3. 循环的跳转

在 while 语句、do-while 语句和 for 语句中，都可以使用 break 语句跳出循环，用 continue 语句结束本次循环。通过这两个语句可以灵活地控制循环的结束时刻，更好地满足程序设计人员的需要。

5.5 break 语句

在选择结构程序设计中，我们学习了 switch 结构，通过 break 语句可以使流程跳出 switch 结构，继续执行 switch 语句后面的语句。实际上，break 语句还可以用来从循环体内跳出循环，即提前结束循环，接着执行循环语句后面的第一条语句。break 语句的一般形式为：

```
break;
```

通过使用 break 语句对循环执行的影响如图 5.7 所示。

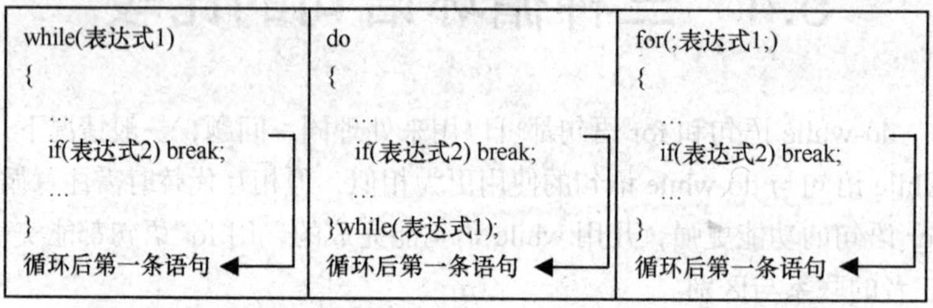

图 5.7 break 语句

【例 5.7】 对所有输入的字符进行计数，直到输入的字符为换行符为止。

算法思路：

（1）定义字符变量 c 存放输入的字符，变量 i 进行计数，i 的初始值为 0。

（2）循环条件可设置永远为真（非 0），保证可以不断输入字符。

（3）在循环体中输入一个字符，即进行判断，若不为换行符，则计数器增 1，重复执行循环体。若为换行符，则立即结束循环，因此，通过 break 语句来进行控制。

（4）输出 i 的值。

程序实现：

```
#include <stdio.h>
void main()
{
    char c;
    int i=0;
```

```
    while (1)
    {
      c=getchar();
      if(c=='\n')   break;
      else i++;
    }
    printf("字符数为%d\n",i);
}
```

运行测试：

```
abcd
字符数为4
Press any key to continue
```

在使用 break 语句时，还需要注意的用法：

（1）break 语句只能用于 while、do-while 或 for 语句构成的循环结构中，以及 switch 结构中。

（2）在嵌套循环中，使用 break 语句只能跳出包含它的最近一层循环。（有关嵌套循环将在 5.7 节进行介绍）

5.6　continue 语句

不同于 break 语句，continue 语句能在满足某种条件下，不执行循环体中剩余语句而重新开始新一轮循环，对于 while 和 do-while 语句则直接判断条件决定是否继续循环，而 for 语句若表达式 3 不为空，则先执行表达式 3 再判断循环条件是否成立决定是否继续循环。continue 语句的一般形式为：

```
continue;
```

通过使用 continue 语句对循环执行的影响如图 5.8 所示。

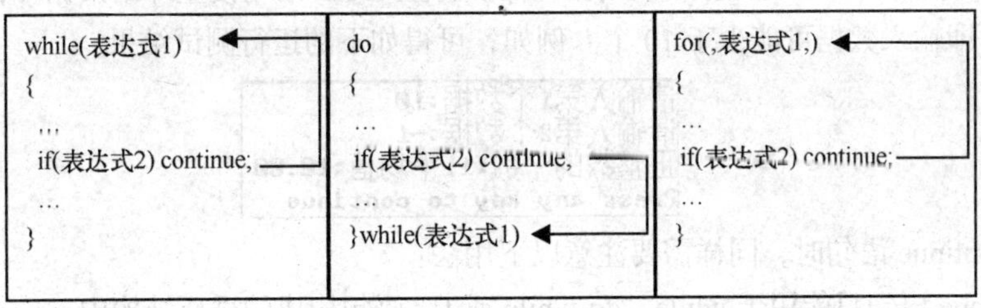

图 5.8　continue 语句

【例 5.8】　输入 10 个整数，求其中正整数的个数及平均值，平均值精确到小数点后两位。

算法思路：

（1）定义整型变量 count 用来计数，sum 作为累加和，i 控制输入数据的个数，j 用来存储输入的数据。其中 count 和 sum 初始值为 0，i 初始值为 1。

（2）判断条件若 i<=10 成立，进入循环体，输入数据给 j。若 j 为正整数，继续执行循环体；若 j 不为正整数，则结束本次循环，忽略循环体剩余语句，进入下次循环。

（3）重复执行循环体直到 i=11，11>10 则结束循环。

（4）若计数器 count 不为 0，输出整数的个数及平均值；若为 0，输出“输入数据中无正整数”。

程序实现：

```
#include <stdio.h>
void main()
{
  int i, count=0, j, sum=0;
  for ( i=1; i<=10; i++)
  {
     printf ("请输入第%d个数据:",i);
     scanf ("%d", &j);
     if (j<=0)  continue;
     count ++;
     sum += j;
  }
  if ( count )
       printf("正整数的个数:%d,平均值:%.2f\n",count, 1.0*sum/count);
  else  printf("输入数据中无正整数\n");
}
```

运行测试：

```
请输入第1个数据:-2
请输入第2个数据:8
请输入第3个数据:-53
请输入第4个数据:78
请输入第5个数据:96
请输入第6个数据:23
请输入第7个数据:-97
请输入第8个数据:-58
请输入第9个数据:73
请输入第10个数据:88
正整数的个数:6,平均值:61.00
Press any key to continue
```

```
请输入第1个数据:-1
请输入第2个数据:-2
请输入第3个数据:-3
请输入第4个数据:-4
请输入第5个数据:-5
请输入第6个数据:-6
请输入第7个数据:-7
请输入第8个数据:-8
请输入第9个数据:-9
请输入第10个数据:-10
输入数据中无正整数
Press any key to continue
```

思考：若上例中 continue 语句换成 break 语句则程序执行结果会如何？

若输入的数据第一次出现负数时，则循环体执行至 break 语句便立即结束循环，循环结束时 i 可能小于 10，即输入数据可能少于 10 个。例如，可得如下的运行测试结果：

```
请输入第1个数据:10
请输入第2个数据:-1
正整数的个数:1,平均值:10.00
Press any key to continue
```

在使用 continue 语句时，同样需要注意以下用法：

（1）continue 语句只能用于 while、do-while 或 for 语句构成的循环结构中。

（2）在嵌套循环中，使用 continue 语句只能对包含它的最近一层循环起作用。

5.7 嵌套循环

一个循环体内包含着另一个完整的循环结构，称为嵌套循环。内嵌的循环体中又可以嵌套循环，从而构成多重循环。例如，仅有一层的循环为一重循环，在循环体内还包含一层循环的为二重循环，以此类推。三种循环可以嵌套自身，也可以互相嵌套，图 5.9 为二重循环的几种合法形式。

while()
{ …
  while ()
  { … }
  …
}
	do
	{ …
	  do
	  { … }while ();
	  …
	} while();
		for(; ;)
		{ …
		  for (; ;)
		  { … }
		  …
		}

do
{ …
  while ()
  { … }
  …
} while();
	while()
	{ …
	  do
	  { … }while ();
	  …
	}
		for(; ;)
		{ …
		  while()
		  { … }
		  …
		}

图 5.9　二重循环的几种合法形式

【例 5.9】 打印如下 5 行 8 列的矩形星号图形。

```
********
********
********
********
********
```

算法思路：

该图形具有以下特点：图形每行的起始位置相同且每行的字符数相同。对于 8 个星号可以用语句 printf ("********");实现，因此只需定义整型变量 row 控制输出的行数，通过一重循环实现。循环体中除了输出星号外，还需要控制换行。

程序实现：

```
#include <stdio.h>
void main()
{
    int row;
    for (row=1; row<=5; row++)
    {
        printf("********");
        printf("\n");
    }
}
```

由于每行涉及星号个数较少，所以通过一重循环，直接输出比较简单。若每行星号个数较多，显然上述方法不太可取。下面换另一种思路。

每行 8 个星号，可以看成是重复打印了 8 次一颗星号，因此上例中的 printf (“********”);可以用一个一重循环来实现，定义整型变量 col 控制每行打印星号的个数，即正在打印的星号所在的列。上例可转换为以下的二重循环来实现：

```
#include <stdio.h>
void main()
{
   int row,col;
   for (row=1; row<=5; row++)
   {
     for (col=1; col<=8; col++)
     {
```

```
        printf("*");
      }
      printf("\n");
   }
}
```

【例 5.10】 打印如下 5 行 8 列的平行四边形星号图形。

```
    ********
   ********
  ********
 ********
********
```

算法思路：

该图形具有以下特点：每行的起始位置不同，而每行的字符数相同。因此必须首先找到每行星号前空格数的变化规律：

第 1 行　4 个空格

第 2 行　3 个空格

第 3 行　2 个空格

第 4 行　1 个空格

第 5 行　0 个空格

可见，存在这样的规律：行数+相应的空格数=5。若仍用 row 控制行数，则第 row 行星号前有 5−row 个空格，这是一个变化的数据，因此利用一个一重循环实现空格的输出。每次输出一个空格，循环 5−row 次即输出 5−row 个空格，同样可定义 col 控制每行打印空格的个数。图形中每行的输出可分成三部分：空格、星号以及换行，而星号和换行可采用前面的方法实现。

程序实现：

```
#include <stdio.h>
void main()
{
   int row, col;
   for (row=1; row<=5; row++)
   {
     for(col=1;col<=5-row;col++)
     {
        printf(" ");     /* 打印输出一个空格*/
     }
     printf("********");
     printf("\n");
   }
}
```

在使用嵌套循环时，还需要注意以下几点：

1. 正确确定循环体

循环体是循环中重复执行的程序段，对于嵌套循环尤其需要正确确定循环体。一般情况下，循环体通过一对大花括号将循环体括起来，从而保证了逻辑上的正确性。若未使用花括号，循环体即为紧跟其后的完整语句。如：

```
int i, j=0, sum=0;
for ( i=1; i<=10; i++)
    if ( i%2==0 )  j++;
    sum = sum+i;
```

虽然在书写格式上将 sum=sum+i;与上一行的 if 语句缩进位置相同，但需要注意此时的循环体是 if (i%2==0) j++;嵌套循环中也采用同样方法来处理。

2. 嵌套的循环控制变量不宜相同

例题 5.10 中可以看出，外层循环使用循环控制变量 row，内层循环使用循环控制变量 col。如果两者相同，循环会出现混乱的状况。如打印矩形星号时采用如下程序段：

```
for(row=1; row<=5; row++)
{
    for(row=1; row<=8; row++)
    {
      printf("*");
    }
    printf("\n");
}
```

（1）外层循环 row=1 时，满足 1<=5 进入循环体。

（2）在内层循环中，row 从 1 循环到 8，打印出 8 个星号，结束内循环时 row 为 9，再换行结束第一次的外层循环。

（3）此时 row 再增 1 为 10，10>5 因此结束外循环。

从分析中可知，最后得到的图形为一行 8 个星号，不满足题目要求。

3. 内循环变化快，外循环变化慢

可以根据循环中循环控制变量的变化规律确定内循环及外循环，遵循“内循环变化快，外循环变化慢”的规律。如：

```
for(i=1;i<=3;i++)
{
    for(j=1;j<=i;j++)
    {
      printf("%d+%d=%2d",i,j,i+j);
    }
    printf("\n");
}
```

上述二重循环的执行过程可用表 5.1 所示的形式描述：

表 5.1　　　　　　　　　　二重循环的执行过程的描述

外循环控制变量	外循环控制条件	内循环控制变量	内循环控制条件	内循环循环体
i=1	1<=3	j=1	1<=1	输出 1+1=2
		j=2	2<=1	结束内循环
i=2	2<=3	j=1	1<=2	输出 2+1=3
		j=2	2<=2	输出 2+2=4
		j=3	3<=2	结束内循环
i=3	3<=3	j=1	1<=3	输出 3+1=4
		j=2	2<=3	输出 3+2=5
		j=3	3<=3	输出 3+3=6
		j=4	4<=3	结束内循环
i=4	4<=3	结束外循环		

可见，内循环的循环控制变量 j 比外循环的循环控制变量 i 变化快。在循环问题的编程过程中，通过总结出变量之间的变化关系可以确定内、外循环控制变量。

4. 循环控制变量常与求解的问题挂钩

在打印星号的问题中，循环控制变量 row 可以表示求解问题的行，col 可以表示求解问题的列，从命名上就能体现循环的执行过程。

5.8 应用举例

【例 5.11】 编程实现：统计全班某门功课期末考试的平均分和最高分。（设全班人数 10 个人）

算法思路：

为求解平均分，只需将 10 位同学的总分先求出。而对于最高分，可以设定某个变量为当前最高分，依次与 10 个成绩进行比较替换可得。

（1）定义整型变量 score 存储某一学生的成绩，整型变量 max 存储当前最高分，浮点型变量 sum 存储成绩的总和，其中 max 和 sum 初始值为 0。

（2）定义循环控制变量 i 控制人数，每次输入一个新成绩即进行累加并与当前最高分 max 比较，若 max 小于新的成绩，则更改 max 为新的成绩。循环 10 次即可。

程序实现：

```
#include <stdio.h>
void main()
{
  int i=1,score,max=0;  float sum=0;
  while(i<=10)
   {
     printf("请输入第%d 位同学的成绩: ",i);
     scanf("%d",&score);
     sum=sum+score;
     if(max<=score) max=score;
     i++;
   }
  printf("平均分为%f, 最高分为%d\n",sum/10,max);
}
```

运行测试：

```
请输入第1位同学的成绩:70
请输入第2位同学的成绩:80
请输入第3位同学的成绩:96
请输入第4位同学的成绩:56
请输入第5位同学的成绩:84
请输入第6位同学的成绩:78
请输入第7位同学的成绩:65
请输入第8位同学的成绩:51
请输入第9位同学的成绩:74
请输入第10位同学的成绩:63
平均分为71.700000, 最高分为96
Press any key to continue
```

【例 5.12】 试提出满足下列条件的所有两位数。

（1）其十位数不大于 2;

（2）将个位与十位对换，得到的两位数是原两位数的两倍多。

算法思路：

根据题意十位数可取 1 或 2，个位数可取 2～9。因此，题目转换为依次判断 12～19、22～29 是否为满足条件的两位数。由变化可知用二重循环来进行，个位数变化快于十位数，所以外循环控制十位数，内循环控制个位数。

（1）定义 i 为十位数的取值，j 为个位数的取值，i 从 1 变化到 2，j 从 2 变化到 9。

（2）形成的原两位数即为 10*i+j，新两位数为 10*j+i。通过循环依次判断形成的新两位数是否为原两位数的两倍多，若满足即输出。

程序实现：

```
#include <stdio.h>
void main()
{
   int i,j, n, m;
   for (i=1; i<=2; ++i )
   {
      for (j=2; j<=9; ++j)
      {
         n = 10*i+j;
         m = 10*j+i;
         if (m>=2*n && m<3*n)  printf("%d  ",n);
      }
   }
   printf("\n");
}
```

运行测试：

```
13  14  25  26  27  28
Press any key to continue
```

练 习 题

一、单选题

1. 以下叙述正确的是（　　）。

（A）do-while 语句构成的循环不能用其他语句构成的循环来代替

（B）do-while 语句构成的循环只能用 break 语句退出

（C）用 do-while 语句构成的循环，在 while 后的表达式为非零时结束循环

（D）用 do-while 语句构成的循环，在 while 后的表达式为零时结束循环

2. 循环语句中的 for 语句，其一般形式如下：

```
for(表达式 1;表达式 2;表达式 3)
   语句
```

其中表示循环条件的是（　　）。

（A）表达式 1　　（B）表达式 2

（C）表达式 3　　（D）语句

3. 设 int a，b；则执行以下语句后 b 的值为（　　）。

```
a=1;  b=10;
```

```
do
{    b-=a;
  a++;
}while (b--<0);
```

（A）9　　　　（B）–2

（C）–1　　　　（D）8

4. 执行语句：for （i=1;i++<4;）;后，变量 i 的值是（　　）。

（A）3　　　　（B）4

（C）5　　　　（D）不定值

5. 程序段如下：

```
int k=-20;
while(k=0)k=k+1;
```

则以下说法中正确的是（　　）。

（A）while 循环执行 20 次　　　　（B）循环是无限循环

（C）循环体语句一次也不执行　　　　（D）循环体语句执行一次

6. 以下循环体的执行次数是（　　）。

```
#include "stdio.h"
void main()
{ int i, j;
   for (i=0,j=1; i<=j+1; i+=2, j--)
      printf ("%d\n", i);
}
```

（A）3　　　　（B）2

（C）1　　　　（D）0

7. 有如下程序，该程序段的输出结果是（　　）。

```
#include <stdio.h>
void main()
{ int n=9;
   while(n>6)
   {   n--;
      printf("%d",n);
   }
 }
```

（A）987　　　　（B）876

（C）8765　　　　（D）9876

8. 以下程序的输出结果是（　　）。

```
#include <stdio.h>
void main()
{int i;
   for (i=1; i<6; i++)
   { if(i%2){printf("#"); continue; }
      printf("*");
   }
   printf("\n");
}
```

(A) #*#*# (B) #####

(C) ***** (D) *#*#*

9. 以下能正确计算 1×2×3×…×10 的程序段是（ ）。

(A) do {i=1;s=1; s=s*i; i++; } while (i<=10);

(B) do {i=1;s=0; s=s*i; i++; } while (i<=10);

(C) i=1;s=1; do {s=s*i; i++; } while (i<=10);

(D) i=1;s=0; do {s=s*i; i++; } while (i<=10);

10. 运行以下程序后，如果从键盘上输入 china#<回车>，则输出结果为（ ）。

```
#include <stdio.h>
void main()
{  int v1=0,v2=0; char ch ;
   while ((ch=getchar())!='#')
   switch (ch )
   { case 'a':
       case 'h':
       default: v1++;
       case '0':v2++;
   }
   printf("%d,%d\n",v1,v2);
}
```

(A) 2，0 (B) 5，0

(C) 5，5 (D) 2，5

二、填空题

1. C 语言中实现循环结构的控制语句有________语句、________语句和________语句。

2. while 语句的特点是________，do-while 语句的特点是________。

3. break 语句在循环体中的作用是________，continue 语句在循环体中的作用是________。

4. 设 i,j,k 均为 int 型变量，则执行完下面的 for 循环后，i 的值为________，j 的值为________，k 的值为________。

```
for (i=0, j=10; i<=j; i++, j--) k=i+j;
```

5. 若输入字符串：abcde<回车>，则以下 while 循环体将执行________次。

```
while((ch=getchar())=='e')printf("*");
```

6. break 语句只能用于________语句和________语句中。

7. 循环的嵌套是指________________________________。

8. 要使以下程序段输出 10 个整数，请填入一个整数：

```
for(i=0;i<=______;printf("%d\n", i+=2));
```

三、读程序写结果题

1. 下面程序的输出结果是________。

```
#include <stdio.h>
void main()
{   int n=0;
    while (n++<=1);
    printf("%d,",n);
    printf("%d\n",n);
}
```

2. 下面程序的输出结果是________。

```
#include <stdio.h>
void main()
{    int s,i;
     for (s=0,i=1;i<3;i++,s+=i);
     printf("%d\n",s);
}
```

3. 下面程序运行结果是________。

```
#include<stdio.h>
void main()
{    int i,j;
     for(i=4;i>=1;i--)
     {    printf("*");
          for(j=1;j<=4-i;j++)
               printf("*");
          printf("\n");
     }
}
```

4. 下面程序的输出结果是________。

```
#include<stdio.h>
void main()
{    int i=10,j=0;
     do
     {    j=j+i;   i--;
     }while(i>2);
     printf("%d\n",j);
}
```

四、程序填空题

1. 以下程序的功能是：从键盘上输入若干个学生的成绩，统计并输出最高成绩和最低成绩，当输入负数时结束输入。

```
#include<stdio.h>
void main()
{    float x,amax,amin;
     scanf("%f",&x);
     amax=x;
     amin=x;
     while(_______)
     {    if(x>amax)    amax=x;
          if(_______)   amin=x;
          scanf("%f",&x);
     }
     printf("\namax=%f\namin=%f\n",amax,amin);
}
```

2.下面程序可求出 1～1000 的自然数中所有的完数（因子和等于该数本身的数）。

```
#include<stdio.h>
void main()
{    int m, n, s;
     for(m=2;m<1000;m++)
     {    ______
```

```
        for(n=1;n<=m/2;n++)
        if(______)    s+=n;
        if(______)    printf("%d\n", m);
    }
}
```

五、编程题

1. 编程实现：按如下形式打印九九乘法口诀表。

```
1*1=1
2*1=2   2*2=4
3*1=3   3*2=6    3*3=9
……
9*1=9   9*2=18  9*3=27 …     9*9=81
```

2. 编程计算 1!+2!+3!+…+10!的值。

3. 编写程序，求 1−3+5−7+…−99+101 的值。

4. 一个数如果恰好等于它的因子之和（除自身外），则称该数为完全数，例如：6=1+2+3，6 就是完全数，请编写一程序，求出 1000 以内的整数中的所有完全数。

5. 编程打印如下的图案。

```
    *
   ***
  *****
 *******
*********
 *******
  *****
   ***
    *
```

第6章 数组

【引例】求班级中 20 个学生的平均成绩和高于平均成绩的人数。

使用简单变量和循环结构，求平均成绩的程序如下：

```
#include<stdio.h>
void main()
{
   int mark,k;
   float aver;
   aver=0;
   for(k=1; k<=20; k++)
   {
      printf("输入第%d位学生成绩",k);
      scanf("%d",&mark);
      aver+=mark;
   }
   aver=aver/20;
   printf("平均成绩: %f\n",aver);
}
```

要统计高于平均分的人数则无法实现。因为存放成绩的变量 mark 只能存放一个成绩，下一个学生成绩输入后，上一个学生成绩就不存在了，也就不可能与平均成绩比较。要解决这个问题，只能再接着编写程序，重新输入 20 个成绩，这就造成大量重复输入且容易出错。当然定义 20 个不同的变量也不是解决问题的好办法。需要引入一种新的数据结构，来存放 20 个数据，这种结构就是数组。数组就是存放相关数据的集合。上述问题用数组就很容易解决，程序如下：

```
#include <stdio.h>
void main()
{
     int mark[20],k,t=0;              // 定义有 20 个元素的数组 mark
     float aver=0;
     for(k=0; k<20; k++)
     {
         printf("输入第%d位学生成绩",k+1);
         scanf("%d",&mark[k]);
         aver+=mark[k];
     }
     aver=aver/20;
     for(k=0; k<20; k++)
     if(mark[k]>=aver)                // 逐个成绩与平均分比较
           t++ ;
```

```
    printf("平均成绩：%f\n",aver);
    printf("高于平均分人数：%d\n",t);
}
```

其中，mark[0]、mark[1] 、… mark[19]分别表示第 1 个、第 2 个、…第 20 个学生的成绩。

整型、字符型、浮点型数据类型都是基本数据类型，即它们是不可再分的类型。C 语言还允许将多个数据甚至多种类型的数据组织在一起，用一个名字来代表它们。这个名字就是基本类型或者组合类型的组合，称为构造数据类型。构造数据类型主要有数组类型、结构体类型、共用体类型等。构造数据类型是由基本数据类型的数据按照一定的规则组成的，所以又称为“导出类型”。

单个变量一次只能存放一个数据值。当程序中要处理一组相同类型、彼此相关的一组数据时，就需要使用数组这种数据结构来处理。所谓数组，就是相同数据类型的元素按一定顺序排列的集合，把若干类型相同的变量用一个名字命名，然后用编号区分它们的集合。

本章将介绍一维数组、二维数组和字符数组的定义及使用。通过本章的学习同学们应掌握数组的基本概念，一维数组、二维数组的定义和引用；字符数组的定义、引用及处理字符串常用函数的使用方法。

下面首先简单介绍几个基本概念。

（1）数组（array）：若干个具有相同数据类型的数据的有序集合。

（2）数组元素（element）：数组中的元素。数组中的每一个数组元素具有相同的名称，不同的下标，可以作为单个变量使用，所以也称为下标变量。在定义一个数组后，在内存中使用一片连续的空间依次存放数组的各个元素。

（3）数组的下标（index）：是数组元素位置的一个索引或指示。

（4）数组的维数（dimension）：数组元素下标的个数。根据数组的维数可以将数组分为一维、二维、多维数组，本章主要介绍一维数组和二维数组。

6.1 一维数组

一维数组就是具有一个下标的数组。一维数组中的各个数组元素是占用连续内存空间的一组下标变量，用一个统一的数组名来标识，数组元素用一个下标来指示其在数组中的位置。一维数组通常用一重循环来对数组元素进行处理。

6.1.1 一维数组的定义

定义一个数组有三个要素：类型、名称与大小。语法格式为：

```
<数据类型> <数组名> [<常量表达式>];
```

其中，<数据类型>确定了该数组的元素的类型，可以是一种基本数据类型，也可以是定义的某种数据类型。<数组名>是一个标识符，作为数组变量的名字，按标识符规则命名，但不能与其他变量名重名。方括号中的<常量表达式>必须是一个正整数数据，其值为元素的个数，即数组的大小或长度。注意这里的方括号[]表示数组，而不是表示可缺省内容。例如，下面定义了三个不同类型的数组：

```
int a[5];                       //定义一个 int 型数组 a
```

```
float b[20];                     //定义一个 float 型数组 b
double c[5];                     //定义一个 double 型数组 c
```

如果一个数组有 n 个元素，那么数组中元素的下标从 0 开始到 $n-1$，一个数组元素相当于一个变量。对于上面数组 a，元素类型为 int，a 是数组名，方括号中的 5 表示数组的长度，即该数组包含了 5 个元素，分别是 a[0]、a[1]、a[2]、a[3]、a[4]，这 5 个元素在内存中是连续的。假设起始地址是 1000，其结构如图 6.1 所示，图中的“？”表示该数组元素的值暂时未定。

存储器地址	存放内容	数组元素
1000	?	a[0]
1004	?	a[1]
1008	?	a[2]
1012	?	a[3]
1016	?	a[4]

图 6.1　数组 a 在内存中的表示

系统为一个数组分配一块连续的存储空间。该空间的字节大小为 n*sizeof（<元素类型>），其中 n 为数组的长度。以图 6.1 为例，数组 a 所占内存为 5*4 字节。

定义一维数组时，还需要注意以下几点。

（1）具有相同类型的数组可以在一条说明语句中定义。例如：

```
int a1[5], a2[4];                //定义两个整型数组
```

（2）具有相同类型的单个变量和数组也可以在一条语句中定义。例如：

```
int x, y[20];                    //定义整型变量和整型数组
```

（3）一个数组的大小必须在定义时确定，可以用一个整型常量，也可以用符号常量构成的一个表达式。如：

```
#define m 10
int a[m + 10];                   //相当于 int a[20];
```

（4）一个数组的大小不允许用变量来指定。如：

```
int n;
scanf("%d",&n);
int array[n];
```

n 是一个变量，在程序运行的过程中可以改变其值。C 语言是不允许用变量来确定数组大小的，因为在编译时，C 编译器不能根据已知数组大小分配内存空间。

6.1.2　一维数组的初始化

数组定义后，一般需要对数组进行初始化，即给数组元素赋予初值，否则数组元素的值不确定。一维数组初始化的形式是：

```
<类型>  <数组名>[<常量表达式>] = {<初值表>};
```

其中<初值表>是用逗号隔开的一组元素值。值的类型必须与数组元素的类型相兼容。

例如：int a[5]={ 1，2，3，4，5 };这时数组 a 的存储值如图 6.2 所示。

存储器地址	存放内容	数组元素
1000	1	a[0]
1004	2	a[1]
1008	3	a[2]
1012	4	a[3]
1016	5	a[4]

图 6.2　数组 a 初始化后在内存中的表示

数组初始化有很多形式，效果各有不同，具体如下。

（1）给数组全部元素赋初值。

例如：

```
int a[10]={1,2,3,4,5,6,7,8,9,10};
float x[5]={2.1,2.2,2.3,2.4,2.5};
```

（2）只给部分元素赋值，按照从前到后的顺序赋值，其余元素值为默认值。如果初始值的个数多于数组的元素个数，则会在编译时被提示语法错误。

例如：int b[10]={1，3，5，7，9};　　//只给数组 b 前 5 个元素赋值，后 5 个元素值为 0

（3）对全部数组元素赋初值时，可以不指定数组长度，由给定的元素个数确定数组的大小。

例如：int c[]={2，4，6，8，10};　　//数组长度为 5

注意

（1）数组如果只定义不初始化，编译器不为数组自动指定初始值，即初值为一些随机值（值不确定）。

（2）数组可以初始化，但是不能被整体赋值。若需要对数组赋值，只能给数组每个元素分别赋值。例如下述三种写法都是错误的：

①
```
int m[5];
m[5] = {1,2,3,4,5};
```
②
```
int m[5];
m[ ]= {1,2,3,4,5};
```
③
```
int m[5];
m = {1, 2, 3, 4, 5};
```

（4）若要将全部元素均初始化为非 0 的同一值，不可简写。

如：int a[10] = {1,1,1,1,1,1,1,1,1,1};

不允许简写为 int a[10]={1};或 int a[10]={1*10};

6.1.3　一维数组的引用

在定义一个数组之后，就可以引用该数组。用法是：

数组名[下标表达式]

通过下标访问各元素，其中“下标表达式”可以是任何非负整型数据。通过数组名及下标就可以唯一确定数组中的一个元素。

根据下标的不同类型，有以下几种引用的形式。

（1）下标为常量

```
a[0] = b[0] = 2;
```

（2）下标为变量

```
a[i] = j;
```

（3）下标为表达式

```
a[j+1] = 8;
```

关于数组的引用，需要注意以下几点：

① C 语言规定，不能整体引用数值数组，只能逐个引用数组元素。

② 通过下标访问数组元素时，要注意下标不能越界，尤其是使用表达式计算下标时。

数组第一个元素的编号为 0，有 n 个元素的数组，其元素编号为 0、1、2、…、n−1。下标越界就是下标小于 0 或大于 n−1。下标越界访问就是访问邻近的内存单元，不会有错误提示。如果仅读取元素，结果无法预料。如果修改了越界元素，就可能导致严重错误。

③ 下标必须是整数或整型表达式。

例如：

a[3] += 2;表示将下标为 3 的数组元素值加 2；

若整型变量 x = 1，语句 a[x] = 7;表示将下标为 1 的数组元素赋值为 7；

若整型变量 x = 1， y = 2， 语句 a[x + y] = 9;表示将下标为 3 的数组元素赋值为 9。

④ 一个数组元素具有和同类型变量一样的属性，可以对它进行赋值和参与各种运算。

例如：x = c[3] / 2; 表示将下标为 3 的数组元素的值除以 2，然后将该表达式的结果赋值给变量 x。

⑤ 两个数组之间不能直接赋值，即使类型和长度都相同，也不能直接赋值。

例如：

```
int x[5], y[5] = {2,4,6,10,100};
x = y;                                   //语法错误，赋值号左边不是左值
```

要将数组 y 中的各元素值依次拷贝到数组 x 中，可用循环语句来实现。

```
for(int k = 0; k < 5; k++)
    x[k] = y[k];
```

⑥ 两个数组名之间不宜使用关系运算符。即使两者大小内容都相同，用关系运算符来判断也不同。

例如：if （x == y）

结果恒为假。这是因为这个表达式在判断两个数组的存储地址是否一样。数组名的本质是数组元素的首地址，详见本书后续章节。

6.1.4 一维数组的程序举例

【例 6.1】 定义一个含 10 个元素的整型数组，从键盘输入这 10 个元素的值，然后输出到屏幕上。

程序实现：

```
#include <stdio.h>
void main()
{
    int a[10], i;
    for (i = 0; i < 10; ++i)
    {
        scanf("%d", &a[i]);
    }
    for (i = 0; i < 10; ++i)
    {
        printf("%d  ", a[i]);
    }
    printf("\n");
}
```

运行结果：

```
0 1 2 3 4 5 6 7 8 9
0 1 2 3 4 5 6 7 8 9
Press any key to continue
```

【例 6.2】 键盘输入 10 个整数存入一维数组中，然后将该数组中的各元素按逆序存放后显示出来。例如，原来数组中的存放顺序为 0，1，2，3，4，5，6，7，8，9；按逆序存放后的顺序为 9，8，7，6，5，4，3，2，1，0。

算法分析：

要将数组中的各元素按逆序存放，只要分别交换数组中对称位置的各元素，有 n 个元素的数组 a，其对称位置元素的下标为 i 和 $n-i-1$。

程序实现：

```
#include <stdio.h>
void main()
{
  int a[10],i,temp;
  printf("输入 10 个整数:");
  for(i=0;i<10;i++)
      scanf("%d",&a[i]);
  for(i=0;i<10/2;i++)                    //10 个元素只需交换 5 次
  {
      temp=a[i];                          // a[i]对应 a[10-i-1]进行交换
      a[i]=a[10-i-1];
      a[10-i-1]=temp;
  }
  printf("逆序存放后：  ");
  for(i=0;i<10;i++)
      printf("%d ",a[i]);
  putchar('\n');
}
```

运行结果：

```
输入10个整数:0 1 2 3 4 5 6 7 8 9
逆序存放后：  9 8 7 6 5 4 3 2 1 0
Press any key to continue_
```

【例 6.3】　已知一个含 10 个元素的整型数组，求该数组的最大值、最小值和平均值。

算法分析：

（1）求最大值的算法

① 假设第一个数是最大数，将 max 赋值为第一个数。

② 将 max 与下一个数比较，如果 max 小于这个数，则将 max 赋值为该数。

③ 重复第二步，直到最后一个数。

（2）求最小值的算法

① 假设第一个数是最小数，将 min 赋值为第一个数。

② 将 min 与下一个数比较，如果 min 大于这个数，则将 min 赋值为该数。

③ 重复第二步，直到最后一个数。

（3）求平均值的算法

① 将 sum 赋值为第一个数。

② 将 sum 和下一个数相加，结果放到 sum 中。

③ 重复第二步，直到最后一个数。

④ 平均数等于 sum 除以元素个数。

程序实现：

```
#include <stdio.h>
#define SIZE 10
void main()
{
    /*定义并初始化含 10 个元素的数组*/
    int a[SIZE] = {9, 9, 8, 3, 7, 15, 6, 1, 3, 2};
```

```
    int max, min, sum, i;
    double ave;
    max = min = sum = a[0];
    for (i = 1; i <= SIZE - 1; ++i)
    {
        if (max < a[i])
            max = a[i];
        if (min > a[i])
            min = a[i];
        sum += a[i];
    }
    ave = (double)sum / SIZE;
    printf("The max is %d\n", max);
    printf("The min is %d\n", min);
    printf("The average is %lf\n", ave);
}
```

运行结果：

```
The max is 15
The min is 1
The average is 6.300000
Press any key to continue
```

【例 6.4】 用数组求 fibonacci 数列的前 20 项。

算法分析：

斐波那契数列指的是这样一个数列：1，1，2，3，5，8，13，21，…，这个数列从第三项开始，每一项都等于前两项之和。随着数列项数的增加，前一项与后一项之比逼近黄金分割的数值 0.618，斐波那契数列在现代物理、准晶体结构、化学等领域都有直接的应用。斐波那契数列可以用数学上的递推公式来表示：$f_1=1$，$f_2=1$，$f_n=f_{n-1}+f_{n-2}$（$n\geqslant 2$，$n\in N$）。

程序实现：

```
#include <stdio.h>
void main()
{
   int i;
   int f[20]={1,1};
   for(i=2;i<20;i++)
         f[i]=f[i-2]+f[i-1];
   for(i=0;i<20;i++)
    {
         if(i%5==0)
             printf("\n");
         printf("%-12d",f[i]);  //负号表示输出数据左对齐，12 为数据占用的列数
    }
   printf("\n");
}
```

运行结果：

```

1           1           2           3           5
8           13          21          34          55
89          144         233         377         610
987         1597        2584        4181        6765
Press any key to continue_
```

【例 6.5】 输入 10 个数，用“冒泡法”对 10 个数排序（由小到大）。

算法分析：

冒泡法的基本思想是通过相邻两个数之间的比较和交换，使排序码（数值）较小的数逐渐从底部移向顶部，排序码较大的数逐渐从顶部移向底部。就像水底的气泡一样逐渐向上冒，因此而得名。

冒泡排序的算法描述如下：

（1）比较相邻的元素。如果第一个比第二个大，就交换两个元素。

（2）对每一对相邻元素做同样的工作，从开始第一对到结尾的最后一对。在这一点，最后的元素应该会是最大的数。

（3）针对所有的元素重复以上的步骤，除了最后一个。

（4）持续每次对越来越少的元素重复上面的步骤，直到没有任何一对数字需要比较。

以6个数9、8、5、4、2、0为例：

第1趟比较，有6个数未排好序，两两比较5次，如图6.3所示；

第2趟比较，剩5个数未排好序，两两比较4次，如图6.4所示；

第3趟比较，剩4个数未排好序，两两比较3次；

第4趟比较，剩3个数未排好序，两两比较2次；

第5趟比较，剩2个数未排好序，两两比较1次；

第6趟比较，全部排好序，两两比较0次。

结论：对于 n 个数的排序，需进行 $n-1$ 趟比较，第 j 趟比较需进行 $n-j$ 次比较。

第①次	第②次	第③次	第④次	第⑤次	结果
9	8	8	8	8	8
8	9	5	5	5	5
5	5	9	4	4	4
4	4	4	9	2	2
2	2	2	2	9	0
0	0	0	0	0	9

图6.3 第1趟比较

第①次	第②次	第③次	第④次	结果
8	5	5	5	5
5	8	4	4	4
4	4	8	2	2
2	2	2	8	0
0	0	0	0	8
9	9	9	9	9

图6.4 第2趟比较

程序实现：

```
#include <stdio.h>
void main()
{
    int a[11];   //用a[1]～a[10]，a[0]不用
    int i,j,t;   // i,j 作循环变量，t 作临时变量
    printf("input 10 numbers:\n");
    for(i=1;i<11;i++)
        scanf("%d",&a[i]);            //输入10个整数
    for(j=1;j<=9;j++)                 //第j趟比较
        for(i=1;i<=10-j;i++)          //第j趟中两两比较10-j次
            if(a[i]>a[i+1])           //交换大小
            {
                t=a[i];
                a[i]=a[i+1];
                a[i+1]=t;
            }
    printf("the sorted numbers:\n");
    for(i=1;i<11;i++)
```

```
        printf("%d ",a[i]);
    printf("\n");
}
```

运行结果：

```
input 10 numbers:
9 8 5 4 2 0 1 7 3 6
the sorted numbers:
0 1 2 3 4 5 6 7 8 9
Press any key to continue
```

6.2 二 维 数 组

用两个下标来标识元素的数组称为二维数组。第一个标识元素的行，称为行下标；第二个标识元素的列，称为列下标。注意，行下标从 0 开始，列下标也从 0 开始。例如：

```
int a[3][4];
```

定义了一个 3 行 4 列的整型数组，该数组共有 12 个元素。

此外，用更多下标来标识元素的数组称为多维数组。如：

```
int b[2][3][4];
float c[2][3][4];
```

6.2.1 二维数组的定义

二维数组的定义与一维数组类似，其语法格式为：

```
<数据类型>  <数组名>[<常量表达式 1>][<常量表达式 2>];
```

例如：

```
int a[3][5],b[2][3];        //数组 a 是 int 类型，3 行 5 列；数组 b 是 int 类型，2 行 3 列
float score[30][6];         //数组 score 是 float 类型，30 行 6 列
```

C 语言将二维数组看作一种特殊的一维数组。例如：

```
int a[3][3];
```

可以把 a 看作是一个一维数组，它有三个元素：a[0]、a[1]、a[2]，每个元素为包含三个元素的一维数组，分别代表二维数组的一行，如图 6.5 所示。此时，可以把 a[0]、a[1]、a[2]看作是三个一维数组的名字，上面定义的二维数组可以理解为定义三 3 个一维数组。

```
a[0]   →   a[0][0]   a[0][1]   a[0][2]
a[1]   →   a[1][0]   a[1][1]   a[1][2]
a[2]   →   a[2][0]   a[2][1]   a[2][2]
```

C 语言的这种处理方法在数组初始化和用指针（指针的概念将在后续章节中介绍）表示时显得很方便。

C 语言规定二维数组按行存放，即：先按顺序存放第一行的元素，再存放第二行的元素。（第二维的下标变化较快，第一维的下标变化较慢），如图 6.5 所示。

存储器地址	存放内容	数组元素
1000	?	a[0] [0]
1004	?	a[0] [1]
1008	?	a[0] [2]
1012	?	a[0] [3]
1016	?	a[1] [0]
1020	?	a[1] [1]
1024	?	a[1] [2]
1028	?	a[1] [3]
1032	?	a[2] [0]
1036	?	a[2] [1]
1040	?	a[2] [2]
1044	?	a[2] [3]

图 6.5　二维数组的存储顺序

由于二维数组可被看作一维数组，故此二维数组也称为数组的数组。

注意

（1）二维数组中的每个数组元素都有两个下标，且必须分别放在单独的“[ ]”内。如：a[3，4]是错误的。

（2）二维数组定义中的第 1 个下标表示该数组具有的行数，第 2 个下标表示该数组具有的列数，两个下标之积是该数组具有的数组元素个数。

（3）二维数组中的每个数组元素的数据类型均相同。

6.2.2　二维数组的初始化

同一维数组类似，二维数组定义后一般对数组元素进行初始化，初始化的形式如下。

（1）按行给二维数组赋初值。

例如：int a[3][3]={{1，2，3}，{4，5，6}，{7，8，9}};

第一个大括号内的数据赋给第一行的各元素，第二个大括号内的数据赋给第二行的各元素，以此类推，即按行赋值。

则　a[0][0]=1，a[0][1]=2，a[0][2]=3

a[1][0]=4，a[1][1]=5，a[1][2]=6

a[2][0]=7，a[2][1]=8，a[2][2]=9

（2）全部数据写在一个大括号内，逐个数组元素赋值。

例如：int a[3][3]={ 1,2,3,4,5,6,7,8,9 };

则　a[0][0]=1，a[0][1]=2，a[0][2]=3

a[1][0]=4，a[1][1]=5，a[1][2]=6

a[2][0]=7，a[2][1]=8，a[2][2]=9

（3）对部分元素赋初值，其余元素自动初始化为默认值。

例如：int a[3][3]={{1}，{2}，{3}};

则　a[0][0]=1，a[0][1]=0，a[0][2]=0

a[1][0]=2，a[1][1]=0，a[1][2]=0

a[2][0]=3，a[2][1]=0，a[2][2]=0

（4）如果对全部元素赋初值，则第一维的长度可以不指定，但必须指定第二维的长度。例：

int a[ ][4]={1,2,3,4,5,6,7,8,9,10,11,12};

等价于：int a[3][4]={1,2,3,4,5,6,7,8,9,10,11,12};

6.2.3　二维数组的引用

二维数组同样用数组名和下标引用元素。引用格式为：

数组名[行下标表达式] [列下标表达式]

例如：float a[2][3]; 有六个元素，按如下方式引用各元素：a[0][0]、a[0][1]、a[0][2]、a[1][0]、a[1][1]、a[1][2]。

> **注意**　二维数组 a[m][n]的每一个维度的第一个元素下标为 0，下标最大编号为 m−1 和 n−1。如：数组 float a[2][3]中下标最大编号为 a[1][2]。

6.2.4　二维数组的程序举例

【例 6.6】　定义一个 2 行 3 列的整型数组，从键盘输入 6 个元素的值，然后输出到屏幕上。

程序实现：

```
#include <stdio.h>
void main()
{
    int a[2][3],i,j;
    for (i = 0; i < 2; ++i)
    {
        for (j = 0; j < 3; ++j)
        scanf("%d", &a[i][j]);
    }
    for (i = 0; i < 2; ++i)
    {
        for (j = 0; j < 3; ++j)
            printf("%d ", a[i][j]);
        printf("\n");
    }
}
```

运行结果：

```
1 2 3
4 5 6
1 2 3
4 5 6
Press any key to continue
```

【例 6.7】　求二维数组所有元素的平均值，找出二维数组元素中的最大值及所在位置。

算法分析：

（1）求平均值。在遍历二维数组时累加每个元素，最后求平均值。

（2）找最大值。首先把第一个元素 a[0][0]作为临时最大值 max，然后把临时最大值 max 与后续每一个元素 a[i][j]进行比较，若 a[i][j]>max，把 a[i][j]作为新的临时最大值，并记录其下标 i 和 j。当全部元素比较完后，max 便是整个矩阵全部元素中的最大值。

程序实现：

```
#include <stdio.h>
void main()
```

```
{
    int a[3][3]={{5,63,31},{95,87,56},{45,23,74}};
    int i,j,sum,max,x,y;
    double aver;
    sum=0;
    max=a[0][0];                         //假设 a[0][0]最大
    x=0;                                 //x 对应最大值的行号
    y=0;                                 //y 对应最大值的列号
    for(i=0;i<3;i++)
      for(j=0;j<3;j++)
       {
            sum+=a[i][j];
            if(max<a[i][j])
            {
               max=a[i][j];
               x=i;
               y=j;
            }
       }
    aver=sum/9.0;
    printf("平均值 aver=%.2f\n",aver);
    printf("最大元素 a[%d][%d]=%d\n",x,y,max);
}
```

运行结果：

```
平均值aver=53.22
最大元素a[1][0]=95
Press any key to continue
```

【例 6.8】　已知一个 3*4 的矩阵 a，将其转置后输出。

算法分析：矩阵转置就是将矩阵的行列互换。生成一个新的矩阵 b，将 a 矩阵的 a[i][j]元素变成 b 矩阵的 b[j][i]元素。算法为：b[i][j]=a[j][i]。如图 6.6 所示。

a 矩阵：

```
1 2 3 4
3 4 5 6
5 6 7 8
```

b 矩阵：

```
1 3 5
2 4 6
3 5 7
4 6 8
```

图 6.6　矩阵转置

程序实现：

```
#include <stdio.h>
void main()
{
    int i,j,a[3][4]={ {1,2,3,4}, {5,6,7,8}, {9,10,11,12} },b[4][3];
    printf("转置前的矩阵 a:\n");
    for(i=0;i<3;i++)
      {
         for(j=0;j<4;j++)
         {
            printf("%5d",a[i][j]);
            b[j][i]=a[i][j];
         }
       printf("\n");
       }
    printf("转置后的矩阵 b:\n");
    for(i=0;i<4;i++)
    {
      for(j=0;j<3;j++)
         printf("%5d",b[i][j]);
      printf("\n");
     }
}
```

运行结果：

```
转置前的矩阵a:
    1    2    3    4
    5    6    7    8
    9   10   11   12
转置后的矩阵b:
    1    5    9
    2    6   10
    3    7   11
    4    8   12
Press any key to continue
```

6.3 字符数组与字符串

在程序中经常要处理各种字符文本数据，例如人的姓名、住址、身份证号等。通过前面的学习了解到，字符分为字符常量和字符变量，我们还知道 C 语言有字符串常量，那么有没有字符串变量呢？C 语言中没有字符串变量类型，字符串变量是借助字符数组来实现的。

字符数组也分为一维数组和多维数组，一维数组可存放一个字符串，多维数组可存放多个字符串。上节介绍的数组的定义及初始化方法同样适用于字符数组，但字符数组也有其独特性。下面主要介绍一维字符数组的定义、初始化和引用方法。

6.3.1 字符数组的定义

字符数组定义的语法格式与前述数组的定义一样，表示形式为：

```
char  <数组名>[<常量表达式>];
```

其中，<数组名>是标识符，<常量表达式>的值必须是正整数，说明数组的大小，即字符的个数。例如：

```
char s1[5];                    //定义一个字符型数组 s1
char s2[5][10];                //定义一个二维字符数组 s2
```

其中，s1 数组包含 5 个字符元素；s2 是一个二维数组，可以存放 50 个字符或 5 个字符串。

6.3.2 字符数组的初始化

对字符数组可用字符常量或字符串常量进行初始化。

1. 用字符常量进行初始化

语法格式为：

```
char  <数组名>[<常量表达式>] = {<字符常量初值表>};
```

这种方法通过逐个列出各个元素进行初始化。例如：

（1）char s1[8] = {'C', 'o', 'm', 'p', 'u', 't', 'e', 'r'};

字符数组 s1 中的八个字符元素都进行初始化，而且最后一个元素不是 0，那么 s1 不能作为字符串来处理，只能作为字符数组。这是因为每个字符串都要用'\0'来结尾（注意不是字符'0'）。

（2）char s2[10] = {'m', 'o', 'u', 's', 'e'};

初始化数据小于数组长度时，多余元素自动为“空”（'\0'，二进制 0），如图 6.7 所示。

m
o
u
s
e
\0
\0
\0
\0
\0

图 6.7 初始化字符数组 s2[10]

（3）指定初值时，若未指定数组长度，则长度等于初值个数。

```
char c[ ]={'I',' ','a','m',' ','h','a','p','p','y'};
```

数组长度为 10，包括两个空格。

2. 用字符串进行初始化

采用字符串常量来初始化字符数组，其格式为：

```
char  <数组名>[<常量表达式>] = {<字符串常量>};
```

例如：

```
char s11[9] = {"Computer"}, s22[ ] = "mouse";
char s33[ ][5] = {"one", ""};
```

注意

（1）用字符串初始化时，系统在字符串的末尾自动加上一个'\0'，作为字符串的结尾标志。因此字符数组的长度至少要比字符串中的字符个数大 1。

（2）用字符串初始化一维字符数组时，可以省略大括号。

（3）字符串中可以带有转义字符。例如：char s[10]=" ab\ncd";

（4）用中文字符进行初始化时，只能用字符串方式，每个中文符号占 2 字节。

（5）不含任何字符的字符串""称为空串，由于'\0'也要占 1 字节空间，因此空串占 1 字节空间。

（6）字符数组并不要求它的最后一个元素为'\0'，甚至可以不包含'\0'。像以下这种写法是完全合法的：char c[5] = {'a', 'b', 'c', 'd', 'e'}。

（7）不指定数组长度，逐个元素初始化和字符串常量初始化在内存中的存储情况是不一样的。如：

char ch1[ ]={ 'c', 'h', 'i', 'n', 'a'};在内存中占 5 个字节（见图 6.8）。

char ch2[ ]="china";在内存中占 6 个字节（见图 6.9）。

因为字符串常量末尾自动带上一个'\0'，所以 ch1 占用内存空间 6 个字节，而逐个赋值的 ch1 占用 5 个字节。

c
h
i
n
a

图 6.8 数组 ch1

c
h
i
n
a
\0

图 6.9 数组 ch2

6.3.3 字符数组的引用

字符数组的引用和一般数组一样，通过下标引用一个字符变量。因此我们可以用循环来实现对字符数组的引用。

6.3.4 字符数组的输入输出

字符数组的输入输出有两种方法。

1. 用"%c"格式符逐个输入输出

如同一般数组的输入输出。

【例 6.9】 从键盘输入 5 个字符，并将其输出。

程序实现：

```
#include <stdio.h>
void main()
{
    char ch[5];
    int i;
    printf("请输入 5 个字符：");
    for (i = 0; i < 5; ++i)
    {
        scanf("%c", &ch[i]);
    }
    for (i = 0; i < 5; ++i)
    {
        printf("%c", ch[i]);
    }
    printf("\n");
}
```

运行结果：

```
请输入5个字符：abcde
abcde
Press any key to continue
```

2. 用“%s”格式符按字符串输入输出

在 C 语言中可以用“%s”格式字符对字符数组进行整体输入输出，这一点是数值型数组所不具备的，即数值型数组不能进行整体输入输出。

【例 6.10】 从键盘输入一个字符串，并将其输出。

程序实现：

```
#include <stdio.h>
void main()
{
    char ch[10];
    printf("请输入一个字符串：");
    scanf("%s",ch);           /*输入字符串*/
    printf("%s\n",ch);        /*输出字符串*/
}
```

运行结果：

```
请输入一个字符串：abcde
abcde
Press any key to continue
```

注意：

（1）"%s"格式输入输出字符串时，scanf()函数的地址列表为字符数组名，且不要加'&'字符；printf()函数的输出列表是字符数组名，而不是元素名。

（2）"%s"格式输出时，即使数组长度大于字符串长度，遇'\0'也结束。例：

```
char c[10] = {"China"};
printf("%s",c);     /*只输出 5 个字符，而不是 10 个字符*/
```

（3）scanf()函数输入一个字符串时，以空格作为字符串的结束标志。例：

```
scanf("%s",ch);
printf("%s",ch);
```

如果输入的是：How are you

输出结果为：How。后面的 are you 不能送入到 ch 中。

（4）不能采用赋值语句将一个字符串直接赋给一个数组。例：

```
char c[10];
c="good"; /*错误*/
```

但是可以初始化。如：char c[ ]= "good";

字符串输入输出与字符数组的输入输出有一定的区别，以下举例对比。

【例 6.11】　采用两种方法输出一个字符串。

程序实现：

```
#include <stdio.h>
void main()
{
    char c[8]="English";
    int i;
    c[3]='\0';
    for(i=0;i<8;i++)
        printf("%c",c[i]);
    printf("\n");
    printf("%s\n",c);
}
```

运行结果：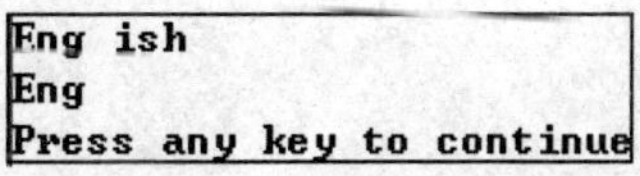

由运行结果可见，用"%s"输出时，输出到'\0'为止，即使后面还有其他字符也不再输出。

6.3.5　字符串处理函数

为了简化程序设计，C 语言提供了丰富的字符串处理函数，用户在编程时可以直接调用这些函数，这样就大大减轻了编程的工作量。用于输入/输出的字符串函数，在使用前应包含头文件<stdio.h>。用于比较、拷贝、合并等用途的字符串函数，则应包含头文件<string.h>。对于一般的任务我们应当考虑尽量采用库函数来解决问题。在 C 语言提供的头文件<stdio.h >和<string.h>中给出了这些函数的原型说明。本节只介绍几个常用的字符串处理函数，其他函数可参看 MSDN 或相关文档。

头文件<stdio.h>中的两个字符串函数：puts 和 gets。

1. 字符串输出函数 puts()

格式：puts（字符数组）

功能：输出字符串（以'\0'结尾的字符序列），输完换行。

例如：char c[6]="China";

```
puts(c);                /*不需要格式控制符，且自动换行*/
```

上述函数调用与下面的函数调用等价。

```
printf("%s\n",c);       /*需要格式控制符%s*/
```

2. 字符串输入函数 gets()

格式：gets（字符数组）

功能：输入字符串到相应的字符数组中。

例如：char str[12];

gets(str);

如果输入 How are you，gets 函数可以将其全部送入以 str 为首址的内存中，即 gets 函数以回车作为结束输入的标志，而不是空格。

注意

（1）gets()、puts()一次只能输入输出一个字符串。而 scanf()、printf()可以输入输出几个字符串。

（2）gets()函数和使用"%s"格式的 scanf()函数都是从键盘接收字符串，但两者有区别，对于 scanf()函数，回车或空格都是字符串结束标志；而对于 gets()函数，只有回车才是字符串结束标志，空格则是字符串的一部分。

头文件<string.h>中的字符串函数。

3. 字符串连接函数 strcat()

格式：strcat（字符数组 1，字符数组 2）

功能：把“字符数组 2”连接到“字符数组 1”的后面。从字符数组 1 原来的'\0'（字符串结束标志）处开始连接，结果存放在字符数组 1 中。

例如：char ch1[20]= "computer is";

char ch2[10]= " good! ";

printf("%s",strcat(ch1,ch2));

输出结果为：computer is good!

字符串连接如图 6.10 所示。

ch1	c	o	m	p	u	t	e	r		i	s	\0	\0	\0	\0	\0	\0	\0	\0	\0
ch2		g	o	o	d	!	\0	\0	\0	\0										
ch1	c	o	m	p	u	t	e	r		i	s		g	o	o	d	!	\0	\0	\0

图 6.10 字符串连接

注意

字符数组 1 要有足够的空间，以确保连接字符串后不越界，字符数组 2 可以是字符数组名，字符串常量或指向字符串的字符指针（地址）。

4. 字符串拷贝函数 strcpy()

格式：strcpy（字符数组 1，字符数组 2）

功能：将“字符数组 2”的字符串复制到“字符数组 1”的字符数组中，字符串结束标志'\0'也一起复制。即把“字符数组 2”的值拷贝到“字符数组 1”中。

例如：char str1[10]，str2[ ]={"china"};

strcpy（str1，str2）;

注意

（1）str1 一般为字符数组，要有足够的空间，以确保复制字符串后不越界；str2 可以是字符数组名，字符串常量或指向字符串的字符指针（地址）。

（2）字符串（字符数组）之间不能用赋值运算符赋值。如 str1=str2;是错误的。通过此函数，可以间接达到赋值的效果。

5. 字符串比较函数 strcmp()

格式：strcmp（字符数组 1，字符数组 2）

功能：比较“字符数组 1”和“字符数组 2”。

例如：strcmp（str1，str2）;

　　strcmp（"China"，　"Korea"）;

　　strcmp（str1，　"Beijing"）;

比较规则：逐个字符比较 ASCII 码，直到遇到不同字符或‘\0’，比较结果是该函数的返回值。

（1）字符数组 1 == 字符数组 2，strcmp()返回值为 0；

（2）字符数组 2 > 字符数组 2，strcmp()返回值为一正整数；

（3）字符数组 1 < 字符数组 2，strcmp()返回值为一负整数。

> **注意**　字符串只能用 strcmp 函数比较，不能用关系运算符“==”比较。

例：if（strcmp（str1，str2）== 0）printf（"yes"）;

而 if（str1 == str2）　printf（"yes"）;是错误的。

6. 求字符串的长度函数 strlen()

格式：strlen（字符数组）

功能：统计字符数组中字符串的长度（不包括“字符串结束标志”），并将其作为函数值返回。

例如：char str[10]={"Beijing"};

　　printf（"%d"，strlen（str））;

输出结果为 7 而不是 8。

7. 大写字母转变为小写字母函数 strlwr()

格式：strlwr（字符数组）

功能：将字符数组中大写字母全部转变成小写字母。

例如：char str[10]={"HELLO"};

　　printf（"%s"，strlwr（str））;

输出结果为：hello

8. 小写字母转变为大写字母函数 strupr()

格式：strupr（字符数组）

功能：将字符数组中小写字母全部转变成大写字母。

例如：char str[10]={"hello"};

　　printf（"%s"，strupr（str））;

输出结果为：HELLO

> **注意**　在使用这些库函数时，应注意以下几点：
>
> （1）在库函数中字符数组作为形参，一般用字符指针来表示字符数组。
>
> 例如：int strlen（const char *string）;
>
> （2）在调用这些库函数时，要保证数组应具有足够大小，如果一个字符串的长度超过了数组的大小，将导致不可预测的错误。
>
> （3）在调用这些库函数时，要确保调用实参不是空指针 NULL，否则结果难料。

【例 6.12】 依次完成输入字符串 compuTER，输出字符串、计算字符串长度、复制字符串到另一个字符串中、连接两个字符串、比较两个字符串大小、字符串中的字母大写变小写。

程序实现：

```
#include <stdio.h>
#include <string.h>
void main()
{
    char str1[30],str2[10];
    int i;
    gets(str1);                    //输入字符串
    puts(str1);                    //输出字符串
    i=strlen(str1);                //求字符串长度
    printf("i=%d\n",i);
    strcpy(str2,str1);             // 将 str1 复制到 str2 输入字符串
    puts(str2);
    strcat(str1,str2);             // 将 str2 连接到 str1 后面
    puts(str1);                    // 输出连接后的 str1
    i=strcmp(str1,str2);           //比较 str1 和 str2 的大小
    printf("i=%d\n",i);
    puts(strlwr(str1));            //将 str1 的大写字符转换成小写字符
    puts(str1);
}
```

运行结果：

```
compuTER
compuTER
i=8
compuTER
compuTERcompuTER
i=1
computercomputer
computercomputer
Press any key to continue
```

6.3.6 字符数组的程序举例

【例 6.13】 输入一行字符，统计其中有多少个单词（单词间以空格分隔）。

算法分析：单词的数目由空格出现的次数决定（连续出现的空格记为出现一次；一行开头的空格不算）。应逐个检测每一个字符是否为空格。如果测出某一个字符为非空格，则表示"新的单词开始了"，此时用 num 表示单词数（初值为 0）。word=0 表示前一字符为空格，word=1 表示前一字符不是空格，word 初值为 0。如果前一字符是空格，当前字符不是空格，说明出现新单词，num 加 1。

程序实现：

```
#include<stdio.h>  /* gets()函数在该头文件定义 */
void main()
 {
    char string[81] ;
    int i, num = 0, word = 0;
    char c;
    gets(string);
    for(i=0;(c=string[i]) != '\0';i++)
          if (c==' ')          //注意，两个单引号' '中间有一个空格符
              word = 0;
```

```
        else
            if (word == 0)
            {
                word = 1;
                num++;
            }
        printf("There are %d words in the line\n",num);
}
```

运算结果：

```
I am a boy.
There are 4 words in the line
Press any key to continue_
```

【例 6.14】 输入一串字符，统计大写、小写、数字等各类符号的个数。

算法思路：读取字符串，依次检测每个字符符合哪一类，统计数字。定义 s 为字符串中总字符数，c1 为大写字母个数，c2 为小写字母个数，c3 为数字个数，c4 为其他字符个数。

程序实现：

```
#include <stdio.h>
void main()
{
   char x[80];
   int i,s,c1,c2,c3,c4;
   s=c1=c2=c3=c4=0;                          // 各类统计结果赋初值 0
   gets(x);
   for(i=0;x[i]!='\0';i++)                   // 统计到字符串结束
   {
        s+=1;                                // 总字符个数加 1
        if(x[i]>='A'&&x[i]<='Z')             //是大写字母
          c1=c1+1;
        else
          if (x[i]>='a'&&x[i]<='z')          //是小写字母
            c2++;
          else
            if(x[i]>='0'&&x[i]<='9')         //是数字
              c3++;
            else                             //其他字符
              c4++;
   }
   printf("s=%d c1=%d c2=%d c3=%d c4=%d\n",s,c1,c2,c3,c4);
}
```

运行结果：

```
I am a boy.I'm 18 years old.
s=28 c1=2 c2=15 c3=2 c4=9
Press any key to continue_
```

练 习 题

一、选择题

1. 在 C 语言中，引用数组元素时，其数组下标的数据类型允许是（　　）。

（A）整型常量　　　　　　　　　　（B）整型常量或整型表达式

（C）整型表达式　　（D）任何类型的表达式

2. 在 32 位计算机系统中，一个 int 型变量占 4 个字节的存储单元，若有定义：
int x[10]={0，2，4};
则数组 x 在内存中所占字节数为（　　）。

（A）3　　（B）6
（C）12　　（D）40

3. 以下对一维整型数组 a 的正确说明是（　　）。

（A）int a（10）;　　（B）int n=10，a[n];
（C）int n; scanf（"%d"，&n）; int a[n];　　（D）#define SIZE 10　int a[SIZE];

4. 下列定义数组正确的是（　　）。

（A）int a[ ]={1，2，3，4，5};　　（B）int b[1]={2，5};
（C）int a（10）;　　（D）int 4e[4];

5. 假设 array 是一个有 10 个元素的整型数组，则下列写法中正确的是（　　）。

（A）array[0]=10　　（B）array=0
（C）array[10]=0　　（D）array[-1]=0

6. 若有以下定义:

```
int  a[5]={ 5, 4, 3, 2, 1 } ;
char b= 'a', c, d, e;
```

则下面表达式中数值为 2 的是（　　）。

（A）a[3]　　（B）a[d–b]
（C）a[4]　　（D）a[c-b]

7. 若有二维数组 a[m][n]，则数组中 a[i][j]之前的元素个数为（　　）。

（A）j*m+i　　（B）i*n+j
（C）i*m+j+1　　（D）i*n+j+1

8. int　a[3][3]={1，2，3，4，5，6，7，8，9}，i；则下列语句的输出结果是（　　）。

```
for （i=0;i<=2;i++） printf（"%d  ", a[i][2-i]）;
```

（A）3　5　7　　（B）3　6　9
（C）1　5　9　　（D）1　4　7

9. 以下能正确定义数组并正确赋初值的语句是（　　）。

（A）int N=5，b[N][N];　　（B）int a[1][2]={{1}，{3}};
（C）int c[2][]= {{1，2}，{3，4}};　　（D）int d[3][2]={{1，2}，{3，4}};

10. 以下**不能**对二维数组 a 进行正确初始化的语句是（　　）。

（A）int　a[2][3] = {0};　　（B）int　a[ ][3]={{1，2}，{0}};
（C）int　a[2][3]={{1，2}，{3，4}，{5，6}};　　（D）int　a[ ][3]={1，2，3，4，5，6};

11. 以下能对二维数组 a 进行正确说明和初始化的语句是（　　）。

（A）int　a()（3）={（1，0，1)，(2，4，5）};
（B）int　a[2][ ]={ { 3，2，1 }，{ 5，6，7 } };
（C）int　a[ ][3]={ { 3，2，1 }，{ 5，6，7 } };
（D）int　a（2）()={（1，0，1)，(2，4，5）};

12. int　a[3][4] = {0};则下面正确的叙述是（　　）。

（A）只有元素 a[0][0]可以得到初值 0

（B）此说明语句不正确

（C）数组 a 中每个元素均可得到初值 0

（D）数组 a 每个元素均可得到初值，但值不一定为 0

13. 设有 char str[10]，下列语句正确的是（　　）。

（A）scanf（"%s"，&str）；　　（B）printf（"%c"，str）；

（C）printf（"%s"，str[0]）；　　（D）printf（"%s"，str）；

14. 下面程序的运行结果是（　　）。

```
char c[5]={'a', 'b', '\0', 'c', '\0'};
printf("%s",c);
```

（A）a' 'b'　　（B）ab\0c\0

（C）ab c　　（D）ab

15. 若给出以下定义

```
char x[]="abcdefg";
char y[]={'a','b','c','d','e','f','g'};
```

则正确的叙述为（　　）。

（A）数组 x 和数组 y 等价　　（B）数组 x 和数组 y 的长度相同

（C）数组 x 的长度大于数组 y 的长度　　（D）数组 y 的长度大于数组 x 的长度

16. 设已定义 char s[]="\"Name\\Address\"\n";，则字符串 s 所占的字节数是（　　）。

（A）19　　（B）18

（C）15　　（D）16

17. 判断字符串 a 和 b 是否相等，应当使用（　　）。

（A）if（a= =b）　　（B）if（a=b）

（C）if（strcpy（a，b））　　（D）if（strcmp（a，b））

18 有字符数组 a[8]和 b[10]，则正确的输出语句是（　　）。

（A）puts（a，b）；　　（B）puts（a），puts（b）；

（C）putchar（a）; putchar（b）；　　（D）printf（"%s，%s"，a[8]，b[10]）；

19. 以下不能正确把字符串 program 赋给数组的语句是（　　）。

（A）char　a[ ]={ 'p'，'r'，'o'，'g'，'r'，'a'，'m'，'\0'};

（B）char　a[10]; strcpy（a，　"program"）；

（C）char　a[10]; a="program";

（D）char　a[10]={ "program"};

20. 设有两字符串"Beijing"、"China"分别存放在字符数组 str1[10]，str2[10]中，下面语句中能把"China"连接到"Beijing"之后的为（　　）。

（A）strcpy（str1，str2）；　　（B）strcpy（str1，　"China"）；

（C）strcat（str1，　"China"）;　　（D）strcat（"Beijing"，str2）；

二、填空题

1. 数组中的每一个元素具有相同的________，占有________大小的内存空间，可以作为单个变量使用。

2. 数组名命名规则和变量名相同，遵循________命名规则。

3. 定义一维数组的格式为“类型说明符 数组名[常量表达式]”，其中常量表达式表示数组的长度，可以包括________和________，不能包含________。

4. 定义一维数组时，如果对数组元素全部赋初值，则数组的长度________。

5. 给数组赋值的时候可以只给一部分元素赋值，其他元素的值为________。

6. 在C语言中，引用数组只能通过________数组元素来实现，而不能通过整体引用________来实现。

7. 在C语言中，二维数组中元素排列的顺序是________。

8. 定义二维数组时，如果同时对数组元素全部赋初值，则数组________可以省略，而________不能省略。

9. 对数组 a[m][n]来说，使用数组的某个元素时，行下标最大值是________，列下标最大值是________。

10. C语言中没有提供字符串变量，对字符串的处理常常采用________实现。

三、程序分析题

1. 以下程序的运行结果是________。

```
#include <stdio.h>
void main()
{
  int arr[10], i, k=0;
  for(i=0;i<10;i++)
     arr[i]=i;
  for(i=0;i<10;i++)
     k+=arr[i];
  printf("%d\n",k);
}
```

2. 以下程序的运行结果是________。

```
#include <stdio.h>
void main()
{
    int a[3][3]={{1,2},{3,4},{5,6}},i,j,s=0;
    for(i=1;i<3;i++)
        for(j=0;j<i;j++)
            s+=a[i][j];
    printf("%d",s);
}
```

3. 以下程序的运行结果是________。

```
#include<stdio.h>
void main()
{
    int i,j,a[3][4]={1,2,3,4,5,6,7,8,9,10,11,12}, b[4][3];
    for(i=0;i<3;i++)
        for(j=0;j<4;j++)
            b[j][i]=a[i][j];
    for(i=0;i<4;i++)
    {
```

```
        for(j=0;j<3;j++)
            printf("%d  ",b[i][j]);
        printf("\n");
    }
}
```

4. 以下程序的运行结果是________。

```
#include<stdio.h>
void main()
{
    char a[5][5],i,j;
     for(i=0;i<5;i++)
        for(j=0;j<5;j++)
           if(i= =j||i+j= =4)
               a[i][j]='*';
            else
               a[i][j]=' ';
        for(i=0;i<5;i++)
        {
            for(j=0;j<5;j++)
               printf("%c",a[i][j]);
            printf("\n");
        }
}
```

5. 以下程序的运行结果是________。

```
#include<stdio.h>
void main()
{
    char i,str[ ]="a1b2c3d4e5";
    for(i=0;str[i]!='\0';i++)
        if(str[i]>='a'&&str[i]<='z')
            printf("%c  ",str[i]);
        printf("\n");
}
```

四、程序填空题

1. 完成下面的程序，以每行 4 个数据的形式输出 a 数组。

```
#include<stdio.h>
void main()
{
    int a[20],i;
    for(i=0;i<20;i++)
        scanf("%d",_______ (1)_______);
    for(i=0;i<20;i++)
    {
      if  (_______ (2)_______)
              _______ (3)_______
      printf("%3d",_______ (4)_______);
    }
    printf("\n");
}
```

2. 完成以下程序，求出所有水仙花数（各位数字的立方和等于其本身的三位数，如 $153=1^3+5^3+3^3$）。

```
#include<stdio.h>
void main()
{
    int  x, y ,z, a[10], m, i=0;
    printf("shui xian huan shu :\n");
    for(_______ (1)_______;m<1000;m++)
    {
      x=m/100;
      y=_______ (2)_______;
      z=m%10;
      if(m==x*x*x+y*y*y*y+z*z*z)
      {
         _______ (3)_______;
         i ++;
      }
    }
    for( x=0;x<i ; x++)
    printf("%6d",a[x] ) ;
}
```

3. 完成以下程序，用冒泡法对 10 个数由小到大排序。

```
#include<stdio.h>
void main()
{
    int a[10],i,j,t;
    printf("input 10 numbers: \n");
    for(i=0; _______ (1)_______;i++)
        scanf("%d",_______ (2)_______);
    printf("\n");
    for(i=0;i<9;i++)
        for(j=i+1;j<10;j++)
            if(a[i]>a[j])
            {
                _______ (3)_______
                a[i]=a[j];
                a[j]=t;
            }
    printf("the sorted numbers:\n");
    for(i=0;i<10;i++)
        printf("%d  ",_______ (4)_______);
}
```

4. 完成以下程序，有一个 3×4 的矩阵，要求输出其中值最大的元素，以及它的行号和列号。

```
#include<stdio.h>
void main()
{
    int max,i,j,r,c;
    r=0; _______ (1)_______
    int a[3][4]={{123,94,-10,218},{3,9,10,-83},{45,16,44,-99}};
    _______ (2)_______
    for(i=0;i<3;i++)
     _______ (3)_____
       if (a[i][j]>max)
       {
          max= a[i][j];
```

```
        ________ (4)________
        c=j;
      }
    printf("max=%d , row =%d , colum=%d \n",max , r, c);
}
```

5. 完成以下程序，求矩阵 a，b 的和，结果存入矩阵 c 中并按矩阵形式输出。

```
#include<stdio.h>
void main()
{
  int a[3][4] = { { 7, 5, -2, 3 },{ 1, 0, -3, 4 },{ 6, 8, 0, 2 } };
  int b[3][4] = { { 5, -1, 7, 6 },{ -2, 0, 1, 4 },{ 2, 0, 8, 6 } };
  int i, j, c[3][4];
  for ( i=0; i<3; i++ )
  ________ (1)________
    c[i][j] = ________ (2)________ ;
  ________ (3)________
  {
    for ( j=0; j<4; j++ )
    printf ( "%3d", c[i][j] ) ;
    ________(4)________;
  }
}
```

五、编程题

1. 已知一个整形数组{3，7，8，9，10，4，5}，求该数组中所有值为偶数的元素的和。
2. 从键盘输入 10 个整数并保存到数组，输出 10 个整数中的最大值及其下标、最小值及其下标。
3. 已经有一个排好序的数组，要求输入一个数后，按原来排序的规律将它插入数组中。
4. 从键盘输入 3*3 的二维数组，将该数组行列交换输出，并求两条对角线元素之和。
5. 编程从键盘输入一行字符串，统计其中英文字符、数字、空格和其他字符的个数。

第7章 函数

前面章节的程序举例中，整个程序中基本上只有一个函数，即主函数 main()函数。对于一个具有功能的程序来说，无论大小，都可以在一个主函数中完成全部代码的编写。但是这样做并不明智。一个过于庞大的主函数往往只能由一个程序员负责编写和维护，因为其他人不容易对其进行添改，即使添改了也容易出错。这种程序称为无结构的程序。它的缺点很多：（1）不稳定。代码太长，变量太多，难免相互影响，一处错误可能会牵连到多处问题，调试不易。（2）不精炼。有些代码会被经常使用，则会多次反复出现在程序中，使得程序更加冗长。而且要修改这段代码，也将带来庞大的工作量。（3）不易实现团队合作。现在的任何工作都希望能通过团队合作来提高效率。无结构的程序无法实现多人分工合作，必然造成工期漫长。（4）不易升级。用户的需求会经常改变，要求程序随时进行升级更新。代码过多时，一处改动可能导致程序多处变化，使修改者无从下手。因此，为程序设计一个好的结构，是编写一个好程序的必要保证。

大多数的编程语言（包括C语言）都提供了一种方法，将程序切割成多个段，每段都可以独立编写。在C语言中，这些段称为函数，它是进行结构化程序设计的重要工具。一个较大的程序可以分为若干个程序模块，每个模块用来实现一个特定的功能。函数是完成一个特定工作的独立程序模块。一个C程序由一个主函数和若干个其他函数构成。程序的执行总是从主函数开始，最后到主函数结束。同一个函数可以被主函数或者其他多个函数调用任意次，但主函数不能被调用。

【例 7.1】 编写一个程序计算两个数的平均值，并将计算过程用上下两排“*”进行分隔。

算法思路：该问题可以划分为三个功能模块，通过以下三个函数来实现。

（1）ave 函数：计算两数平均值。

（2）main 函数：用来输入两个计算数，使用 ave 函数计算出结果，并将结果输出。

（3）star 函数：用来输出两排“*”以分隔计算过程。

程序实现：

```
#include<stdio.h>
float ave(float num1,float num2)
{
    float answer;
    answer = (num1+num2)/2;
    return answer;
}

void star()
{
    printf("\n********************\n");
}
```

```
void main()
{
    float a,b;
    float c;
    star();
    printf("please input the two numbers:\n");
    scanf("%f%f",&a,&b);
    c=ave(a,b);
    printf("%f+%f=%f",a,b,c);
    star();
}
```

运行测试：

```
********************
please input the two numbers:
3.2 4.6
3.200000+4.600000=3.900000
********************
Press any key to continue
```

表面上看，这个程序中有三个函数，问题似乎变复杂了。事实上，程序中的三个函数功能定位明确，每个函数简短且易于编写和修改，必要的时候还可以将一个函数多次调用（如 star 函数），所以更适合复杂问题的程序设计。具体分析该程序的执行过程如图 7.1 所示。

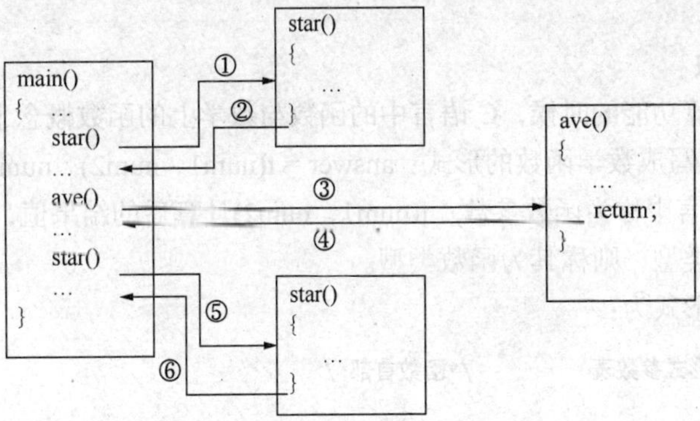

图 7.1　例 7.1 中程序的执行过程

由上图可以看出，程序中的函数具有以下特点：

（1）一个源程序文件由一个或者多个函数组成，其中包含一个 main 函数和若干其他函数。

（2）C 程序编译时是以源程序为单位进行编译的，而不是以函数为单位进行编译。

（3）C 程序执行时是从 main 函数开始，最后在 main 函数中结束，中间可以调用多次多个其他函数。一个个函数的调用构成了程序。

（4）所有函数在定义的时候都是独立的，不允许函数的嵌套定义。函数之间可以相互调用，只是不能调用 main 函数。main 函数只能由系统调用。

本章将介绍函数的定义和使用，以及变量和函数的关系。

7.1　函数的分类、定义参数和返回值

7.1.1　函数的分类

除了 main 函数调用时有所不同，所有函数都是独立且平等的。从用户的角度可以对程序中的

函数进行分类。

1．库函数

前面我们在例题中用到了 printf()、scanf()函数，它们都是 ANSI C 标准定义的库函数。在程序中仅使用 ANSI C 库函数的程序，能够在所有支持 ANSI C 的编译器中编译运行，而且具有良好的移植性。

使用 ANSI C 的库函数，只要在程序开头把该函数所在的头文件包含进来即可。比如例题 7.1 中我们要用到 printf()、scanf()函数，就需要在程序开头加上“#include<stdio.h>”。

除了 ANSI C 库以外，还有大量的函数库提供更为专业的功能函数，如微积分运算、网络、图形界面、数据库等，它们有些是免费下载的，也有些是收费的。

2．自定义函数

自定义函数则是由用户自己编写、用来完成所需功能的函数。main 函数就是自定义函数。用户也可以编写一批具有同类功能的自定义函数，集合在一起成为一个库函数，以供反复使用。

7.1.2 函数的定义

根据函数是否有参数、是否有返回值，可以将函数分为有参函数和无参函数、有返回值函数和无返回值函数。

1．定义有参函数

当用函数实现计算功能的时候，C 语言中的函数与数学上的函数概念十分接近。如 answer = (num1+num2)/2，可以写成数学函数的形式：answer = f(num1，num2)。num1 和 num2 在数学函数中称为变量，在 C 语言中称为函数参数。f(num1，num2)计算后的结果值，在 C 程序中称为返回值，必然为某一数据类型，则称其为函数类型。

定义有参函数的形式为：

```
函数类型 函数名（形式参数表）          /*函数首部*/
{

    声明部分
    语句部分                          /*函数体*/
}
```

函数首部定义了函数的名称、函数的参数和函数的返回值类型。函数体决定函数对传给它的值执行什么操作。

例如定义一个求和函数：

```
int add(int x,int y)
{
    int sum;
    sum=x+y;
    return sum;
}
```

在这个函数中，第一行的第一个 int 表示函数的类型是整型，函数名是 add。括号中有两个形式参数 x、y，它们的类型也是整型。当调用该函数时，数据将被赋值给形式参数 x 和 y，带入函数体中参与操作。花括号内为函数体，它包含声明部分和语句部分。声明部分包括对函数中用到的变量进行定义以及对要调用的函数进行声明，在这里定义了整型变量 sum。语句 sum=x+y 将 x 和 y 的和赋值给 sum。最后用 return sum;语句将 sum 的值作为函数 add 的返回值传递给主调函数。

sum 作为函数返回值，其类型必须与函数类型一致或赋值兼容，否则会出现错误。

2. 定义无参函数

定义无参函数的形式为：

```
函数类型 函数名()                          /*函数首部*/
{
    声明部分
    语句部分                               /*函数体*/
}
```

无参函数的形式参数表部分是空的。例题 7.1 中的 star()就是个无参函数。

7.1.3　函数的参数和返回值

函数与外界存在特殊的接口，用来进行数据的传递。类似于数学函数的运算过程，C 函数在调用的时候，数据通过参数传入，运行结果通过返回值带回。

1. 形式参数和实际参数

在定义函数时函数名后面括号中的变量名称为形式参数（简称形参）；在主调函数中调用一个函数时，函数名后面括号中的参数（可以是一个表达式）称为实际参数（简称实参）。

【例 7.2】　输入长方体的长、宽、高，计算它的体积，并在主函数中输出此值。试分析调用函数时数据传递的过程。

算法思路：

该程序可以分成两个功能函数，一个是求体积的 vol 函数，可以对传入的长、宽、高数据进行运算，计算出长方体的体积，并返回给主调函数，即 main 函数。另一个是 main 函数，用来输入长方体的长宽高数值，调用 vol 函数，并输出 vol 函数的返回值。

程序实现：

```
#include<stdio.h>
/*定义 main 函数*/
void main()
{
    float a,b,c,d;
    float vol(float x,float y,float z);           /*声明将要调用的函数*/
    printf("请输入长方体的长宽高:\n");
    scanf("%f%f%f",&a,&b,&c);
    d=vol(a,b,c);                                 /*a, b, c 为实际参数*/
    printf("vol=%f\n",d);
}

/*定义 vol 函数*/
float vol(float x,float y,float z)                /*x, y, z 为形式参数*/
{
    float v;
    v = x*y*z;
    return v;
}
```

运行测试：

```
请输入长方体的长宽高:
1.2 2.1 3.0
vol=7.560000
Press any key to continue
```

这个程序中 main 函数是主调函数，vol 函数是被调函数。main 函数先定义，vol 函数后定义。因此要在 main 函数中事先声明 vol 函数，目的是告知系统将 vol 函数调入内存。程序中形参和实参具有如下关系。

（1）a，b，c 是 main 函数中的实际参数，它们在 main 函数中通过输入语句获得值。x，y，z 是 vol 函数中的形式参数。调用 vol 函数时，a，b，c 将值赋给 x，y，z，带入到 vol 函数中进行运算；得到运算结果后使用 return 语句返回到 main 函数。参数的传递过程如 7.2 图中的实线所示。

（2）实参必须有确定的值，它可以是变量、常量或者表达式。本程序中的实参都是变量，如 a，b，c。

（3）形参必须有确定的类型。实参与形参必须类型相同或者赋值兼容，且个数相同。整型和字符型在此可以通用。若实参与形参类型不兼容，实参的值自动按形参类型转换。比如实参为浮点型数 2.5，形参为整型，调用时实参要将 2.5 转成整型数 2，再赋值给形参。

（4）在函数未被调用时，函数中的形参并不占用内存空间。只有当该函数被调用，其形参才被分配内存单元。函数调用完毕，形参所占内存单元立即被释放。

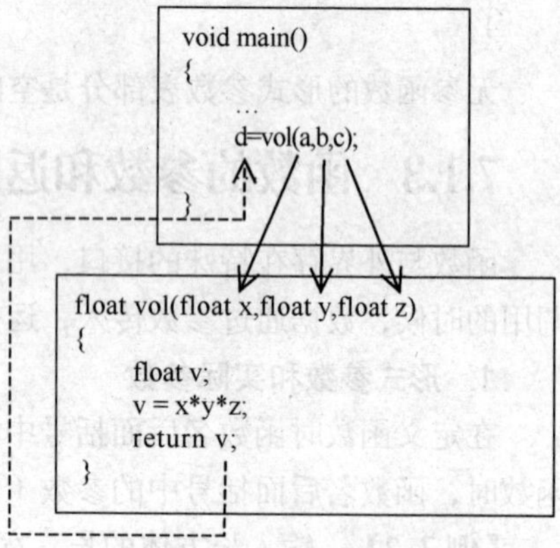

图 7.2　数据的传递过程

（5）函数调用时，实参和形参分别占用不同的内存单元，数据传递时按照“单向值传递”的方式进行，只能由实参传给形参，形参不能传给实参。在具体情况下，实参和形参可能会重名，因为它们分属不同的函数，且占用各自内存单元，因此不会造成错误。

【例 7.3】　实参和形参同名的例子。

```
#include<stdio.h>
int sum(int a,int b)
{
    a=a+b;
    b=a+b;
    returna;
}
void main()
{
    int a=1,b=3,c;
    c=sum(a,b);
    printf("%d,%d,%d\n",a,b,c);
}
```

运行测试：

```
1,3,4
Press any key to continue
```

在上面的程序中，实参和形参发生同名，但两组 a，b 分属不同函数。在 main 函数中，a 赋初值为 1，b 赋初值为 3，并作为实参赋给 sum 函数的形参 a，b。在 sum 函数中，形参 a 经过运算，值变成 4，并被作为返回值返回到 main 函数中，赋值给变量 c。此时，在 main 函数中，只有变量 c 经过赋值后发生改变，而 a，b 两个变量值不变。所以最终的输出结果为 1,3,4。

形参和实参占用各自的存储单元，数据传递时按照“单向值传递”，如果形参在运算中值发生改变，对应的实参不会受到影响。下面的例子可以很好地说明这一点。

【例 7.4】 定义一个函数，交换两个形参的值，并在主函数中调用它。

```
#include <stdio.h>
void main()
{
    int x=7,y=11;
    printf("x=%d,\ty=%d\n",x,y);
    printf("swapped:\n");
    swap(x,y);
    printf("x=%d,\ty=%d\n",x,y);
}
int swap(int a,int b)
{
    int temp;
    temp=a; a=b; b=temp;
}
```

运行测试：

```
x=7,    y=11
swapped:
x=7,    y=11
Press any key to continue
```

本例中当调用 swap 函数时，实参 x 和 y 将 7 和 11 分别传递给形参 a 和 b，a 和 b 在函数体执行过程中进行了交换。但它们的交换并没有影响到对应的实参函数 x 和 y，从运行结果就可以看出。这个例子充分说明，形参与实参变量分配了不同的存储单元。

2. return 语句

参数能从主调函数将数值传递到被调函数，同时希望通过函数调用使主调函数获得一个有用的值，这就是函数的返回值。函数的返回值是由函数的类型所决定，可以是 char、short、int、long、float 等。如果在定义函数时不指定函数类型，C 编译系统会默认函数类型为 int 型。如果没有返回值，则将函数类型定义为 void。函数的返回值由返回语句获得。

返回语句的格式为：

```
return(表达式);
```

或
```
return 表达式;
```

或
```
return;
```

第一和第二种语句的功能相同，将表达式的值返回给主调函数，并立即停止该函数的执行。比如，x 是个 int 变量，值为 10，那么“return x;”返回值是 10；“return x*2+3;”返回值是 23；“return 123;”的返回值是 123。

第三种为无返回值的 return，用来停止所在函数的执行，并返回到主调函数。比如：

```
void notice()
{
    printf("周末愉快！");
    return;
    printf("周末加班！");
}
```

当这个 notice 函数执行的时候，“周末加班”这条输出语句不会执行。

在使用 return 语句的时候，要注意几点。

（1）如果需要从被调函数带回一个函数值给主调函数，被调函数必须包含 return 语句。如果不需要从被调函数带回函数值，可以不要 return 语句。

一个函数中可以有一个和多个 return 语句，执行到哪一个 return 语句，哪一个语句就起作用。由于函数的返回值只能是一个，所以最终会被执行的 return 语句只有一个。如：

```
int max(int a,int b)
{
    if(a>=b)
        return a;
    else return b;
}
```

这个函数中有两个 return 语句，由选择语句控制执行其中一个。有时函数产生了多个运算结果，但是无法用 return 语句全部传回。例如求一元二次方程的函数，不能用 return 返回两个根。在后面章节中会介绍使用全局变量或者指针实现方程的多个结果返回。

（2）当 return 语句的表达式类型与函数类型不一致时，以函数类型为准。比如将例 7.1 中的函数简化后如下所示：

```
ave(int num1,int num2)
{
    return (num1+num2)/2.0;
}
```

函数 ave 的返回值类型缺省，所以是 int 类型。返回值用表达式(num1+num2)/2.0 表示，它的值为 double，这时 return 语句的表达式类型与函数类型不一致，则系统自动将返回值转换为 int。运行此程序，输入 12 和 13，则 ave 函数返回值为 12，main 函数输出结果将为 12.000000。

注意，当 return 语句的表达式类型与函数类型不一致时，程序编译时会给出“警告”，但是程序依然可以运行，只是结果可能不准确。

（3）如果函数类型为 void，表示函数不会有返回值。这时函数中一定不能出现带返回值的 return 语句，但可以使用不带返回值的 return 语句。

7.2 函数的调用

7.2.1 函数调用的形式

定义一个函数以后就可以在程序中调用这个函数了。在 C 语言中，调用标准库函数时，只需要在程序的最前面用#include 命令包含相应头文件；调用自定义函数时，程序中必须有与调用函数相对应的函数定义。

（1）由于无参函数没有参数，因此调用时不必向参数传递值。无参数函数的调用格式是：

```
函数名();
```

如果无参数函数没有返回值，调用该函数仅执行函数体中的代码。

如果无参数函数有返回值，比如：

```
char c;
c = getchar();
```

该调用过程中不仅要执行函数体中的代码，而且主调函数会得到 getchar()函数的返回值。

但是，主调函数也可以忽略函数返回值，比如下面的调用也是合法的：

```
getchar();
```

这时该函数可以用来接收一个键盘输入的字符，而不对该字符做任何处理。

（2）有参数函数调用格式是：

函数名(实参列表)；

实参可以是常量、变量或表达式。例如调用例 7.2 中的求长方体体积的 vol 函数，以下写法都是正确的：

```
v = vol(2,3,4);  v = vol(a,b,c);  v = vol(a+2,5,c*2);
```

不论有参函数还是无参函数，按照函数在程序中出现的位置来分，可以有以下三种函数调用方式。

① 把函数调用作为一个语句。如 printf 函数，还有例 7.1 中的 star 函数，只要求它们完成一定的操作，而不要求有返回值。

② 函数的调用出现在表达式中，叫作函数表达式。这时被调函数要带回一个确定的值以参加表达式的运算。例如：

```
e = ave(a,b)*100;
```

③ 函数的调用还可以作为函数的实参。例如：

```
m = max(max(a,b),c);
```

这个函数调用的效果，相当于求数据 a，b，c 的最大值。又如：

```
printf("%c",getchar());
```

这个函数调用相当于先用 getchar 函数接收键盘输入的字符，再用 printf 函数将其输出。

以上两个举例一个是把函数调用作为相同函数的实参，另一个是作为其他函数的实参，具体使用时并无区别。

7.2.2 对被调函数的声明

函数必须先定义后调用，将主调函数放在被调函数的后面，就像变量先定义后使用一样。如果自定义函数在主调函数的后面，就需要在主调函数中对被调用的函数做声明。声明的作用是把函数名、函数参数的个数和参数类型等信息通知编译系统，以便在遇到函数调用时，编译系统能正确识别函数并检查函数调用是否合法。

【例 7.5】　输出 4 之内的数字金字塔。要求定义和调用函数 pyramid (int n)输出数字金字塔。

```
#include <stdio.h>
void main ()
{
    void pyramid (int n);                  /* 函数声明 */
    pyramid(4);                            /* 调用函数，输出数字金字塔 */
}
void pyramid (int n)                       /*函数首部*/
{
    int i, j;
    for (i = 1; i <= n; i++)               /* 需要输出的行数 */
    {
        for (j = 1; j <= n-i; j++)         /* 输出每行左边的空格 */
        printf(" ");
        for (j = 1; j <= i; j++)           /* 输出每行的数字 */
```

```
        printf("%d ", i);                /* 每个数字后有一个空格 */
    putchar ('\n');
    }
}
```

运行测试：

```
   1
  2 2
 3 3 3
4 4 4 4
Press any key to continue
```

在上面的程序中，main 函数的定义位置在 pyramid 函数定义之前，如果 main 函数中缺少了“函数声明”编译就不会成功。因为没有对函数的声明，编译器在遇到 pyramid 函数调用的时候，无法判断 pyramid 是否为正确的函数名，也无法判断参数的类型和个数是否正确。所以只有在函数调用之前进行了函数声明，编译器才能根据函数的原型对函数调用的合法性进行检查。

函数声明的一般形式为：

函数类型　函数名(参数类型 1 参数名 1，参数类型 2 参数名 2，…参数类型 *n* 参数名 *n*)；

很容易发现，函数声明与函数首部基本相同，只是多一个分号。因此函数声明又称为**函数原型**。编写程序的时候，可以直接按照函数首部来书写函数声明，这样不易出错。

由于编译系统并不检查参数名，只检查参数类型，因此参数名是什么无所谓，甚至可以不写。下面是函数声明的简单形式：

函数类型　函数名(参数类型 1，参数类型 2，…，参数类型 *n*)；

关于函数的声明，有以下几点需要注意：

（1）被调函数的定义出现在主调函数之前时，声明可以省略。因为编译系统已经了解已定义函数的信息，会根据函数首部提供的信息对函数的调用做正确性检查。例 7.1 就是这种情况。

（2）函数的声明不一定要放在主调函数中，更好的办法是放在源文件的开头，即所有函数定义的前面。函数声明的作用域从其声明处开始，一直到源文件结尾。这样无论函数的定义放在何处，任何函数都可以调用它。例如：

```
#include <stdio.h>
int max(int x,int y);                        /*在源文件开头部分声明函数 max
                                             */
int add(int a,int b);                        /*在源文件开头部分声明函数 add
                                             */
void main()                                  /*定义 main 函数*/
{
    …
}

int max(int x,int y)                         /*定义 max 函数*/
{
    …
}

int add(int a,int b)                         /*定义 add 函数*/
{
    …
}
```

无论在什么地方调用，都把函数的声明放在程序的源文件开头。这有助于使程序的设计整洁易读，还可以更好地避免函数调用出错。这样的写法在大型程序中比较常见。

7.3 函数的嵌套调用和递归调用

7.3.1 函数的嵌套调用

一个 C 程序的所有函数之间，除了调用与被调用区别之外都是平等关系。C 函数不允许嵌套定义，即在一个函数内再定义一个函数。但是，C 函数允许嵌套调用，即主函数调用甲函数，甲函数调用乙函数，乙函数调用丙函数等。函数的这种嵌套调用不受到层数限制。

【例 7.6】 计算 $S=1^K+2^K+3^K+\cdots+N^K$。使用函数的嵌套调用。

算法分析：将计算分成两个步骤，先设计函数 power 计算 n 的 K 次方；再设计函数 total，通过调用 power，求 $1^K+2^K+3^K+\cdots+N^K$ 的结果。最后定义 main 函数，调用 total，输出运算结果。

```
#include <stdio.h>
#define K 4
#define N 5
longpower(int n,int k);
longtotal(int n,int k);
void main()
{
    printf("K=%d,N=%d\n",K,N);
    printf("S=%ld\n",total(N,K));                 /*调用 total 函数*/
}
long power(int n,int k)                            /*计算 n 的 K 次方*/
{
    long power=n;
    int i;
    for(i=1;i<k;i++)power*=n;
    return power;
}
long total(int n,int k)                            /*计算 1 到 n 的 K 次方之累加和*/
{
    long sum=0;
    int i;
    for(i=1;i<=n;i++) sum+=power(i,k);             /*调用 power 函数*/
    return sum;
}
```

运行测试：

```
K=4,N=5
S=979
Press any key to continue
```

该程序中函数嵌套调用的过程如图 7.3 所示。

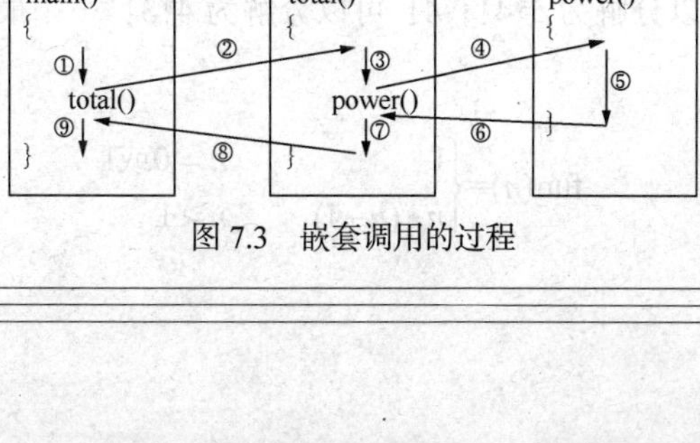

图 7.3 嵌套调用的过程

从这个例子可以看出，函数的结构特点是：函数的调用与返回。当一个函数在运行期间调用另一个函数，则暂停当前函数的执行，转而执行被调函数。这时要为被调函数的形参分配存储单元，并将实参和返回地址（即下一条指令的地址）等信息传递给被调函数保存。当被调函数执行结束或者遇到 return 语句时，返回到主调函数，并从先前保存的返回地址开始继续执行主调函数。使用这种结构有利于多人分工协作完成一个大项目，提高程序的开发效率。由于函数功能相对简单，易于编写、修改和维护，所以能提高程序的可靠性。

7.3.2 函数的递归调用

函数与函数之间可以相互调用，还可以嵌套调用，那么一个函数可以调用它自身吗？这种做法是存在的。一个函数直接或间接地调用自身，称为函数的递归调用。直接调用时称为直接递归，间接调用时称为间接递归。如图 7.4 所示。

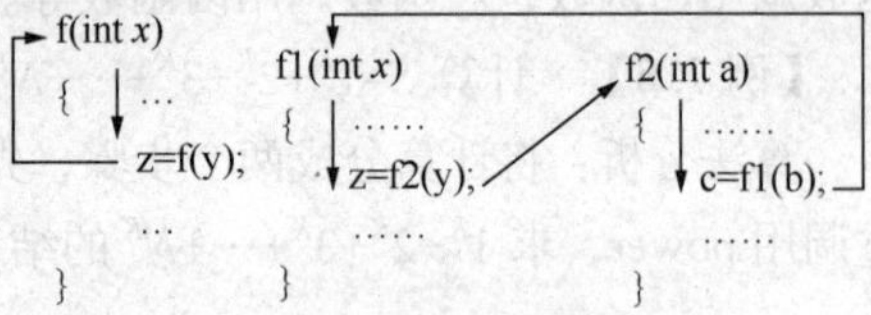

图 7.4 直接递归和间接递归

递归调用的函数称为递归函数。在递归调用中，调用函数又是被调函数，函数将反复调用其自身，每调用一次就进入新的一层。

小时候听过一个故事：“从前有座山，山里有座庙，庙里有个老和尚，他在干什么？在讲故事。讲什么？从前有座山，山里有座庙，庙里有个老和尚，他在干什么？在讲故事。讲什么？从前有座山，山里有座庙……” 在故事里面又讲到本故事，符合递归的特点，因此是个递归的故事。下面的函数形式可以描述这个故事。

```
void story()
{
    if(老和尚不想讲了) return;
    从前有座山，山里有座庙，庙里有个老和尚，他在干什么？在讲故事。讲什么？
    story();
}
```

在这个例子里面，story()在定义时调用了 story()，属于直接递归。而 if 语句用来结束函数，如果没有的话这个 story()会无限制地递归调用下去，不会终止。在实际情况中不应出现这样无终止的递归调用。为了防止递归调用无终止地进行，必须在函数内有终止递归调用的手段。常用的办法是加条件判断，满足某种条件后就不再作递归调用，然后逐层返回。一般可以用 if 语句来控制，只有在某一条件成立时才继续执行递归调用，否则就不再继续。

【例 7.7】 用递归的方法求 $n!$。

算法分析：在数学里面求 $n!$通常用递推方法，即从 1 开始，乘 2，乘 3，乘 4……一直乘到 n。递推法的特点是，从问题最初、最简单的点开始，按照一定规律推出较复杂的结果，再从这个较复杂的结果推出更复杂的结果，依次递推，直到得出结果。而递归的过程相反，它是从最终复杂的结果入手，按照一定规律将结果分解成较为简单的解决办法，再将较为简单的解决办法按照同样规律分得更细、更简单，直到分解出的操作可以立即实现。

以 5！求为例。5！可以分解为 5*4！；4！可以分解为 4*3！……最后 1！为 1，分解终止。用以下公式可以表示：

$$\mathrm{fun}(n)=\begin{cases}1 & n=0\text{或}1\\ n*(n-1) & n>1\end{cases}$$

程序实现：

```
#include <stdio.h>
void main()
{
    long fun(int n);
    int n;
    long y;
    printf("please input n:");
    scanf("%d",&n);
    y=fun(n);
    printf("%d!=%ld\n",n,y);
}

long fun(int n)                              /*定义递归函数*/
{
    long f;
    if(n<0)                                  /*递归出口 1：n 值不合法*/
        printf("data error!");
    else if((n==1)||(n==0))                  /*递归出口 2：n 为 0 或者 1*/
        f=1;
        else f=n*fun(n-1);                   /*递归运算式*/
    return f;
}
```

运行测试：

```
please input n:5
5!=120
Press any key to continue
```

按照分析的公式很容易写出程序。但是有一处：“f=n*fun(n-1);”，容易直接照搬公式写成“f(n)=n*fun(n-1);”，这点要特别注意。

其实前面可以用循环解决的很多问题，都可以用递归来解决。例如：

问题 1.求前 n 个自然数的和。

分析：求前 n 个自然数的和可以分解成，n 和前 n-1 个自然数的和，即用下面公式可以表达。

$$\mathrm{sun}(n)=\begin{cases}1 & n=1\\ n+\mathrm{sun}(n-1) & n>1\end{cases}$$

问题 2.求 x^y 的值。

分析：x^y 可以分解成 $x*x^{y-1}$,因此可以用下面公式表示。

$$\mathrm{sun}(x,y)=\begin{cases}x & y=1\\ x*\mathrm{pow}(x,y-1) & y>1\end{cases}$$

最后总结一下，设计递归程序，一般可分为如下两个步骤：

（1）确定递归终止的条件（递归出口）；

（2）确定将一个问题转化成另一个问题的规律，即找到前后两项之间的规律，例如求 $n!$，前后两项之间的规律就是 $n!=n*(n-1)!$。

7.4　数组作为函数的参数

数组用作函数参数有两种形式：一种是把数组元素(又称下标变量)作为实参使用；另一种是把数组名作为函数的形参和实参使用。

7.4.1 数组元素作为函数的参数

数组元素就是下标变量，它与普通变量并无区别。数组元素只能用作函数实参，其用法与普通变量完全相同：在函数调用时，把数组元素的值传送给形参，实现单向值传送。

【例 7.8】 输入一个字符串，计算出其中字母的个数。

算法分析：定义函数 isalp，用来判断一个字符是否字母，如果“是”则返回 1，否则返回 0。定义 main 函数，用来输入和保存用户输入的字符串，并调用 isalp 函数依次判断字符串中的字符并计数，最后输出字母个数。

```
#include <stdio.h>
void main()
{
    int isalp(char c);
    int i,num=0;
    char str[255];
    printf("Input a string: ");
    gets(str);
    for(i=0;str[i]!='\0';i++)
        if (isalp(str[i]))
            num++;
    printf("num=%d\n",num);
}
int isalp(char c)
{
    if(c>='a'&&c<='z'||c>='A'&&c<='Z')
        return 1;
    else
        return 0;
}
```

运行测试：

```
Input a string: hello world!
num=10
Press any key to continue
```

用数组元素作为实参时，只要数组类型和函数的形参类型一致即可，并不要求函数的形参也是下标变量。换句话说，对数组元素的处理是按普通变量对待的。传值的时候仍然是单向值传递。

7.4.2 数组名作为函数的参数

数组名作为函数参数时，既可以作为形参，也可以作为实参。

数组名作为函数参数时，要求形参和相对应的实参都必须是类型相同的数组（或指向数组的指针变量），用一维数组作为形参时，可以不限定数组元素的个数。

【例 7.9】 输入一组（10 个以内）整型数据，将其逆序存放。要求使用数组名作为函数的参数。

算法分析：定义函数 reverse，以数组名 p 和数组长度 n 为形参，实现对数组 p 的逆序。定义 main 函数，输入 n 值和所有 n 个整型数据，调用 reverse 函数对输入的数据实现逆序，并输出逆序结果。

```
#include <stdio.h>
void main()
{
    int i,a[10],n;
    void reverse(int p[],int n);                  /* 函数声明*/
    printf("Enter n:");
    scanf("%d",&n);
    printf("Enter %d integers:\n",n);
    for(i=0;i<n;i++)
        scanf("%d",&a[i]);
    reverse(a,n);                                 /* 调用函数*/
    for(i=0;i<n;i++)
        printf("%d\t",a[i]);
    printf("\n");
}
void reverse(int p[],int n)
{   int i,j,t;
    for(i=0,j=n-1;i<j;i++,j--)
    {
        t=p[i];p[i]=p[j];p[j]=t;                  /* 实现数组元素位置的交换*/
    }
}
```

运行测试：

```
Enter n:5
Enter 5 integers:
1       2       3       4       5
5       4       3       2       1
Press any key to continue
```

用数组名作为函数参数，并不是数组中全部元素传递给所对应的形参。由于数组名代表数组的首地址，因此只是将数组的首个元素的地址传递给所对应的形参。

用数组名作为函数参数，应该在主调和被调函数中分别定义数组，且类型必须一致，否则出错。

由于 C 编译系统对形参数组大小不做检查，所以形参数组可以不指定大小。如果指定形参数组的大小，则实参数组的大小必须大于等于形参数组，否则因形参数组的部分元素没有确定值而导致计算结果错误。如果不指定形参数组的大小，在定义形参时数组名后面必须跟一个空括号，如 p[]。

7.5　变量的作用域和生存期

变量可以使用的范围叫作变量的作用域。而变量存在的时间叫作变量的生存期。这两个属性叫作变量的存储属性。

7.5.1　变量的作用域

在一个函数内部定义的变量只在本函数范围内有效，称为内部变量或者局部变量。而在函数外部定义的变量是外部变量，也称为全局变量。

1. 局部变量

本书到此处的所有例子，在程序中使用的变量都定义在函数的内部，它们的有效范围被局限在所在函数内部，因此都是局部变量。局部变量的使用有以下特点。

（1）main 函数中定义的变量只在 main 函数中有效，main 函数也不可以使用其他函数中定义的变量。例如：

```
float f1(int a)
{
        int b,c;        } a, b, c 的有效范围
        …….
}
char f2(int x,int y)
{
        int i,j;        } x, y, i, j 的有效范围
        ……
}
void main()
{
        int m,n;        } m, n 的有效范围
        ……
}
```

（2）不同函数中可以使用相同名字的变量，它们代表不同的存储空间，互不干扰。

【例 7.10】 不同函数中使用相同名字变量的举例。

```
#include <stdio.h>
void main()
{
     int a,b;
     void sub();
     a=3;
     b=4;
     printf("main:a=%d,b=%d\n",a,b);
     sub();
     printf("main:a=%d,b=%d\n",a,b);
}
void sub()
{
     int a,b;
     a=6;
     b=7;
     printf("sub:a=%d,b=%d\n",a,b);
}
```

运行测试：

```
main:a=3,b=4
sub:a=6,b=7
main:a=3,b=4
Press any key to continue
```

上面的程序中有三个 printf 语句，都输出变量 a，b 的值。其中第一和第三句 printf 语句输出的是 main 函数中的 a，b 变量值 3 和 4，第二句输出的是 sub 函数中 a，b 变量的值 6 和 7，因此得到上面的输出结果。

（3）形式参数也是局部变量。比如第（1）点中的形参 a、x、y 都是局部变量。

（4）在程序中用花括号（“{”）括起来的区域叫作**语句块**。无论函数体、循环体还是分支都是语句块。每个语句块的头部都可以定义变量。每个变量仅在定义它的语句块（包含下级语句块）内有效，并且拥有自己的内存空间。例如：

```
void main()
{    int a,b;
     ……
     { int c;          }                 }
     ……                }                 }
     c=a+b;            } c 在该语句块中有效 } a，b 在此范围内有效
     ……                }                 }
     }                                   }
}
```

上述语句块中的变量 c 只在语句块中有效，一旦语句块结束 c 的存储空间就被释放，c 为无效变量。

【例 7.11】　循环语句块中的局部变量举例。

```
#include <stdio.h>
void main()
{
    int count1=1;
    do
    {
        int count2=0;
        ++count2;
        printf("\ncount1=%d count2=%d",count1,count2);
    }while(++count1<=8);
    printf("\ncount1=%d\n",count1);
}
```

运行测试：

```
count1=1 count2=1
count1=2 count2=1
count1=3 count2=1
count1=4 count2=1
count1=5 count2=1
count1=6 count2=1
count1=7 count2=1
count1=8 count2=1
count1=9
Press any key to continue
```

上面 main 函数中变量 count1 在整个函数中有效，变量 count2 在 do-while 循环语句块中有效。count1 从 1 变化到 8，使循环运行 8 次，count1 为 9 时，循环结束。而 count2 在循环每趟中先被定义且赋值为 0，执行自增运算为 1，然后被释放。因此 count2 被反复定义而后释放了 8 次，每次的值只能从 0 到 1 变化。

（5）语句块出现在函数体中，语句块中可以包含语句块，即语句块的嵌套。在嵌套的语句块中，若第 *n* 层局部变量的名字与第 *n*-1 层中的局部变量名字相同，则第 *n*-1 层同名的变量在第 *n* 层中暂时失效，离开第 *n* 层后才恢复有效性。

【例 7.12】　嵌套语句块中的重复变量。

```
#include <stdio.h>
void main()
{
    int y=10;
    {
      int y=100;
      printf("y=%d\n",y);
    }
      printf("y=%d\n",y);
}
```

运行测试：

```
y=100
y=10
Press any key to continue
```

y 为嵌套语句块的重复变量。最内层语句块中输出的 y 为 100，外层语句块输出的 y 为 10。两个 y 分别占用不同的内存空间。

2. 全局变量

局部变量保证了函数的独立性，但程序设计有时要考虑不同函数之间的数据交流，当一些变量需要被多个函数使用时，参数传递虽然是办法之一，但是必须通过函数调用才能实现，并且函数返回值只有一个。为了解决多个函数间的变量共用需求，可以使用全局变量。

全局变量定义在函数外部，不属于任何函数。它可以在程序头部，也可以在两个函数中间，还可以在程序尾部。全局变量的作用范围从定义位置开始，到源文件结束。一般情况下，程序员会把全局变量定义在程序最前面，即所有函数之前。

和局部变量不同，在声明全局变量时如果没有为其赋初始值，系统会自动为其赋一个默认的初始值。比如数值型全局变量，默认初始值为 0。

【例 7.13】 定义一个函数，求一组（不多于 10 个）数据的最大、最小值和平均值，使用全局变量实现。

算法思路：定义一个函数，通过参数引入数组数据和数组长度。在函数内部使用循环语句分别完成求最大值、求最小值和求平均值的运算。最终结果有三个，使用 return 语句返回平均值，最大值、最小值只能用全局变量来保存了。所以在程序开头定义全局变量 Max、Min，在函数定义时直接使用这两个变量保存运算结果。

```
#include <stdio.h>
float Max,Min;                                    /*定义的全局变量*/
float average(float array[], int n)
{   int i;
    float sum=array[0];
    Max=Min=array[0];                             /*使用全局变量*/
    for(i=1;i<n;i++)
{
  if(array[i]>Max) Max=array[i];
       else if(array[i]<Min)  Min=array[i];
       sum+=array[i];
    }
    return(sum/n);
}

void main()
{   int i,n;
    float ave,score[10];
    printf("请输入这组数据的个数：\n");
    scanf("%d",&n);
    printf("请依次输入%d 个数据：\n",n);
    for(i=0;i<n;i++)
        scanf("%f",&score[i]);
    ave=average(score,n);
    printf("max=%6.2f\nmin=%6.2f\naverage=%6.2f\n",Max,Min,ave);
                                                  /*输出全局变量*/
}
```

运行测试：

```
请输入这组数据的个数：
4
请依次输入4个数据：
2 6 5 1
max=  6.00
min=  1.00
average=  3.50
Press any key to continue
```

从这个程序可以看出，全局变量应该在使用它的函数之前定义好，所有函数使用时无需再定义可以使用。全局变量就像一个公用变量，按照各函数使用它的顺序，依次改变其值。

如果在一个源文件中全局变量和局部变量同名，则在局部变量的作用范围内，全局变量暂时失效。例如：

```
#include <stdio.h>
int x;                                    /*定义全局变量 x*/
int f();
void main()
{
    int a=10;
    x=a;                                  /*对全局变量赋值*/
    a=f();
    printf("a=%d x=%d\n",a,x);            /*输出全局变量 x*/
}
int f()
{
    int x=4;                              /*x 为局部变量，本函数内部全局变量 x 失效*/
    return x;
}
```

运行测试：

```
a=4 x=10
Press any key to continue
```

需要注意的是，全局变量的存在减少了函数参数的个数和数据传递的时间消耗，但要避免随意、过量使用全局变量，原因如下。

（1）局部变量随函数结束会释放存储空间，而全局变量在程序的全部执行过程中都占用存储空间，存在空间上的浪费。

（2）函数之间除了通过参数进行联系外，基本是个封闭的个体，这样的程序移植性和可读性都比较高。而使用了全局变量后函数通用性会降低，太过依赖全局变量使得函数移植的时候容易出错。

（3）全局变量可以被任何函数修改，过多使用全局变量的程序容易出错，也不利于团队开发。

7.5.2 变量的存储类别和生存期

为了正确有效地使用变量，除了要了解变量的作用域，还要清楚变量的生存期。变量存在的时间，即变量的生存期。变量的作用域是从空间角度来看，变量的生存期是从时间角度来看。有的变量在程序运行的整个过程都是存在的，而有的变量在调用所在函数时才临时分配存储单元，且函数调用结束后就马上释放了，即变量消失。因此变量的存储有两种不同的方式：静态存储方式和动态存储方式。静态存储方式是程序运行期间由系统分配固定存储空间的方式。而动态存储方式是程序运行期间根据需要进行动态的分配存储空间的方式。

在内存中存放数据的区域分成静态存储区和动态存储区。全局变量存放在静态存储区中，在程序开始执行时给全局变量分配固定的存储单元，直到程序结束才释放空间。在动态存储空间中存放了以下三类数据：

（1）函数的形参。调用函数时给形参分配存储空间。

（2）自动变量。函数中未加 static 声明的变量。

（3）函数调用时的现场保护和返回地址。

以上三类数据在函数调用开始时分配动态存储空间，函数结束时释放空间。在程序执行过程中这种分配和释放是动态的，意味着若一个函数先后被调用两次，分配给函数中局部变量的存储空间可能是不同的。

每个变量不仅具有数据类型的属性（如 int、float），还具有数据存储类别的属性（如静态存储或动态存储）。下面分别介绍局部变量和全局变量的存储类别。

1. 局部变量的存储类别

在C语言中,对局部变量的存储类型的说明有以下三种:自动变量(auto)、寄存器变量(register)、静态变量(static)。

（1）自动变量（auto）：按动态方式分配内存，其特点是每次分配给同一变量的内存地址可能是变化的。

局部变量默认的是 auto 变量，操作系统以动态方式为其分配内存，书写时 auto 可以省略。下列两种定义局部变量的写法是等价的：

```
auto int x;
int x;
```

函数中的形参和在函数中定义的变量都属于此类。程序中大多数变量属于 auto 变量。

（2）静态变量（static）：按静态方式分配内存，其特点是每次分配给同一变量的内存地址是不变的。

对于 static 局部变量，操作系统按照静态方式分配给内存，在静态存储区内分配存储单元。书写的方法是：

```
static int x;
static float y;
```

static 局部变量在编译的时候就被赋初值，且只能赋一次初值。以后每次调用函数时不再重新赋初值，而只是保留上次函数调用结束时的值。如果在定义的时候没有赋初值，编译时会自动为其赋值为 0（数值型）或者空字符（字符型）。不过，虽然 static 局部变量在函数调用结束后仍然存在，但是其他函数不能引用它，因为它是局部变量，只能被本函数使用。

【例 7.14】 用以下程序演示 auto 变量和 static 变量的区别。

```
#include<stdio.h>
void caution();
void main()
{
    caution();
    caution();
    caution();
}
void caution()
{
    int b=0;
```

```
    static int c=3;
    b=b+1;
    c=c+1;
    printf("b=%d,c=%d\n",b,c);
}
```

运行测试：

```
b=1,c=4
b=1,c=5
b=1,c=6
Press any key to continue
```

在上例中，当操作系统将代码读入内存时，发现变量 c 是 static 变量，就为 c 分配了内存，并赋值 3。当调用函数 caution 时，c 不再分配内存，调用完毕后也不会释放 c 的内存。当 caution 函数被调用三次，c 的值进行三次加法运算，值依次从 4 到 6。但是 b 变量为 auto 变量，当调用 caution 时，b 被分配内存，执行完后又释放 b 的内存。因此每次 caution 函数被调用 b 的初值都是 0，执行加法运算后都是 1。所以输出 b 和 c 值时，b 每次都是 1，而 c 会依次递增。

（3）寄存器变量（register）：不给变量分配内存，而是把 CPU 的寄存器分配给变量。

register 变量的定义方法是：

```
register int x;
```

CPU 从它的寄存器中读取数据要快于从内存中读取数据，因此当 CPU 经常需要反复读取、操作一个变量中的数据时，可以将该变量定义为 register 变量。由于寄存器的长度是有限的，能表达的数据范围有限，所以通常仅用于定义 char 和 int 类型的变量。且寄存器的个数也有限，不能定义太多的寄存器变量。当寄存器空闲的空间不足时，寄存器变量一律按照自动变量处理。

2. 全局变量的存储类别

对于全局变量，操作系统是以静态方式分配给内存空间。全局变量不能是 auto 变量。全局变量的作用域从变量的定义处开始，到本程序文件的末尾。在此作用域内，全局变量可以为程序中各个函数所引用。

如果在全局变量的作用域外还要使用全局变量，则应事先用 extern 说明。使用 extern 说明可以扩展全局变量的作用域。根据扩展全局变量作用域的方式可以分成两种：一是在同一文件内扩展全局变量作用域；二是将一个文件中的全局变量作用域扩展到另一个文件。

（1）同一文件内扩展全局变量作用域

在同一文件中，由于全局变量不是在文件开头就定义的，因此如果想在全局变量定义之前的函数中使用全局变量，就应在函数中用 extern 加以说明。

【例 7.15】 前面介绍过使用参数和返回值不能将两个变量进行交换，下面使用全局变量可尝试以实现两个变量值的交换。

```
#include <stdio.h>
void swap();
void main()
{   extern int x,y;             /*声明全局变量，说明变量 x,y 在后面有定义*/
    x=7;                        /*给全局变量 x 赋初值*/
    y=14;                       /*给全局变量 y 赋初值*/
    printf("before: x=%d,b=%d\n",x,y);
    swap();
    printf("after: x=%d,y=%d\n",x,y);
}
```

```
int x,y;                          /*定义全局变量 x 和 y*/
void swap()
{
    int temp;
    temp=x;                       /*交换全局变量 x 和 y 的值*/
    x=y;
    y=temp;
    printf("inswap(): x=%d,y=%d\n",x,y);
}
```

运行测试：

```
before: x=7,b=14
inswap(): x=14,y=7
after: x=14,y=7
Press any key to continue
```

上述程序中，虽然全局变量 x 和 y 的定义在主函数的后面，但由于在主函数中用 extern 声明了变量 x 和 y 是外部变量，因此，将全局变量 x 和 y 的作用域扩展到了主函数，这样在主函数中的就可以对全局变量 x 和 y 进行操作(赋值、输出)。

（2）全局变量的作用域扩展到另一个文件中

当需要在一个源程序文件中使用另一个源程序文件中定义的全局变量时，也可以用 extern 对全局变量进行声明。例如，在下列程序中，两个函数分别存放在两个文件中。

```
/* file1.c 文件 */
#include <stdio.h>
#include "file2.c"             /*将源程序文件 file2.c 包含到当前文件中来*/
int x,y;                       /*定义全局变量*/
void main()
{   x=7;
    y=14;
    printf("before: x=%d,b=%d\n",x,y);
    swap();
    printf("after: x=%d,y=%d\n",x,y);
}
/* file2.c 文件 */
extern  int x,y;               /*声明全局变量*/
void swap()
{   int temp;
    temp=x;
    x=y;
    y=temp;
    printf("inswap(): x=%d,y=%d\n",x,y);
}
```

在主函数所在的文件 file1.c 中定义了全局变量 x 和 y，在函数 swap()所在的文件 file2.c 中将 x 和 y 声明为外部变量，这样在函数 swap()中就可以使用文件 file1.c 中定义的全局变量 x 和 y 了。

用 extern 声明全局变量时，由于不是定义变量，所以类型名可以写也可以不写，如“extern int x,y;”或者“extern x,y;”都是正确的。

此外，如果想使在文件中定义的全局变量不被其他文件使用，就可以在全局变量定义时，将其定义成 static 型外部变量。例如：

```
//file1.c
static int A;
```

```
void main()
{
    …
}

//file2.c
extern A;                /*编译时会提示此处变量未定义*/
void fun(int n)
{   …
    A=A*n;
    …
}
```

file1.c 中用 static 声明了全局变量 A，因此变量 A 只能用于本文件。file2.c 文件使用 extern A 时，编译系统会认为 A 在本文件中未定义，不能扩展使用。

在此需要注意的是，使用 static 声明局部变量和全局变量的目的是不同的。对局部变量，使用 static 声明将改变变量的存储区域类型（从动态存储区改为静态存储区）。对全局变量，它本身就位于静态存储区，使用 static 声明可以使该变量的作用域只限于本文件中。表 7.1 归纳局部变量和全局变量的存储特性。

表 7.1　局部变量和全局变量的存储特性

	局部变量			全局变量	
存储类别	auto	register	static	static	普通
存储方式	动态		静态	静态	
存储空间	动态存储区	寄存器区	静态存储区	静态存储区	
生存期	函数调用开始到结束		程序整个运行期间	程序整个运行期间	
作用域	定义变量的函数或者语句块中			本文件	可以所有文件
赋初值	每次函数调用时		编译时赋初值，只有一次机会		
未赋初值	值不确定		自动赋值为 0 或者空字符		

练　习　题

一、选择题

1. 下面叙述中正确的是（　　）。
   （A）对于用户自己定义的函数，在使用前必须加以说明
   （B）函数可以返回一个值，也可以什么值也不返回
   （C）说明函数时必须明确其参数类型和返回类型
   （D）空函数不完成任何操作，所以在程序设计中没有用处
2. 下面叙述中错误的是（　　）。
   （A）主函数中定义的变量在整个程序中都是有效的
   （B）在其他函数中定义的变量在主函数中也都不能使用
   （C）形式参数也是局部变量
   （D）复合语句中定义的函数只在该复合语句中有效

3. 下面叙述中正确的是（　　）。

（A）全局变量在定义它的文件中的任何地方都是有效的

（B）全局变量在程序全部执行过程中一直占用内存单元

（C）同一文件中的变量不能重名

（D）使用全局变量有利于程序的模块化和可读性的提高

4. 若函数的类型和 return 语句中表达式的类型不一致，则（　　）。

（A）编译时出错

（B）运行时出现不确定结果

（C）不会出错，且返回值的类型以 return 语句中表达式的类型为准

（D）不会出错，且返回值的类型以函数的类型为准

5. 在函数的说明和定义时若没有指出函数的类型，则（　　）。

（A）系统自动认为函数类型为整型

（B）系统自动认为函数类型为实型

（C）系统自动认为函数类型为字符型

（D）编译时会出错

6. C 语言中若不特别声明，则变量的类型被认为是（　　）。

（A）extern　　（B）static　　（C）register　　（D）auto

7. 在函数调用语句 fun1(fun2(x,y),(x,y),z=x+y);中，fun1 的实际参数的个数是（　　）。

（A）3　　（B）7　　（C）4　　（D）5

8. 对函数的调用不可以出现在（　　）。

（A）对一个变量赋初值

（B）调用函数时传递的实际参数

（C）函数的形式参数

（D）引用数组元素[ ]的运算符中

9. 若用数组名作为函数调用的实参，传递给形参的是（　　）。

（A）数组的首地址　　（B）数组第一个元素的值

（C）数组中全部元素的值　　（D）数组元素的个数

10. 在下面的函数声明中，存在着语法错误的是（　　）。

（A）BC(int a, int);　　（B）BC(int，int);

（C）DC(int，int=5);　　（D）BC(int x,　int y);

二、填空题

1. 函数直接或者间接地自己调用自己，被称为函数的________。在 C 语言中，某函数在一个程序中被调用的次数是________限制的。

2. 在 C 语言中，编译是以________为单位的，一个 C 程序可以由一个或多个________组成。

3. C 语言中，唯一不能被别的函数调用的函数是________。

4. 从用户的角度看，C 语言中的函数有两种，即________和________。从接口形式上分类，函数分为________和________。

5. 在定义函数时，函数名后面的括号中的变量名称为________，在调用函数时函数名括号后面的变量名称为________。

6. 在函数内部定义只在本函数内有效的变量是________，在函数外定义的变量是________。

7. 在 C 语言中，一个函数一般由两个部分组成，分别是________和________。

8. 下面程序的正确运行结果是________。

```
void main( )
{
    int a=2, i;
    for(i=0;i<3;i++)
       printf("%4d",f(a) );
}
f( int a)
{
    int b=0;
    static  int c=3;
    b++;  c++;
    return (a+b+c);
}
```

9. 以下程序可计算 10 名学生 1 门功课成绩的平均分，请填空。

```
float average( float array[10] )
{
    int i;
    floataver, sum=array[0];
    for ( i=1;_______;i++)
        sum+=_______;
    aver=sum/10;
    return(aver);
}
void main( )
{
    floatscore[10], aver ;
    int i ;
    printf("\ninput  10 scores:");
    for(i=0; i<10;i++)  scanf("%f",&score[i] );
    aver =_______;
    printf("\naverage score is %5.2f\n", aver);
}
```

10. 下面程序的运行结果是________。

```
void main( )
{
    int i=5;
    printf("%d\n", sub(i) ) ;
}
sub ( int n )
{
    int  a ;
    if ( n==1)  a=1;
    else a=n+sub(n-1);
    return( a ) ;
}
```

11. 以下程序执行后输出结果是________。

```
int f(int x,int y)
{ return((y-x)*x);
}
```

```
void main( )
{
    int a=3,b=4,c=5,d;
    d=f(f(3,4),f(3,5));
    printf("%d\n",d);
}
```

三、编程题

1. 已有函数调用语句 c=add (a,b);请编写 add 函数，计算两个实数 a 和 b 的和，并返回和值。

2. 有一个数组，内放 10 个学生的英语成绩，写一个函数，求出平均分，并且打印出高于平均分的英语成绩。

3. 编写一个函数计算任一整数的各位数字之和，完成 int count(int x)函数的编写，其中 *x* 代表一个任意整数。

4. 已有变量定义语句 double a=5.0；int n=5；和函数调用语句 mypow (a, n)；用以求 *a* 的 *n* 次方。请编写 double mypow (double x, int y)函数。

5. 函数的递归调用计算 1+2+3…+*n* 的结果，完成 int sum(int n)函数的编写。

第 8 章 指针

在第 6 章数组中讲解了数组在定义时必须确定数组的长度，但在实际编程工作中往往无法事先确定需要处理的数据数量；在第 7 章函数中讲解了函数调用时可以通过 return 语句返回一个结果，但如果需要返回一个以上的结果该如何处理呢？以上这些问题都可以通过指针来解决。

指针是 C 语言中一个非常重要的概念，也是 C 语言的特色之一。利用指针变量可以表示各种数据结构，能方便地使用数组和字符串，能动态地分配内存，能得到多个函数返回值，并能像汇编语言一样处理内存地址。

8.1 指针的概念

1. 变量的地址

在计算机中，为了方便管理和存放数据，内存可划分为若干存储单元，每个单元可以存放 8 位二进制数，即 1 个字节。每个字节有一个编号，这个编号就称为“地址”。例如把内存看作是一条长街上的一排房屋，每间房子都可以容纳一定数量的人，并通过一个门牌号来标识。

在 C 语言中，如果定义了一个变量，在编译时系统会根据该变量的类型给它分配相应大小的内存单元。例如，在 Turbo C 2.0 环境下 int 型变量分配 2 个字节的内存单元，float 型变量分配 4 个字节的内存单元。不同的编译系统对相同的类型分配的字节数也可能不同，这一点在前面章节中已经介绍过。变量的地址就是系统为变量分配的内存单元的首地址，即分配给变量的第一个内存单元的地址。例如：

```
int a;        float b;
a=3;          b=5;
```

在程序运行时，系统将会给变量 a 和 b 分别分配 2 个和 4 个字节的内存单元(Turbo C 2.0 下)，假设给变量 a 分配存储单元地址为 3AB0 和 3AB1，给变量 b 分配存储单元地址为 3AB8、3AB9、3ABA 和 3ABB，则起始地址 3AB0 就是变量 a 在内存中的地址，而起始地址 3AB8 就是变量 b 在内存中的地址。如图 8.1 所示。

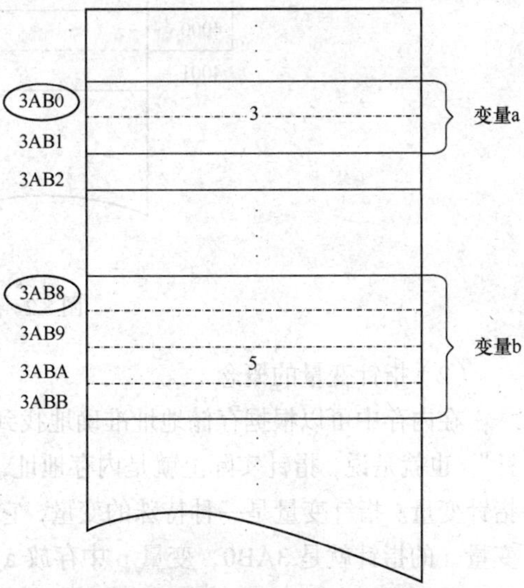

图 8.1　变量 a 和 b 在内存的占用情况

注意 内存单元的地址和内存单元的内容同样是数据，但是它们是两个完全不同的概念。在图 8.1 中，变量 a 的地址是 3AB0，内容是 3；变量 b 的地址是 3AB8，内容是 5。对变量值的存取都是通过地址进行的。

2. 指针变量

变量的访问方式有直接访问和间接访问两种，而指针变量就是为变量的间接访问方式服务的。

（1）变量的访问方式

① 直接访问方式。直接访问方式是按变量名（即变量的地址）存取变量值的方式。例如在图 8.1 所示的例子中要计算 a+b 的和，系统通过一张变量名与地址对应关系表，分别找到 a 的地址 3AB0H，将 3AB0～3AB1 中的数据 3 读出，找到 b 的地址 3AB8H，将 3AB8～3ABB 中的数据 5 读出，再将它们进行算术运算。这个过程就是变量的直接访问方式。

② 间接访问方式。间接访问方式是将变量的地址放在另一个内存单元中，先到另一个内存单元中取得变量的地址，再由变量的地址找到变量并进行数据存取。打个比方，某谍报组织有一个重要信息——密电码存放在银行的一个保险箱 A 中，由于不知道保险箱 A 的编号，所以不能直接获得密电码，但知道保险箱 A 的编号存在另一个保险箱 B 中，因此只要知道 B 的编号就可以通过 B 找到 A 中密电码。例如在图 8.2 所示的例子中，定义变量 p 存放变量 a 的地址，若要得到变量 a 的值，可以先访问变量 p 得到 a 的地址，再通过其地址找到值。这个过程就是变量的间接访问方式。

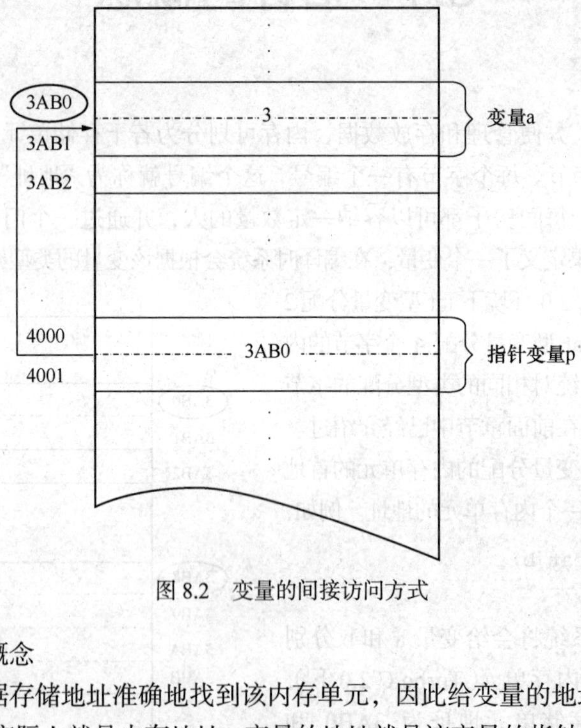

图 8.2 变量的间接访问方式

（2）指针变量的概念

在内存中可以根据存储地址准确地找到该内存单元，因此给变量的地址一个特殊的名称“指针”。也就是说，指针实际上就是内存地址，变量的地址就是该变量的指针，存放指针的变量就是指针变量。指针变量是一种特殊的变量，它是专门用来存放另一变量的地址的。例如在图 8.2 中，变量 a 的指针就是 3AB0，变量 p 中存放 a 的指针，因此变量 p 为指针变量也称指针变量 p 指向整型变量 a。

8.2　指针变量的定义与引用

8.2.1　指针变量的定义

前面章节中曾经讲过，变量必须先定义再使用。指针变量作为一种特殊的变量，同样需要遵循这个原则。

1. 定义方法

指针变量定义的一般形式为：

```
类型名  *变量名;
```

（1）类型名：该指针变量所指向的内存中存放的数据的类型。

（2）*：指针变量的定义符，表明后面的变量是指针变量。

（3）变量名：指针变量的名称，必须是合法的标识符。

例如，有如下指针变量的定义：

```
int        *p1,*p2;
char       *ps;
float      *pf;
```

表示定义了指针变量 p1、p2、ps、pf，其中 p1 的值是某个整型变量的地址，或者说 p1 指向一个整型变量。同理可以理解其他几个变量的含义。

> 注意　定义指针变量时需要使用指针变量的定义符*，但该符号并不是指针的组成部分，即定义 int *p；说明 p 是指针变量，而非*p。

2. 指针变量的赋值

指针变量的值是指针即地址，是一个无符号整数，但不能直接将整型常量赋给一个指针变量。指针变量不同于其他类型的普通变量，指针变量在定义后必须赋予具体的值，否则指针变量所指向的位置不确定，在后续操作中可能会导致系统的重要数据遭到篡改，而导致系统的运行出现问题。指针变量的赋值可以通过以下方法实现。

（1）用变量的地址给指针变量赋值。C 语言中提供的地址运算符&可以用来取得变量的地址，将该地址赋予一个指针变量，需要注意变量的类型必须与指针变量的类型相同。

例如：
```
int a, *p;
p=&a;              //p 指向整型变量 a
```

（2）用相同类型的指针变量赋值，如图 8.3 所示。

例如：
```
int a;   int *p1,*p2;
p1=&a;   p2=p1;     //p1 和 p2 都指向整型变量 a
```

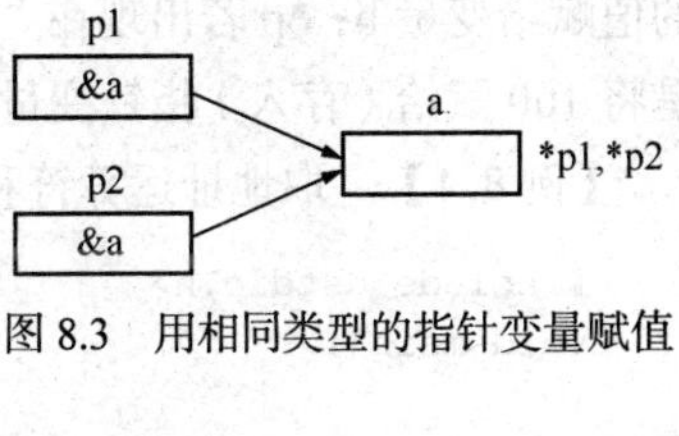

图 8.3　用相同类型的指针变量赋值

（3）赋空值 NULL。

例如：
```
int *p;
p=NULL; (或 p=0;)        //表示空指针，即该指针不指向任何内存单元
```

因此，可以得到指针变量初始化的方法：

① 赋空值 NULL。

② 用已定义的变量的地址。

例如：`int a,*p1=NULL; int *p2=&a;`

等价于

```
int a,*p1,*p2;
p1=NULL;
p2=&a;
```

> **注意** p=NULL 与未对 p 赋值是两个不同的含义，p=NULL 是合法的，但定义指针变量后未对其赋值却是非常危险的操作。

8.2.2 指针变量的引用

当一个指针指向一个变量时，程序就可以利用这个指针间接引用这个变量。在指针变量的引用中有两个相关的运算符，下面介绍这两个运算符的作用及运算规则。

1. 两个运算符

（1）取地址运算符&

作用：用于变量名之前，表示该变量的存储地址。

例如：a 为一个整型变量，&a 表示变量 a 所占据的内存空间的首地址。

（2）指针运算符*

作用：用于指针变量名之前，获取该指针所指单元的值。

下例中，p 为一个指针变量，*p 表示指针变量 p 所指向的内存中的数据，即*p 的值为 5。

```
int a=5,*p;
p=&a;
```

（3）运算符的应用

通过指针变量访问所指变量，先利用取地址运算符将指针变量指向被访问的变量，再利用指针运算符访问所指变量。

例如：
```
int a=5, *p, b;
    p=&a;
    b=*p;
    *p=100;
```

*p 若出现在“=”的右边或其他表达式中则为取内容，上例中指针变量 p 指向变量 a，因此*p 的值为 5，b=*p 即取出变量 a 的值赋给变量 b；*p 若出现在“=”的左边为存内容，上例*p=100 是将 100 赋给（存入）指针变量 p 所指向的变量，如图 8.4 所示。

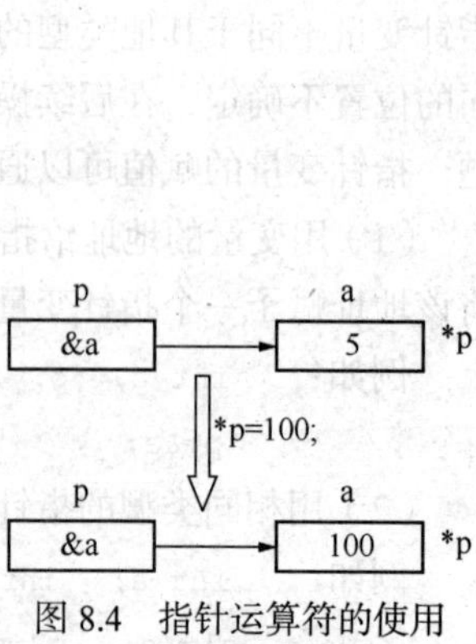

图 8.4 指针运算符的使用

【例 8.1】 取地址运算符和指针运算符的使用。

```
#include <stdio.h>
void main()
{
    int a=5,b=3;
    int *p;              //定义指针变量 p
    p=&a;                //把变量 a 的地址赋给 p，即 p 指向 a
    printf("a=%d,*p=%d\n", a,*p);
```

```
    b=*p+5;                    //取内容，取出 p 所指向变量的值，与 5 相加赋给 b
    printf("b=%d\n",b);
    *p=4;                      //存内容，对 p 所指向的变量赋值，相当于对 a 赋值
    printf("a=%d,*p=%d\n",a,*p);
}
```

运行测试：

```
a=5,*p=5
b=10
a=4,*p=4
Press any key to continue
```

2. 运算规则

*和&优先级相同，且与++、--、! 等单目运算符优先级相同，结合性为右结合。由结合性可知，&*p 等价于 p，*&a 等价于 a。

如何理解上述的等价情况呢？假设有指针变量 p 和整型变量 a，且 p 指向 a，由结合性可知&*p，先考虑*p 即 a，而&a 就是 p，因此&*p 等价于 p；同理，*&a 中先考虑&a 即 p，而*p 就是 a，因此*&a 等价于 a。

【例 8.2】 读下面程序，分析通过键盘输入 2 和 3 得到的结果。

```
#include <stdio.h>
void main()
{
    int a,b,c;
    int *pa, *pb, *pc;
    pa=&a,  pb=&b, pc=&c;
    scanf("%d%d",pa,pb);
    c=a+b;
    printf("c=%d\n",*pc);
    *pc=a+*pb;
    printf("c=%d\n",c);
    c=++*pa+(*pb)++;
    printf("c=%d\n",c);
}
```

运行测试：

```
2 3
c=5
c=5
c=6
Press any key to continue
```

程序分析：

（1）定义整型变量 a、b、c 和指针变量 pa、pb、pc，并将 pa、pb、pc 分别指向 a、b、c。

（2）scanf("%d%d",pa,pb); 等价于 scanf("%d%d",&a,&b); 即通过键盘对 a 和 b 赋值，则得到 a 为 2，b 为 3。

（3）由于 pc 指向 c，则*pc 的值即为变量 c 的值；同理，*pc=a+*pb 等价于 c=a+b。

（4）*与++、--、! 等单目运算符优先级相同，结合性为右结合。则++*pa 等价于++(*pa)，即++a，(*pb)++即 b++，表达式 c=++*pa+(*pb)++等价于 c=++a+b++，根据自增运算符的运算规则可得 c=6。

从例题 8.2 可以看出，对*pa、*pb、*pc 的操作即是对变量 a、b、c 的操作。因此可以利用指针变量实现变量间的很多操作。

【例 8.3】 利用指针变量实现变量 a、b 值的交换。

算法思路：

（1）利用指针变量实现该问题，应先定义指针变量 pa、pb 并将其分别指向变量 a、b，则*pa 即为 a，*pb 即为 b。

（2）实现 a、b 的交换，通常采用第三变量实现，这里只需将交换语句中的 a、b 替换为*pa、*pb 即可。

程序实现：

```
#include <stdio.h>
void main()
{
    int a=5,b=8,t;
    int *pa=&a,*pb=&b;
    printf("a=%d,b=%d\n",a,b);
    t=*pa;  *pa=*pb;  *pb=t;
    printf("a=%d,b=%d\n",a,b);
}
```

运行测试：

```
a=5,b=8
a=8,b=5
Press any key to continue
```

【例 8.4】 输入两个数，利用指针变量实现按从大到小的顺序输出。

算法思路：

（1）先定义指针变量 p1、p2 并将其分别指向变量 a、b。

（2）要求按从大到小的顺序输出，因此要比较 a、b 的大小，并将 p1 指向两者中较大的变量，将 p2 指向较小的变量。定义第三个指针变量，实现 p1 和 p2 中内容的交换，最后按*p1、*p2 的顺序输出。

程序实现：

```
#include<stdio.h>
void main()
{
    int *p1,*p2,*p,a,b;
    scanf("%d,%d",&a,&b);
    p1=&a;   p2=&b;
    if(a<b)
       { p=p1;    p1=p2;   p2=p;     }
    printf("a=%d,b=%d\n",a,b);
    printf("max=%d,min=%d\n",*p1,*p2);
}
```

运行测试：

```
5,8
a=5,b=8
max=8,min=5
Press any key to continue
```

程序分析：通过 p=p1; p1=p2;p2=p;这三条语句实现的是指针变量内容的交换，使得 p1 指向 b，p2 指向 a。如图 8.5 所示。

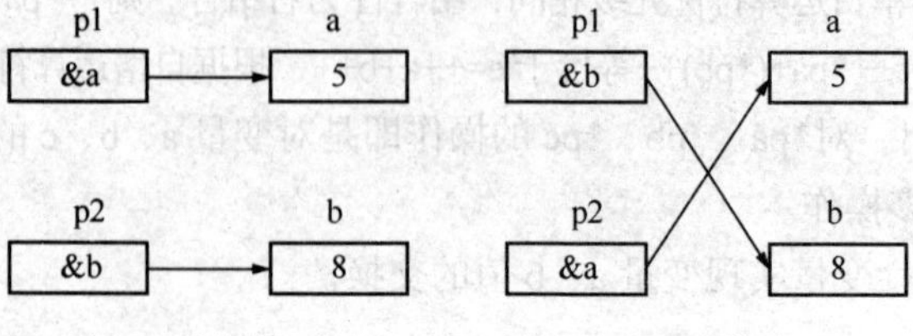

图 8.5 指针变量值的交换

8.3　指针与数组

在数组这一章中，我们认识到数组是内存中连续存储的一片存储单元，数组中每个数组元素都是相同类型的，因此所占用的存储单元也是相同的，对数组元素的访问通过数组名加下标的方式实现。第一节中讲到指针就是内存的地址，它可以指向任何数据类型的存储单元，如果把一个数组的起始地址或某个数组元素的地址赋给某一指针变量，再利用指针变量的地址运算功能就可以对整个数组元素进行访问了。

8.3.1　指向一维数组的指针

数组的基地址是在内存中存储数组的起始位置，也是数组中第一个元素（下标为 0）的地址，而数组名代表了数组首元素的地址，因此，数组名本身也是一个指针。这里有几个概念需要注意。

（1）数组的指针：数组的起始地址（即数组名），是一个固定值指针。

（2）数组元素的指针：数组元素的首地址。

（3）指向数组的指针变量：用于存放数组的起始地址或某一数组元素地址的变量。

1. 数组元素的指针

数组名是数组的起始地址，也就是数组的指针，我们可以利用数组名+偏移量来引用数组元素。一般而言，如果 i 是 int 型变量，那么 a+i 是距数组 a 的基地址的第 i 个偏移，与&a[i]等价，即 a+i 是数组元素 a[i]的指针。例如定义一个整型一维数组 int a[10]，则各元素的指针表示如图 8.6 所示。

需要注意的是“a+i”的 i，当 i 为 1 时并不表示地址值加 1（1 个字节），而是加一个数组元素所占用的字节数，假设整型元素占 2 个字节，a+1 意味着使 a 加 2 个字节，以使它指向第二个元素。同理，每次数组元素的指针递增 1 则表示指向下一个元素。

2. 指向数组的指针变量

指向数组的指针变量是用于存放数组的起始地址或某一数组元素地址的变量。指向数组的指针变量的定义方法与一般指针变量的定义方法相同。例如指针指向某一维数组的首地址，可以表示如下：

```
int a[10];
int *p;
p=a;或 p=&a[0];
```

一维数组 a 的首地址即可用&a[0]表示，也可用 a 表示。所以 p=&a[0]和 p=a 等价,都表示把数组 a 的首地址赋给指针变量 p。若要将 p 指向数组中下标为 i 的某个元素，可以表示为 p=&a[i]。与数组元素的指针类似，指针变量表示数组各元素的地址如图 8.7 所示。

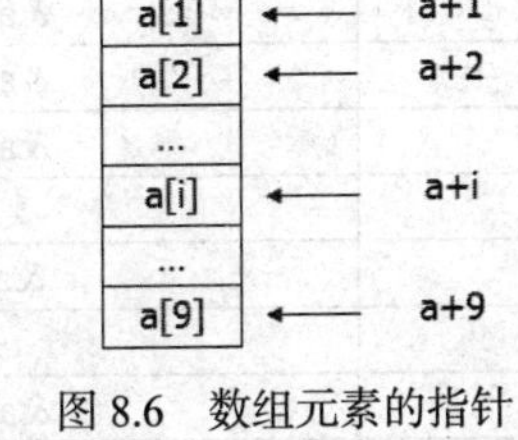

图 8.6　数组元素的指针

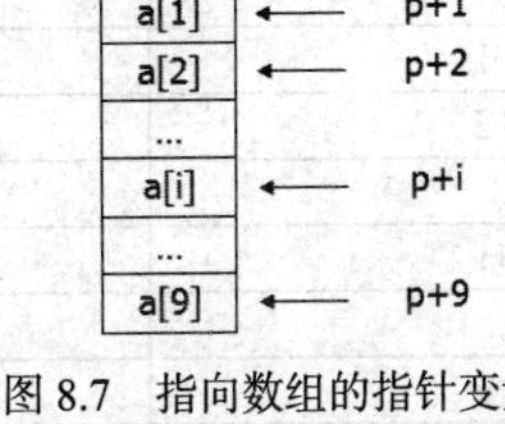

图 8.7　指向数组的指针变量

注意 数组名 a（数组的指针）与指向数组首地址的指针变量 p 不同，a 是常量，p 是变量，指针变量 p 的初始值可以是数组中任一元素的地址。

3. 指针的运算

指针是地址，是无符号的整型数据。数据都可以进行算术运算，那么指针可以进行哪些运算呢？联系前面学习过的知识，可以得到以下几种指针运算的规则。

假设有 int x,a[10]，*p;。

（1）赋值运算

如：p=&x; 或 p=a; 或 p=NULL;

（2）加减运算

如：a+i、p+i

指针变量 p 可以使用加减法运算使其指向后面或前面的元素。它只能用于数组元素的引用，注意下标的有效范围。

（3）指针相减运算

求两地址的间距，从而得到两指针间元素的个数。

如：p-a

要求两个指针的类型相同，并指向同一连续的存储区域，p 指向数组 a 的某一个元素。两个指针相加没有任何意义。

（4）自增、自减运算（++、--）

如：p++、p--

对数组名不能实施该运算。

（5）关系运算

如：p1、p2 为两个指针变量

```
p1==p2      表示 p1 和 p2 指向同一内存单元
p1>p2       表示 p1 处于高地址位置
p1<p2       表示 p1 处于低地址位置
```

4. 通过指针引用数组元素

引用数组元素除了数组中用下标表示的形式如 a[i]，还可以表示为*(a+i)或*(p+i)。其中 a 是数组名，p 指向数组的首元素。另外，还可以通过指针的运算来进行处理，取得数组元素的值。

设有：int a[10],*p=a;。

数组指针、指针变量与数组元素之间在表示地址时可以用表 8.1 表示，在表示内容时可以用表 8.2 表示。

表 8.1　地址关系

指针变量 p	数组指针 a	数组元素
p	a	&a[0]
p+1	a+1	&a[1]
p+2	a+2	&a[2]
…	…	…
p+i	a+i	&a[i]
…	…	…
p+9	a+9	&a[9]

表 8.2 内容关系

指针变量 p	数组指针 a	数组元素
*p	*a	a[0]
*(p+1)	*(a+1)	a[1]
*(p+2)	*(a+2)	a[2]
…	…	…
*(p+i)	*(a+i)	a[i]
…	…	…
*(p+9)	*(a+9)	a[9]

【例 8.5】 通过键盘输入数组 a 的内容并输出。

算法思路：数组元素的输入输出通过循环结构处理，输入语句中元素的地址可以通过取地址符取得，也可以通过数组的指针或指向数组的指针变量取得。以下几种方法都可以实现。

①
```
for(i=0;i<10;i++)
{    scanf("%d",&a[i]);
     printf("%d",a[i]);
}
```

②
```
for(i=0;i<10;i++)
{    scanf("%d",a+i);
     printf("%d",*(a+i));
}
```

③
```
for(p=a,i=0;i<10;i++)
{    scanf("%d",&p[i]);
     printf("%d",p[i]);
}
```

④
```
for(p=a;p<a+10;p++)
{    scanf("%d",p);
     printf("%d",*p);
}
```

⑤
```
for(p=a,i=0;i<10;i++)
{    scanf("%d",p+i);
     printf("%d",*(p+i));
}
```

【例 8.6】 将数组 a 的数据复制到数组 b 中并输出。

算法思路：

（1）利用指针实现该问题首先要定义两个指针变量，分别指向数组 a 和 b 的首元素，如图 8.8 所示。

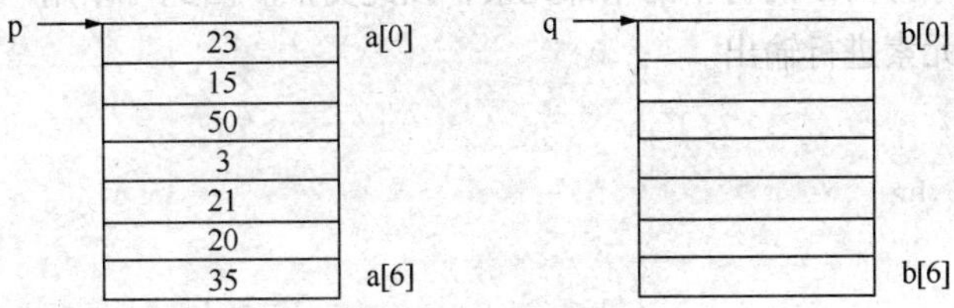

图 8.8 指针位置初始化

（2）两个指针变量 p、q 同时递增，利用*q=*p 实现数据的复制。

程序实现：

```
#include <stdio.h>
#define M 7
void main()
{
    int i, a[M]={23,15,50,3,21,20,35},b[M];
    int *p=a,*q=b;
    for(i=0;i<M;i++)
    {    *q=*p;    q++;      p++; }
        printf("Output these numbers:\n");
        for(i=0;i<M;i++)
            printf("%d",b[i]);
        printf("\n");
}
```

运行测试：

```
Output these numbers:
23  15  50  3  21  20  35
Press any key to continue
```

程序分析：本题的输出还可以改为利用指针变量输出，即

```
for(i=0;i<M;i++,q++)
    printf("%d",*q);
```

或

```
for(i=0;i<M;i++)
    printf("%d",*q++);
```

但在进行此操作前要加上 q=b;这条语句，因为在前面的循环执行结束时 q 已经指向 b 数组后面的单元，需要对其重新进行赋值，才能保证 b 数组的正确输出。另外第二种写法上用到*q++，由于*和++同优先级，结合方向是右结合，因此等价于*(q++)，在这里先引用 q 的值，实现*q 的输出，再使 q 自增。如果写成*(++q)则不正确，此时需要先对 q 自增，再实现*q 的输出，这样第一个元素就不能输出了。

8.3.2　指向多维数组的指针

前面讨论了指向一维数组的指针，同样指针变量也可以用来指向多维数组，引用多维数组元素。这里以二维数组为例进行讲解。二维数组既可以按其在内存中的存储看成是一维数组，又可以按照行的顺序利用行指针变量来访问。

1. 利用指向数组元素的指针变量访问多维数组

当指针指向某个多维数组的某个单元时，其引用该单元的方式同引用一维数组的方式相同。

【例 8.7】　用指针变量输出二维数组元素的值。

算法思路：由于二维数组的元素在内存中是按行顺序存放的，即存放完序号为 0 的行中的全部元素后，接着存放序号为 1 的行中的全部元素，以此类推。因此可以用一个指向普通变量的指针变量，依次指向各元素进行输出。

程序实现：

```
#include <stdio.h>
void main()
{
    int a[2][4]={ {1,3,5,7},{9,11,13,15} },i,j;
    int *p;
    p=&a[0][0];                    //p 指向二维数组的第一个元素
    for(i=0;i<2;i++)               //i 控制行数
```

```
    {   for(j=0;j<4;j++)        //j 控制列数
        {   printf("a[%d][%d]=%2d  ",i,j,*p);
            p++;                //p 指针往下一个元素移动
        }
        printf("\n");
    }
}
```

运行测试：

```
a[0][0]= 1  a[0][1]= 3  a[0][2]= 5  a[0][3]= 7
a[1][0]= 9  a[1][1]=11  a[1][2]=13  a[1][3]=15
Press any key to continue
```

程序分析：输出语句还可以写成 printf("a[%d][%d]=%2d　",i,j,*(p+i*4+j));当指针 p 指向这个二维数组时，p 就相当于一个一维数组，因此访问二维数组中的元素分别用 p[0],…,p[7]或*(p+0),…,*(p+7)来表示，如图 8.9 所示。

2. 利用行指针变量访问多维数组

（1）二维数组的行地址和列地址

二维数组是“数组的数组”，例如：

```
int a[3][4]={{1,3,5,7},{2,4,6,8},{9,1,0,1}};
```

二维数组 a 是由三个一维数组所组成的，其逻辑结构如图 8.10 所示。

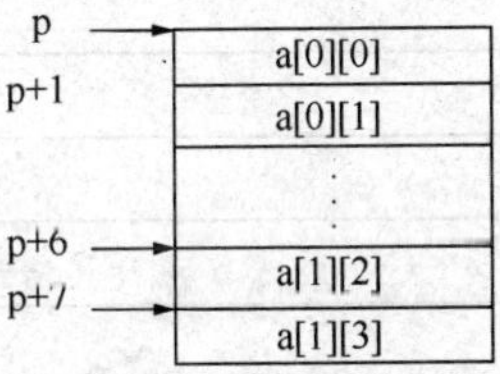

图 8.9　指向多维数组元素的指针变量

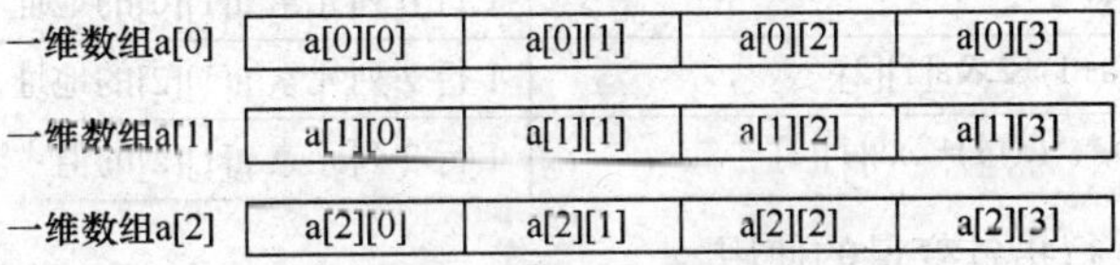

图 8.10　二维数组 a 的逻辑结构

可以将二维数组 a 看成是由 a[0]、a[1]、a[2]三个元素组成的一维数组，a 是该一维数组的数组名，代表该一维数组的首地址，即第一个元素 a[0]的地址（&a[0]）。根据一维数组与指针的关系可知，表达式 a+1 表示首地址所指元素后面的第一个元素的地址，即表示元素 a[1]的地址（&a[1]）。同理，表达式 a+2 表示元素 a[2]的地址（&a[2]）。通过地址可以引用各元素的值，如*(a+0)或*a 即为元素 a[0]，*(a+1)即为元素 a[1]，*(a+2)即为元素 a[2]。

不要把&a[i]理解为 a[i]单元的物理地址，因为 a[i]不是一个变量，&a[i]和 a[i]的值是相等的，但含义不同。那这两者的区别是什么呢？从图 8.10 可以看出 a[0]、a[1]、a[2]三个元素又分别看成是四个整型元素组成的一维数组的数组名。例如，a[0]可看成是由 a[0][0]、a[0][1]、a[0][2]和 a[0][3]这四个整型元素组成的一维数组。a[0]是这个一维数组的数组名，也是一个地址常量，代表该一维数组的首地址，即第一个元素 a[0][0]的地址（&a[0][0]），表达式 a[0]+1 则表示下一个元素 a[0][1]的地址（&a[0][1]），表达式 a[0]+2 则表示元素 a[0][2]的地址（&a[0][2]），表达式 a[0]+3 则表示元素 a[0][3]的地址（&a[0][3]）。再通过地址引用各元素的值，*(a[0]+0)即为元素 a[0][0]，*(a[0]+1)即为元素 a[0][1]，*(a[0]+2)即为元素 a[0][2]，*(a[0]+3)即为元素 a[0][3]。因此，可以得到&a[i]或 a+i 为第 i 行的首地址，a[i]为列地址，即 a[i]+0 为第 i 行 0 列地址（&a[i][0]）。

根据上述描述，可以得出二维数组的行地址和列地址之间的联系，如图 8.11 所示。

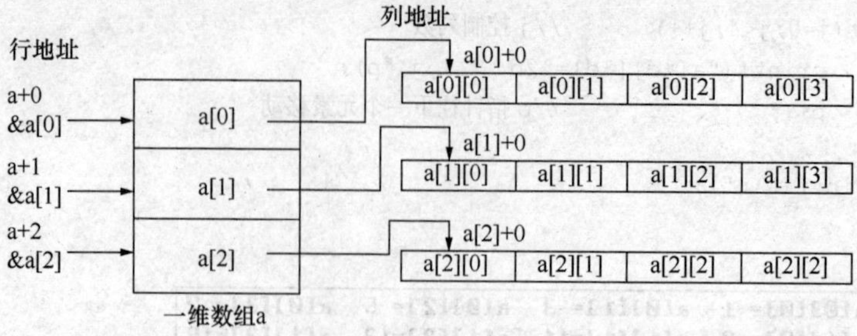

图 8.11　二维数组行地址与列地址间的联系

此外，我们还可以看出 a[0]（或 a[0]+0）是列地址，而&a[0]是行地址；行指针 a、a+1、a+2 分别指向“一维数组 a”的三个元素 a[0]、a[1]、a[2]（列地址）。前面讲过用指针引用所指向的元素前面加*号，所以*a、*(a+1)、*(a+2)即为 a[0]、a[1]、a[2]。因此，可以得出如下结论：行指针前加*转为列指针，列指针前加&转为行指针。由此不难理解表 8.3 所示的数组的指针及其含义。

表 8.3　　数组 a 的部分指针及含义

表示形式	含义
a,&a[0]	二维数组名，指向一维数组 a[0]，即 0 行首地址
a[0],*(a+0),*a	0 行 0 列元素地址
a+1,&a[1]	1 行首地址
a[1],*(a+1)	1 行 0 列元素 a[1][0]的地址
a[1]+2,*(a+1)+2,&a[1][2]	1 行 2 列元素 a[1][2]的地址
(a[1]+2),(*(a+1)+2),a[1][2]	1 行 2 列元素 a[1][2]的值

（2）行指针变量的使用

前几节所讲的指针变量都是指向数组元素的指针变量，指针变量增 1 可以使其指向下一个元素。二维数组中可以使指针变量不指向某一个元素，而是指向一个包含若干个元素的一维数组，这样的指针称为“行指针”，可以使用二维数组的行地址进行初始化。

行指针是一种特殊的指针变量。它专门用于指向一维数组，定义形式如下：

类型符 (*行指针变量名) [常量表达式]；

① 类型符：行指针变量指向的一维数组的元素类型。

② *行指针变量名：*和行指针变量名是一个整体，用括号括起来，否则[]优先级高于*，会产生不同的含义。

③ 常量表达式：行指针所指向的一维数组的长度，即二维数组第二维的大小。

行指针在使用时只能赋予二维数组的行地址，行指针的使用和二维数组的行地址的使用方法基本相同。对行指针进行增 1 或减 1，每次移动的是一行数据所占的字节数。

【例 8.8】　利用二维数组的行指针实现二维数组元素的输出。

算法思路：

（1）使用行指针变量，在定义时必须指定所指向的一维数组的长度，即二维数组第二维的长度。

（2）用 p 表示行指针，初始化为二维数组 0 行首地址，i 和 j 分别代表数组元素的下标，则 p+i 是行标为 i 的行首地址。根据前面讲述的行列指针转换原则，可知数组元素可以表示为*(*(p+i)+j)。

程序实现：

```
#include <stdio.h>
void main ( )
{
    int  a[3][4]={1,3,5,7,9,11,13,15,17,19,21,23};
    int   (*p)[4],i,j;
    p=a;
    for(i=0;i<3;i++)
    {    for(j=0;j<4;j++)
             printf("a[%d,%d]=%2d  ",i,j,*(*(p+i)+j));
         printf("\n");
    }
}
```

运行测试：

```
a[0,0]= 1  a[0,1]= 3  a[0,2]= 5  a[0,3]= 7
a[1,0]= 9  a[1,1]=11  a[1,2]=13  a[1,3]=15
a[2,0]=17  a[2,1]=19  a[2,2]=21  a[2,3]=23
Press any key to continue
```

注意

行地址只能赋予行指针，不能赋予某个指向数组元素的指针。例如：

```
int a[3][4]={{1,3,5,7},{2,4,6,8},{9,1,0,1}};
int *p;
p=a[0];          //正确，a[0]是列地址
p=a;             //错误，a是行地址
```

8.3.3　指针数组和数组指针

1. 指针数组

所有元素都是指针型数据的数组称为指针数组，即数组的每一个元素都相当于一个指针变量，存放一个地址。一维指针数组的定义形式如下：

```
类型名  *数组名[数组长度];
```

其中，类型名指定数组元素所指向的变量的类型。例如：

```
int *p[5];
```

由于[]比*优先级高，因此 p 先与[5]结合，形成 p[5]数组的形式，它有四个元素，再与 p 前面的“*”结合，使每个数组元素指向一个整型变量。

【例 8.9】　利用指针数组求一维数组的最大值。

算法思路：指针数组每个元素相当于一个指针变量，存储的是地址，因此每个指针数组中的元素存放一维数组的数组元素的地址。

程序实现：

```
#include <stdio.h>
void  main ( )
{
    int  a[5]={20,56,80,70,90},i,max;
    int  *p[5];
    for(i=0;i<=4;i++)
        p[i]=&a[i];
    max=*p[0];
    for(i=1;i<=4;i++)
        if(*p[i]>max)     max=*p[i];
    printf("max=%d\n",max);
}
```

程序测试：

```
max=90
Press any key to continue
```

指针数组中需要注意字符指针数组的处理，每个指针数组元素存储一个字符指针，用于存放字符数据单元的地址。例如：

```
char  *color[5]={"red","blue","yellow","green","black"};
```

每个元素 color[i]指向一个字符串，存储字符串的首地址，如图 8.12 所示。因此，可以使用语句 printf("%s\n",color[i]);输出 color[i]所指向的字符串。

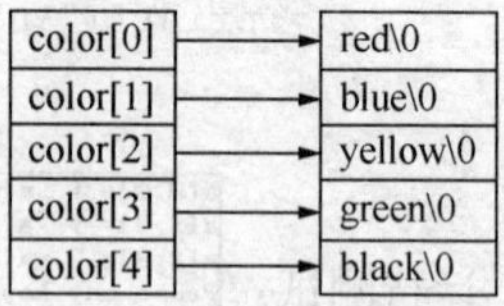

图 8.12　字符指针数组示意图

2. 数组指针

数组指针是指向数组地址的指针，它是一个指针变量，它指向一个数组。指向一维数组的数组指针的定义形式如下：

```
类型名(*数组名)[数组长度];
```

定义中的数组长度应该与所指向的一维数组的长度相等。例如：

```
int (*p)[5];
```

此时指针的增量以它所指向的一维数组长度为单位，在上例中 p 增 1 代表加 10 个字节的内存单元（TC 2.0 环境下）。

【例 8.10】　利用数组指针输出二维数组的元素。

算法思路：数组指针作为一个指针变量用于输出二维数组，相当于二维数组的行指针，因此数组指针的长度应等于二维数组的列数。此外，数组指针在赋值时，初始情况应使指针指向二维数组的第一行。

程序实现：

```
#include <stdio.h>
void main ( )
{
    int a[3][4]={1,2,3,4,5,6,7,8,9,10,11,12},i,j;
    int (*p)[4];
    p=a;
    for(i=0;i<3;i++)
    {   for(j=0;j<4;j++)
        {   printf("%2d ",p[i][j]);
        }
        printf("\n");
    }
}
```

程序测试：

```
 1  2  3  4
 5  6  7  8
 9 10 11 12
Press any key to continue
```

8.4　指针与字符串

第 2 章中曾经介绍过字符串的知识，它是一串以'\0'为结束符的字符序列。在 C 语言中并不存在字符串这种数据类型，字符串必须存放于字符数组中。字符串的指针就是字符数组的首地址。

1．字符串指针变量的定义

与一般指针变量定义类似，字符串指针变量的定义形式如下：

```
char *指针变量名;
```

对字符串指针变量赋值时，可以直接赋予字符串的首地址，也可以赋予字符数组的首地址。例如：

```
    char *p,*q="Language";
    p="This is a book. ";
或  char *p,c[10];
    p=c;
```

注意　p、q 指向字符串的第一个元素，存放的是地址，不是存放字符串。

2．字符串指针变量的应用

对于字符数组，在程序中既可以逐个引用字符串中的单个字符（数组元素），也可以一次引用整个字符串（数组）。同样，利用指针变量引用字符串既可以逐个字符引用，也可以整体引用。

【例 8.11】　用字符指针变量实现逆序打印字符串“Language”。

算法思路：

（1）定义两个字符指针变量 p、q，分别指向字符串的头和尾。

（2）寻找字符串的尾，可以利用字符串的结束标志进行判别，当指针指向的内存单元为'\0'即找到串尾。

（3）利用串尾指针往前移动逆序打印字符串，直到 q<p 为止。

程序实现：

```
#include <stdio.h>
void main()
{
    char *q,*p="Language";
    for(q=p;*q!='\0';)          q++;
    for(q--;q>=p;q--)           putchar(*q);
    putchar('\n');
}
```

程序测试：

```
egaugnaL
Press any key to continue
```

程序分析：寻找字符串的尾，除了采用上述指针移动的方法找到字符串结束标志外，还可以利用字符串处理函数 strlen 处理。例如

```
n=strlen(p);  q=p+n;
```

【例 8.12】　用字符指针变量整体引用字符串。

程序实现：

```
#include <stdio.h>
void main()
{
    char *p="I am a student";
    printf("%s\n",p);
}
```

程序测试：
```
I am a student
Press any key to continue
```

程序分析：%s 是输出字符串时所用的格式符，用%s 输出一个字符数组，输出项是数组名，此处为字符指针，因此输出项为字符指针变量名。系统在处理这种情况时，首先将指针指向的第一个字符输出，然后自动使指针加 1，使之指向下一个字符，再输出这个字符，以此类推，直到遇到字符串结束标志'\0'为止。

注意 通过字符数组名或字符指针变量可以整体输出字符串，但对于其他类型则不具备这个特点。

3. 字符数组与字符指针变量的比较

字符数组和字符指针变量都能实现字符串的处理，有时还可以实现通用，例如数组中引用数组元素用数组名加下标的形式，若字符指针变量指向字符串的首元素，也可以用指针变量加下标的形式来引用。当然，两者之间仍存在很多不同的地方。

（1）存储的内容不同

字符数组可以存字符串，存的是字符；

字符指针变量存的是字符串在内存的首地址。

（2）赋值方式不同

字符数组只能对单个元素赋值，整体赋值只能是初始化时；

字符指针变量只赋值一次，赋的是字符串的首地址。

如：
```
char a[10],*p;
p="China";          //正确，p 中存放的是字符串"China"的首地址
a="Hello";          //错误，不能整体赋值，a 是字符数组名，常量不能改变
```

（3）初始化的要求不同

字符数组一旦定义，在编译时即分配内存单元，有确定的地址，可以不进行初始化；

字符指针变量是一种特殊的指针变量，使用前必须对其初始化，否则会很危险。

（4）指针变量的值可以改变，数组名的值不能改变

字符数组名不是变量，不能改变值；

字符指针变量可以改变值，可以使用自增自减运算改变指针的位置。

如：
```
char a[10],*p;
  a++;             //错误
  p++;             //正确
```

（5）字符数组的元素内容可以更改，字符指针变量指向的字符串内容不可以更改

字符数组中各元素的值可以改变，利用赋值语句重新赋值；

字符指针变量指向的字符串的内容不可以被改变，因其指向的是一个字符串常量。

8.5 指针与函数

在 C 语言中，用程序实现复杂问题时，可以根据功能分别编写若干个函数，这种做法实现了

模块化特点。指针作为 C 语言的特色，与函数结合起来能够使更多复杂问题简单化。

8.5.1　指针变量作为函数参数

函数间传递参数的形式包括值传递和地址传递，如果传递的是值，则是单向值传递，被调用函数的执行不会影响调用函数的实参；如果传递的是地址，形参对应单元的内容的更改即影响实参内容的更改，因为两者是同一内存单元。

【例 8.13】　编写一个函数实现两个数的交换。

（1）错误方法

程序实现：

```
#include<stdio.h>
void swap(int x,int y)
{    int t;
     t=x;     x=y;     y=t;
}
void main()
{    int a=3,b=5;
     swap(a,b);
     printf("%d %d",a,b);
}
```

程序分析：函数的实参是整型变量 a、b，因此传递的是值，且是单向的，因此 x 和 y 的交换不会影响 a 和 b 内容的改变。

（2）正确方法

程序实现：

```
#include<stdio.h>
void swap(int *x,int *y)
{
     int t;
     t=*x;    *x=*y;    *y=t;
}
void main()
{
     int a=3,b=5;
     int *p1=&a,*p2=&b;
     swap(p1,p2);
     printf("%d %d\n",a,b);
}
```

程序测试：

```
5 3
Press any key to continue
```

程序分析：函数的实参是指针变量，其中存储的是地址，函数调用时，将实参的值传递给形参，相当于 int *x=p1; int *y=p2;，又可以改写为 int *x=&a; int *y=&b;。这样 x 和 y 即分别的指向 a 和 b，实现*x 和*y 的交换也就实现了 a 和 b 的交换。

8.5.2　数组的指针作为函数参数

第 7 章曾经讲过，数组名作为函数的实参，形参为对应的存储情况相同的数组，如果形参数组中各元素的值发生改变，实参数组元素的值也随之改变。由于数组名代表的是数组的首地址，而形参接收从实参传递过来的数组首元素的地址，因此形参应该是一个指针变量。而实际上 C 语言编译时都是将形参数组名作为指针变量来处理的。

用数组的指针即数组名作为函数的实参，有如图 8.13 所示的几种形式，第（1）种形式在函数章节中已经介绍过，其他方法中（2）、（3）两种形式用得较多。

```
int f(int x[],int n)
{  …  }

void main()
{     int a[10];
      …
      f(a,10);
      …
}
```
(1)

```
int f(int*x[],int n)
{  …  }

void main()
{     int a[10];
      …
      f(a,10);
      …
}
```
(2)

```
int f(int*x[],int n)
{  …  }

void main()
{     int a[10];*p=a;
      …
      f(p,10);
      …
}
```
(3)

```
int f(int x[],int n)
{  …  }

void main()
{     int a[10];*p=a;
      …
      f(p,10);
      …
}
```
(4)

图 8.13　数组的指针作为函数的实参

【例 8.14】　编写函数求一维数组的最大元素及其下标位置。

（1）图 8.13 中的第（2）种形式

程序实现：

```
#include <stdio.h>
int max_array(int *p, int n)
{
    int k=0,max=*p,i;
    for(i=0;i<n;i++)
        if(*(p+i)>max){max=*(p+i);k=i;}
    return k;
}
void main()
{
    int a[10]={23,43,52,23,5,22,33,35,96,34};
    int i,k;
    k=max_array(a,10);
    printf("\nmax=a[%d]=%d\n",k,a[k]);
}
```

（2）图 8.13 中的第（3）种形式

程序实现：

```
#include <stdio.h>
int max_array(int *q, int n)
{
    int k=0,max=*q,i;
    for(i=0;i<n;i++)
        if(*(q+i)>max){max=*(q+i);k=i;}
    return k;
}
void main()
{
    int a[10]={23,43,52,23,5,22,33,35,96,34};
    int i,k,*p=a;
    k=max_array(p,10);
    printf("\nmax=a[%d]=%d\n",k,*(p+k));
}
```

程序测试：

```
max=a[8]=96
Press any key to continue
```

注意　指针变量作为实参，必须使指针变量有确定值，即指向一个已定义的单元。

8.5.3　指向函数的指针

1. 函数指针的概念

指针变量可以指向整型变量、字符串、数组，也可以指向一个函数。一个函数在编译时被分配给一个入口地址，这个入口地址就称为函数的指针。可以用一个指针变量指向函数，然后通过该指针变量调用此函数。其定义的格式如下：

类型名　(*指针变量名)(参数列表)；

其中，“类型名”是函数指针所指向的函数的返回值的类型；“*指针变量名”两侧的括号不可省略，否则成为返回指针值的函数（即指针函数，后面小节介绍）；“参数列表”列出函数指针所指向函数的形参的数据类型。如果函数有形参，则定义时带上形参类型；如果没有形参，则定义时可省略。

例如：　`int (*p)(int,int);` 或 `int (*p)(int a,int b);`

上例表示定义一个指向函数的指针变量 p，但它并不是固定地指向某一个函数，程序中把哪个函数的地址赋给它，它就指向哪个函数。但要注意这个函数的返回值必须是整型，且有两个整型的参数。若上例指针变量指向某函数 max，此时 p 和 max 都指向函数的开头，如图 8.14 所示，调用*p 就是调用 max 函数。

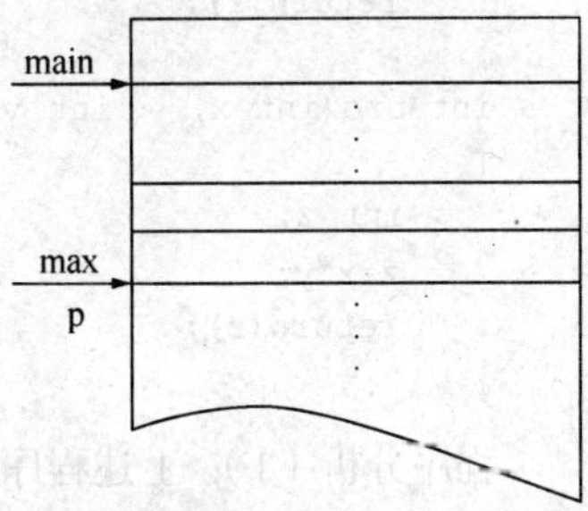

图 8.14　函数指针指向 max 函数

注意　函数指针 p 只能指向函数的入口处，不可能指向函数中间的某一条指令处，因此对函数指针变量 p 进行 p++，p+n，p--等运算无意义。

2. 函数指针的应用

用函数指针调用函数，必须首先使指针变量指向该函数，再用(*p)代替函数名。用函数名调用函数，只能调用所指定的一个函数，而通过指针变量调用函数比较灵活，可以根据不同情况调用不同的函数。

【例 8.15】　求两个整数的和、差以及乘积。

算法思路：利用函数指针指向不同的函数，即将不同的函数名赋予函数指针。

程序实现（1）：

```
#include <stdio.h>
void main()
{
    int add(int,int);
    int sub(int,int);
    int pro(int,int);
    int a,b,c,(*p)( int,int);
    scanf("%d,%d",&a,&b);
    p=add;
```

```
        c=(*p)(a,b);
        printf("max=%d\n", c);
        p=sub;
        c=(*p)(a,b);
        printf("sub=%d\n", c);
        p=pro;
        c=(*p)(a,b);
        printf("product=%d\n", c);
    }
    int add(int x,   int y)
    {
        int z;
        z=x+y;
        return(z);
    }
    int sub(int x,   int y)
    {
        int z;
        z=x-y;
        return(z);
    }
    int pro(int x,   int y)
    {
        int z;
        z=x*y;
        return(z);
    }
```

程序分析（1）：上述程序的实现只是简单地将函数指针替换各函数名，还不足以说明函数指针的优点，可以修改成如下形式。

程序实现（2）：

```
#include <stdio.h>
void main()
{
    int add(int,int);
    int sub(int,int);
    int pro(int,int);
    void process(int,int,int (*p)(int,int));
    int a,b,c;
    scanf("%d,%d",&a,&b);
    process(a,b,add);
    process(a,b,sub);
    process(a,b,pro);
}
void process(int x,int y,int (*p)(int,int))
{
    int result;
    result=(*p)(x,y);
    printf("%d\n", result);
}
int add(int x,   int y)
{
    int z;
    z=x+y;
```

```
        printf("add=");
        return(z);
    }
    int sub(int x,    int y)
    {
        int z;
        z=x-y;
        printf("sub=");
        return(z);
    }
    int pro(int x,  int y)
    {
        int z;
        z=x*y;
        printf("product=");
        return(z);
    }
```

程序测试：

```
5,3
add=8
sub=2
product=15
Press any key to continue
```

程序分析（2）：用函数指针变量作为参数，修改调用语句中参数的名字即实现不同函数的调用。

8.5.4　返回指针值的函数

函数返回值的类型除了整型、浮点型、字符型等基本数据类型外，还可以是指针类型，即函数可以返回一个地址。这种返回指针值的函数称为指针函数，定义的格式如下：

```
类型名  *函数名(参数列表);
```

与函数指针不同，此处的*和函数名不能加括号。例如：

```
int *a(int x, int y);      //该函数返回一个指向整型数据的指针
```

【例 8.16】　输入一个字符串和一个字符，如果该字符在已知字符串中，从该字符第一次出现位置开始输出字符串中剩余部分。

算法思路：

（1）逐个比较在字符串中找到输入的字符，返回字符所在的位置即地址；

（2）定义一个字符指针变量指向初始位置，利用%s 的格式输出；

（3）若该字符不在已知字符串中，返回空指针，输出“字符不在已知字符串中”字样。

程序实现：

```
#include <stdio.h>
void main()
{
    char *match(char *s, char ch);
    char ch,str[20],*p;
    p=NULL;
    printf("请输入字符串");
    scanf("%s",str);
    getchar();                                  //跳过输入字符串和字符之间的分隔符
    printf("请输入一个字符");
    scanf("%c",&ch);
```

```
    if((p=match(str,ch))!=NULL)              //调用函数 match
        printf("%s\n",p);
    else
        printf("字符不在已知字符串中\n");
}
char *match(char *s, char ch)                //函数返回值的类型是字符指针
{
    while(*s!='\0')
    {    if(*s==ch)    return s;             //若找到字符 ch，返回该字符的地址
         else          s++;                  //若没有找到字符 ch，继续下一个单元寻找
    }
    return NULL;
}
```

程序测试：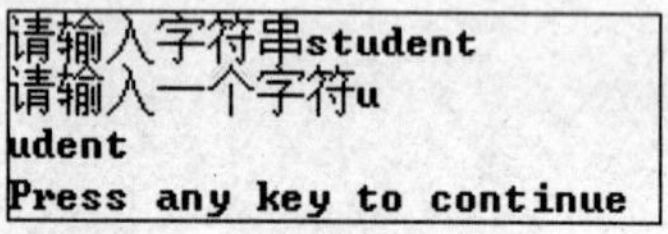

8.6 指向指针的指针

指针变量用于存放变量、函数等的地址，这种指针称为一级指针。如果指针变量中存放一级指针变量的地址，则称为二级指针，也称为指向指针的指针。指向指针的指针定义形式如下：

类型名 **变量名;

例如：

```
int a;
int *p1;     p1=&a;
int **p2;    p2=&p1;
```

指针变量 p1 指向 a，一级指针；指针变量 p2 指向 p1，二级指针，如图 8.15 所示。对变量 a 的值的应用可以直接引用，也可以通过一级指针引用*p1，或者通过二级指针引用**p2。

在 8.3.3 中讲到字符指针数组，每个指针数组元素存储一个字符指针，用于存放字符数据单元的地址。例如：

```
char *color[5]={"red","blue","yellow","green","black"},**p;   p=color;
```

每个元素 color[i]指向一个字符串，存储字符串的首地址。由于 color[i]是一个地址，也就是指针，可以再用一个变量存放这个指针，而存放指针的这个变量就是指向指针的指针。如图 8.16 所示，这里的指针 p 就是指向指针的指针。

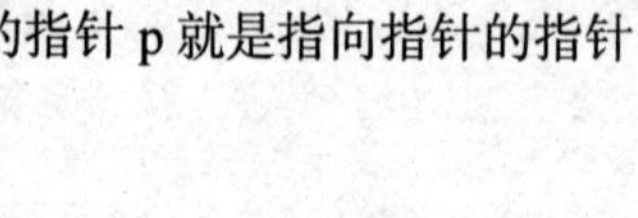

图 8.15 指向指针的指针

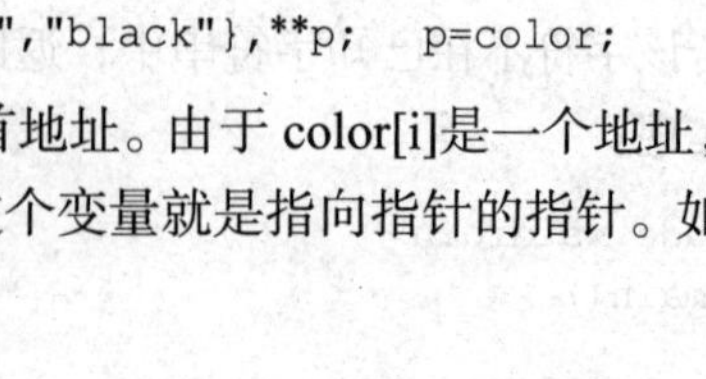

图 8.16 二级指针与指针数组

【例 8.17】　用指向指针的指针处理字符串。

程序实现：

```
#include <stdio.h>
void main()
{
    char *color[5]={"red","blue","yellow","green","black"};
    char **p;
    int i;
    for (i=0;i<5;i++)
    {   p=color+i;
        printf("%s\n",*p);
    }
}
```

程序测试：

```
red
blue
yellow
green
black
Press any key to continue
```

程序分析：

（1）定义一个指向指针的指针 p 和字符指针数组 color；

（2）指针 p 首先指向指针 color[0]，即字符串"red"的地址；

（3）利用 p=color+i 改变 p 的指向，移到下一个元素。也可以利用 p++;实现，但需要对 p 进行初始化；

（4）以%s 的格式输出，后面对应的该字符串的首地址，即*p。

8.7　指针与动态内存分配

数组的元素存储于内存中连续的位置上，当一个数组定义后，所需要的内存在编译时即被分配。然而数组的长度常常在运行时才知道，因为它所需要的内存空间取决于输入的数据。例如，一个用于计算某个班平均分的程序需要存储一个班级所有学生的数据，但不同班级的学生数量可能不同，如果仅仅靠定义一个较大的数组来处理，又可能会导致空间的浪费。因此，需要动态内存分配来解决。

动态内存分配是指在程序运行期间，根据程序的实际需要来分配一块大小合适的连续内存单元。通过系统提供的库函数来实现对内存的动态分配，主要有 malloc、calloc、free、realloc 这四个函数。

1. malloc 函数

malloc 函数原型为：

```
void *malloc(unsigned int size);
```

作用是在内存的动态存储区中分配一个长度为 size 的连续空间。若系统不能提供足够的内存单元，函数将返回空指针（NULL）。例如：

```
malloc(100);        //开辟 100 字节的存储单元，返回第一个字节的地址
```

> 注意
> （1）指针的基类型为void，即不指向任何类型的数据，只提供一个地址；
> （2）malloc前必须要加上一个指针类型转换符，如(int *)，因为malloc返回值是空类型的指针，要与左边的指针变量类型一致；
> （3）malloc的参数可以直接用数字表示，也可以写成：分配数量*sizeof（类型符）。

2. calloc函数

calloc函数原型为：

```
void *calloc(unsigned int n, unsigned int size);
```

作用是在内存的动态存储区分配 *n* 个长度为size的连续空间，分配成功返回指向起始位置的指针；分配不成功，返回NULL。例如：

```
calloc(50,sizeof(int));
```

上例表示分配50*2个字节（TC环境2.0环境下）的存储单元，返回第一个字节的地址。指针类型的转换和malloc同样处理。

3. realloc函数

realloc函数原型为：

```
void *realloc(void *p, unsigned int size);
```

作用是修改一个原先已经分配的内存块的大小，将p所指向的临时分配区大小改变为size。例如：

```
realloc(p,50);          //将p所指向的已分配的动态空间改为50字节
```

4. free函数

free函数原型为：

```
void free(void *p);
```

作用是释放由指针变量p所指向的动态空间，使这部分空间能被其他变量使用。free函数无返回值。例如：

```
free(p);                //释放指针变量p指向的已分配的动态空间
```

【例8.18】 输入学生人数及每位学生的成绩（成绩为整型数），输出学生的平均分、最高分和最低分，要求用动态内存分配实现。

算法思路：

（1）定义变量num、max、min、sum、ave分别代表学生人数、最大值、最小值、总和以及平均分。

（2）根据学生人数对学生成绩动态分配内存单元，由于成绩为整数，利用calloc(num,sizeof(int))。

（3）对分配的内存单元输入数据再进行计算。

程序实现：

```
#include <stdio.h>
#include <malloc.h>
#include <stdlib.h>
void main()
{
    int num,i,max,min;
    int *p;
```

```
    float sum,ave;
    printf("请输入学生人数: ");
    scanf("%d",&num);
    if(num<=0)   exit(0);                              //退出程序
    else  p=(int *)calloc(num,sizeof(int));            //为学生成绩动态分配内存单元
    if(p==NULL)   {   printf("空间不足! \n");      exit(0); }
    printf("请输入学生成绩: ");
    for(i=0;i<num;i++)
        scanf("%d",p+i);
    max=min=p[0];
    sum=p[0];
    for(i=1;i<num;i++)                                 //通过循环比较求最大值和最小值
    {   if(p[i]>max)      max=p[i];
        if(p[i]<min)      min=p[i];
        sum=sum+p[i];
    }
    printf("平均分为%f, 最高分为%d, 最低分为%d\n",sum/num,max,min);
    free(p);                                           //释放动态分配的内存空间
}
```

程序测试：

```
请输入学生人数: 10
请输入学生成绩: 90 80 70 86 78 76 89 98 60 45
平均分为77.200000, 最高分为98, 最低分为45
Press any key to continue
```

程序分析：本例为学生成绩动态分配内存空间的语句使用 calloc 函数，还可以利用 malloc 函数实现 p=(int *)malloc(num*sizeof(int));如果分配不成功则退出程序，分配成功则利用循环输入学生成绩存于动态内存空间。最后调用 free 函数释放所分配的内存。

8.8 应用举例

【例 8.19】　利用函数调用编程实现：判断输入的一串字符是否为“回文”。所谓“回文”是指顺读和倒读都一样的字符串，如“level”、“ABCCBA”都是回文。

算法思路：

（1）主函数中定义字符数组 str 存储输入的字符串，指针变量 s 指向该字符串。

（2）编写函数 ishuiwen 判断输入的字符串是否为“回文”，通过指针传递字符串的首地址给 ishuiwen 函数。

（3）判断字符串是否为“回文”，即判断从两端到中间的部分是否相等，因此要利用指针变量 q 找到串尾，再将两端指针向中间靠拢判断指针所指向的字符是否相等。

（4）根据函数的返回值输出是否为“回文”的结论。

程序实现：

```
#include <stdio.h>
int ishuiwen(char *p)
{
    char *q=p;
    while(*q!='\0')        q++;          //找到'\0', 此时 q 指向字符'\0'
    q--;                                 //'\0'不参与比较, 因此指针必须往前移动 1
```

```
    while(p<q)
    {    if(*p==*q)
         {   p++; q--;          }           //p和q所指单元内容相等，指针向中间靠拢
         else return 0;
    }
    return 1;
}
void main()
{
    char *s,str[20];
    int result;
    s=str;
    printf("请输入一串字符：");
    scanf("%s",str);
    result=ishuiwen(s);
    if(result==0)  printf("这串字符不是回文！\n");
    else           printf("这串字符是回文！\n");
}
```

程序测试：

```
请输入一串字符：level
这串字符是回文!
Press any key to continue
```

```
请输入一串字符：ABC
这串字符不是回文!
Press any key to continue
```

【例 8.20】 用动态内存分配的方法开辟 100 个字节来存放 5 个字符串，利用函数调用实现：找出 5 个字符串中最小的字符串并输出。

算法思路：

（1）定义字符指针数组 color，指向指针的指针变量 p，p 指向 color 数组的第一个元素。

（2）利用 malloc 函数动态分配内存。

（3）编写函数 find 找字符串中最小的一个，传递二级指针 p，在函数中利用 strcmp 函数进行比较，定义一个指针 q 指向最小的字符串。

（4）定义字符指针变量 s，函数 find 返回指向最小字符串的指针赋给指针变量 s，并在主函数进行输出。

程序实现：

```
#include <stdio.h>
#include <string.h>
#include <malloc.h>
char *find(char **p,int n)
{
    char *q;     int i;
    q=*p;
    for(i=0;i<n;i++)
        if(strcmp(q,*(p+i))>0)   q=*(p+i);
        //比较两个字符串的大小，如果前者大返回正值，并修改q的指向
    return q;                                           //返回最小字符串的指针
}
void main()
{
    char *color[5];
    char **p;
    char *s;
    int i;
```

```
    for(i=0;i<5;i++)
    {   color[i]=(char *)malloc(20*sizeof(char));    //动态分配内存给每个指针数组元素
        printf("第%d个字符串为：",i+1);
        scanf("%s",color[i]);
    }
    p=color;
    s=find(p,5);
    printf("最小的字符串是：%s\n",s);
    for(i=0;i<5;i++)
        free(color[i]);                              //循环释放所有的指针数组所指向的空间
}
```

程序测试：

```
第1个字符串为：red
第2个字符串为：blue
第3个字符串为：yellow
第4个字符串为：green
第5个字符串为：black
最小的字符串是：black
Press any key to continue
```

练 习 题

一、单选题

1. 变量的指针，其含义是指该变量的（　　）。

（A）值　　（B）地址　　（C）名　　（D）一个标志

2. 设有说明 int (*ptr)[M]; 其中 ptr 是（　　）。

（A）*M* 个指向整型变量的指针

（B）指向 *M* 个整型变量的函数指针

（C）一个指向具有 *M* 个整型元素的一维数组的指针

（D）具有 *M* 个指针元素的一维指针数组，每个元素都只能指向整型变量

3. 对于基类型相同的两个指针变量之间，不能进行的运算是（　　）。

（A）<　　（B）=　　（C）+　　（D）–

4. 若有定义：int a[5]; 则 a 数组中首元素的地址可以表示为（　　）。

（A）&a　　（B）a+1　　（C）a　　（D）&a[1]

5. 以下与 int *q[5]; 等价的定义语句是（　　）。

（A）int q[5]　　（B）int *q　　（C）int *(q[5]);　　（D）int (*q)[5];

6. 若有以下定义，则*(p+5)表示（　　）。

（A）元素 a[5]的地址　　（B）元素 a[5]的值

（C）元素 a[6]的地址　　（D）元素 a[6]的值

7. 若有定义：int *p[4]; 则标识符 p（　　）。

（A）是一个指向整型变量的指针

（B）是一个指针数组名

（C）是一个指针，它指向一个含有四个整型元素的一维数组

（D）说明不合法

8. 若有以下定义，则对 a 数组元素的正确引用是（　　）。

```
int a[5], *p=a;
```

（A）*&a[5]　　（B）a+2　　（C）*(p+5)　　（D）*(a+2)

9. 若有以下定义，则对 a 数组元素地址的正确引用是（　　）。

```
int a[5], *p=a;
```

（A）p+5　　（B）*a+1　　（C）&a+1　　（D）&a[0]

10. 有如下说明：

```
int a[10]={1,2,3,4,5,6,7,8,9,10},*p=a;
```

则数值为 9 的表达式是（　　）。

（A）*p+9　　（B）*(p+8)　　（C）*p+=9　　（D）p+8

11. 若有下列说明和语句：int a[4][5], (*p)[5];　p = a; 则对 a 数组元素的正确引用是（　　）。

（A）p+1　　（B）*(p+3)　　（C）*(p+1)+3　　（D）*(*p+2)

12. 若有以下定义和语句，则输出结果是（　　）。

```
int **pp,*p,a=10,b=20;
pp=&p;
p=&a;
p=&b;
printf("%d,%d\n",*p,**pp);
```

（A）10,20　　（B）10,10　　（C）20,10　　（D）20,20

13. 以下程序输出的结果是（　　）。

```
#include <stdio.h>
void main()
{
    int a=5,*p1,**p2;
    p1=&a,p2=&p1;
     (*p1)++;
    printf("%d\n",**p2);
}
```

（A）5　　（B）4　　（C）6　　（D）不确定

14. 下列程序的输出结果是（　　）。

```
#include <stdio.h>
void main()
{
    static int num[5]={2,4,6,8,10};
    int *n,**m;
    n=num;
    m=&n;
    printf("%d",*(n++));
    printf("%d\n",**m));
}
```

（A）4　4　　（B）2　2　　（C）2　4　　（D）4　6

15. 执行以下程序后，y 的值是（　　）。

```
#include <stdio.h>
```

```
void main()
{
    int a[]={2,4,6,8,10};
    int y=1,x,*p;
    p=&a[1];
    for(x=0;x<3;x++)
        y+=*(p+x);
    printf("%d\n",y);
}
```

（A）17　　　　　　（B）18　　　　　　（C）19　　　　　　（D）20

二、填空题

1. 若有定义：int a[2][3]={2,4,6,8,10,12}; 则*（&a[0][0]+2*2+1）的值是________，*（a[1]+2）的值是________。

2. 定义语句 int *f ( );和 int (*f) ( );的含义分别为________和________。

3. 若定义 char *p="abcd";则 printf("%d",*(p+4));的结果为________。

4. 以下函数用来求出两整数之和，并通过形参将结果传回，请填空。

```
void func(int x,int y,________)
{ *z=x+y; }
```

5. 若有以下定义，则通过指针 p 引用值为 98 的数组元素的表达式是________。

```
int w[10]={23,54,10,33,47,98,72,80,61}, *p=w;
```

6. int a[10];则 a[i]的地址可表示为________或________，a[i]可表示为________。

7. 在 C 语言中，对于二维数组 a[i][j]的地址可表示为________或________。其中，对于 a[i]来说，它是一个________。

8. 一个指针变量 p 和数组变量 a 的说明如下：

```
int a[10],*p;
```

则 p=&a[1]+2 的含义是指针 p 指向数组 a 的第________个元素。

9. 一个数组，其元素均为指针类型数据，这样的数组叫________。

10. int *p[4]表示一个________，int(*p)[4]表示________。

三、读程序写结果题

1. 以下程序的执行结果是________。

```
#include <stdio.h>
void main ( )
  {
      int i, j;
      int *p,*q;
      i=2;  j=10;
      p=&i;  q=&j;
      *p=10;  *q=2;
      printf("i=%d, j=%d\n", i, j);
  }
```

2. 以下程序的执行结果是________。

```
#include <stdio.h>
void main ( )
{
```

```
    int **p,*q;
    i=10;  q=&i;  p=&q;
    printf("%d\n", **p);
}
```

3. 以下程序的执行结果是________。

```
#include <stdio.h>
void main ( )
{
    int *p;  int i;
    p=&i;  *p=2;
    p++;  *p=5;
    printf("%d,", *p);
    p--;
    printf("%d\n", *p);
}
```

4. 以下程序的执行结果是________。

```
#include <stdio.h>
void main ( )
{
    int *p, i;
    i=5;  p=&i;
    i=*p+10;
    printf("i=%d\n", i);
}
```

5. 以下程序的执行结果是________。

```
#include <stdio.h>
void main ( )
{
    char s[ ]="abcdefg";
    char *p;
    p=s;
    printf("ch=%c\n", *(p+5));
}
```

四、程序填空题

1. 以下程序的功能是：通过指针操作，找出3个整数中的最小值并输出。

```
#include <stdio.h>
void main ( )
{
    int *a, *b, *c, mun, x, y, z;
    a=&x;   b=&y;   c=&z;
    printf ("输入3个整数: ");
    scanf ("%d%d%d", a, b, c);
    printf ("%d, %d, %d\n", *a, *b, *c);
    num=*a;
    if(*a>*b)_______;
    if(num>*c)_______;
    printf ("输出最小整数: %d\n", num);
}
```

2. 下面程序是把从终端读入的一行字符作为字符串放在字符数组中，然后输出。

```
int i;  char s[80], *p;
for ( i=0; i<79; i++ )
{   s[i]=getchar( );
  if ( s[i]= ='\n')  break;
}
s[i]=_______;
p=_______;
while ( *p )   putchar ( *p++);
```

3. 下面程序是判断输入的字符串是否是“回文”（顺读和倒读都一样的字符串称“回文”，如 level）。

```
#include <stdio.h>
#include <string.h>
void main ( )
{
     char s[81], *p1, *p2;  int n;
     gets ( s );
     n=strlen ( s );
     p1=s;
     p2=_______;
     while (_______)
     {   if ( *p1!= *p2 ) break;
         else {
                   p1++;_______;
                 }
     }
     if (p1<p2)    printf ("NO\n");
     else          printf ("YES\n");
}
```

4. 以下函数把 b 字符串连接到 a 字符串的后面，并返回 a 中新字符串的长度。

```
Strcen(char a[], char b[])
{
     int num=0,n=0;
     while(*(a+num)!=_______)    num++;
     while(b[n])
     {     *(a+num)=b[n];
        num++;
        _______;
     }
     return(num);
}
```

五、编程题

1. 编写一个程序计算一个字符串的长度。请用指针完成。

2. 编写一个程序，用 12 个月份的英文名称初始化一个字符指针数组，当键盘输入整数为 1 到 12 时，显示相应的月份名，键入其他整数时显示错误信息。

3. 编写一个程序，将字符串 computer 赋给一个字符数组，然后从第一个字母开始间隔地输出该串。请用指针完成。

4. 编写一个程序，将字符串中的第 *m* 个字符开始的全部字符复制成另一个字符串。要求在主函数中输入字符串及 *m* 的值并输出复制结果，在被调函数中完成复制。

第9章 结构体

我们在前面学习了一些基本类型，如整型、实型、字符型等，但是只有这些数据类型是不够的。现实世界中的数据表示更复杂，有时需要将不同类型的数据组合成一个有机的整体去引用。这些组合在一个整体中的数据是相互联系的，如一个学生的学号、姓名、性别、年龄、成绩、家庭地址等项，这些项都与某一学生相联系，如图 9.1 所示。可以看到学号（num）、姓名（name）、性别（sex）、年龄（age）、成绩（score）、家庭住址（addr）是属于 Li Fun 的。如果将这些分别定义为互相独立的变量，是难以反映它们之间内在联系的。应当把它们组织成一个组合项，这个组合项中可以包含若干个类型的数据项。C 语言允许用户指定这样一种数据结构，称为结构体。本章主要介绍结构体的声明、结构体变量的引用、结构体数组、结构体指针、共用体、枚举类型以及自定义类型标识符。

num	narne	sex	age	score	addr
10010	Li Fun	M	18	87.5	Beijing

（将不同类型的数据组合成一个有机的整体）

图 9.1 学生结构

9.1 结 构 体

如果程序中要用到图 9.1 所表示的数据结构，用户就要在程序中先建立所需的结构体类型，即声明结构体。

9.1.1 声明结构体

结构体的声明形式为：

```
struct 结构体名
{
    成员表列
}；
```

其中成员表列由若干个成员组成，每个成员都是该结构的一个组成部分。对每个成员也必须作类型说明，其形式为：

```
类型  成员名；
```

以一个学生的属性：学号（num）、姓名（name）、性别（sex）、年龄（age)为例，来建立一个结构体类型。

```
struct student
{
    int     num;
    char    name[20];
    char    sex;
    int     age;
};
```

> 说明：结构体类型名为：struct student，其中 struct 是定义结构体类型的关键字。student 为结构体名，结构体命名必须符合 C 语言标识符的规定。num，name，sex，age 等称为结构体成员。

9.1.2 定义结构体变量

声明一种结构体类型，系统不会为之分配实际的内存单元。为了能在程序中使用结构体类型的数据，我们应当定义结构体类型的变量，并在其中存放具体的数据。我们通常可以采用以下三种方式定义结构体变量。

1. 先定义结构体类型再定义结构体变量

如上已经定义了一个结构体类型 struct student，可以用它来定义变量。例如：

```
struct  student stu1,stu2;
```

上面定义了 stu1 和 stu2 为 struct student 类型的变量，系统就会为这两个变量按照 struct student 的定义分配内存空间，如图 9.2 所示。

num(4)	name(20)	sex(1)	age(4)

图 9.2 struct student 内存分配

stu1 和 stu2 在 VC++中分配的内存为 29 个字节（4+20+1+4）。

2. 定义结构体类型的同时定义变量

例如：

```
struct student
{
    int     num;
    char    name[20];
    char    sex;
    int     age;
}stu1,stu2;
```

它的作用与第一种方法相同，只是将类型的声明与变量的定义放在一起进行，能直接看到结构体的结构，比较直观。

3. 不指定结构体名而直接定义结构体类型变量

一般形式为：

```
struct
{
  成员表列
}变量名表列;
```

如：

```
struct
{
    int    num;
    char   name[20];
    char   sex;
    int    age;
}stu1,stu2;
```

注意

没有结构体名表示不能用此结构体类型去定义其他变量，所以这种方式用得不多。

关于结构体类型,有以下几点需要说明。

（1）结构体类型和结构体变量是不同的概念，不能混淆。在编译的时候，根据结构体的声明，给结构体变量分配内存空间。

（2）结构体类型的声明可以放在函数里，也可以放在函数外。

（3）结构体中的成员可以单独使用，相当于普通变量，引用方法见 9.1.3 节内容。

（4）结构体中的成员也可以是一个结构体变量。如下：

```
struct  date              // 定义一个日期型结构体类型
{
    int year;             //年
    int month;            //月
    int day;              //日
};
struct  student           // 定义一个学生型结构体类型
{
    int   num;            //学号
    char  name[20];       //姓名
    char  sex;            //性别
    int   age;            //年龄
    struct date birthday;//birthday 是 struct date 类型
}stu1,stu2;
```

stu1，stu2 的结构如图 9.3 所示，学生的 birthday 是另外一个结构体类型的变量。

<table>
<tr><td rowspan="2">num(4)</td><td rowspan="2">name(20)</td><td rowspan="2">sex(1)</td><td rowspan="2">age(4)</td><td colspan="3">birthday(12)</td></tr>
<tr><td>year(4)</td><td>month(4)</td><td>day(4)</td></tr>
</table>

图 9.3　struct　student 的结构

（5）结构体成员名可以与程序中的其他位置的变量名相同。二者不代表同一对象，可以在程序中另外定义一个 num，它与结构体中的 num 互不干扰。

9.1.3　引用结构体变量

定义好结构体变量后就可以引用这个变量，引用时应遵守以下规则。

（1）不能将一个结构体变量作为一个整体进行输入输出，而只能对结构体变量中的各个成员分别进行输入和输出。例如:如下的引用方式是不正确的。

```
printf("%d,%s,%c,%d\n",stu1); //stu1 是结构体变量名
```

正确的结构体变量成员的引用格式为:

```
结构体变量名.成员名
```

"." 是成员运算符，它的优先级最高。stu1.num 表示 num 是 stu1 的成员。

（2）如果成员本身又是一个结构体类型，则要用若干个成员运算符，一级一级地找到最低一级的成员。只能对最低一级的成员进行赋值。

例如:

```
stu1.birthday.year=2012;
stu1.birthday.month=10;
stu1.birthday.day=22;
```

（3）对结构体变量成员可以像普通变量一样进行各种运算。

例如:

```
stu1.num++;
stu1.score=stu2.score;
stu1.age+=2;
```

（4）可以引用结构体变量成员的地址，也可以引用结构体变量的地址。

例如:

```
scanf("%d",&stu1.num);     //输入一个整数给结构体成员 stu1.num
printf("%o\n",&stu1);      //输出结构体变量的首地址
```

（5）同类型结构体变量可以进行整体赋值。

例如:

```
struct  student stu1,stu2;
   stu1 = stu2;
```

表示将 stu2 的成员的值赋给 stu1 对应的成员。

9.1.4 结构体变量的初始化

和其他类型一样，对结构体变量可以在定义时指定初始值。

【例 9.1】 结构体变量的初始化。

```
#include<stdio.h>
struct date        // 定义一个日期型结构体类型
{
     int year;
     int month;
     int day;
};
struct student     // 定义一个学生型结构体类型
{
     int num;
     char name[20];
     char sex;
     int age;
```

```
    struct date birthday;
}stu1={1001,"Mary",'F',18,{1996,10,28}};  //结构体变量初始化
void main()
{
        printf("num=%d  name=%s  sex=%c  age=%d birthday = %d-%d-%d\n",
        stu1.num,stu1.name,stu1.sex,stu1.age,
        stu1.birthday.year,stu1.birthday.month,stu1.birthday.day);
}
```

运行测试：

```
num=1001  name=Mary  sex=F  age=18 birthday = 1996-10-28
Press any key to continue
```

注意 如果初值个数少于结构体成员个数，则无初值的成员按类型赋默认初始值（整型、浮点型为 0，字符为'\0'）；如果初值个数多于结构体成员个数，则编译出错。

9.2 结构体数组

一个结构体变量只能存放一个学生的信息，对于多个学生的信息，可以使用结构体数组来存放。结构体数组与之前介绍过的数组的不同之处在于每个数组元素是一个结构体类型的数据，它们都包括各个成员项。如图 9.4 所示，有

整型类型数组 int a[10]={1,2,3,4,5,6,7,8,9,10};

结构体类型数组 struct student stu[2]={{1001,"LiMing ",'M',18,89.5,"HubeiEnshi "},{1002,"ZhangJun ",'F',17,98,"HubeiYichang "}};。

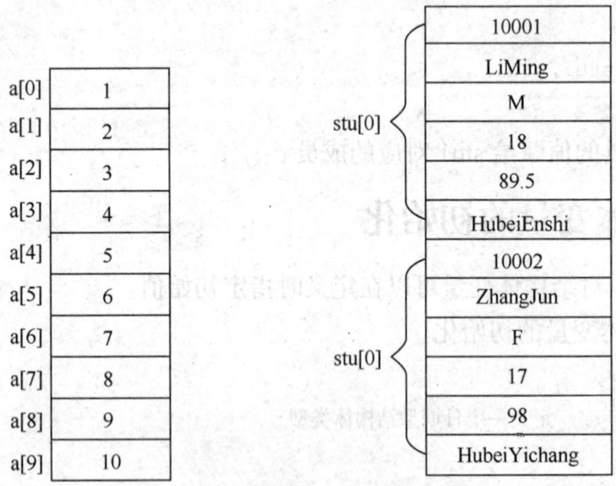

图 9.4　整型数组与结构体数组

9.2.1　定义结构体数组

定义结构体数组的方法与定义普通数组的方法类似：

```
结构体类型    数组名[数组的长度];
```

可以采用以下三种方式定义结构体数组。

1. 先定义结构体类型再定义结构体数组

例如：

```
struct student
{
    int     num;
    char    name[20];
    char    sex;
    int     age;
};
struct student stu[3];
```

上例定义了一个一维数组 stu，包含三个元素，均为 struct student 类型的数据。

2. 定义结构体类型的同时定义结构体数组

例如：

```
struct student
{
    int     num;
    char    name[20];
    char    sex;
    int     age;
}stu[3];
```

3. 直接定义结构体数组

例如：

```
struct
{
    int     num;
    char    name[20];
    char    sex;
    int     age;
}stu[3];
```

9.2.2　结构体数组的初始化

可以在定义结构体数组的时候进行初始化，将每个数组元素的数据用花括号{} 括起来。

【例 9.2】　结构体数组初始化。

```
#include<stdio.h>
struct date
{
    int year;
    int month;
    int day;
};

struct student
{
    int num;
    char name[20];
    char sex;
    int age;
    struct date birthday;
};
```

```
void main()
{
    struct student stu[3]={{1001,"ALEX ",'M',18,{1996,10,28}},
    {1002,"MARY ",'M',20,{1994,6,26}},{1003,"LISA",'F',20,{1994,10,22}}};
    int i;
    for (i=0;i<3;i++)
    {
        printf("num=%d  name=%s  sex=%c  age=%d birthday = %d-%d-%d\n",
        stu[i].num,stu[i].name,stu[i].sex,stu[i].age,stu[i].birthday.year,
        stu[i].birthday.month,stu[i].birthday.day);
    }
}
```

运行测试：

```
num=1001  name=MARY  sex=F  age=18 birthday = 1996-10-28
num=1002  name=ALEX  sex=M  age=20 birthday = 1994-6-26
num=1003  name=LISA  sex=F  age=20 birthday = 1994-10-22
Press any key to continue
```

结构体数组在内存中的存放如图 9.5 所示。

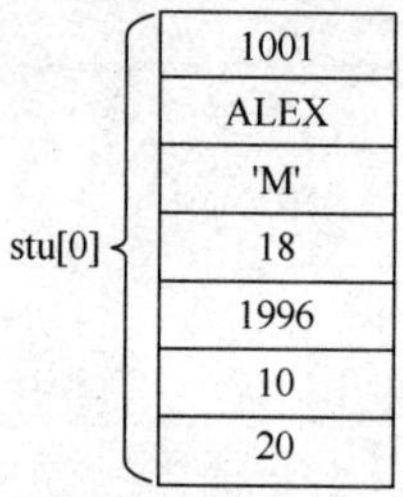

图 9.5　结构体数组在内存中的存放

说明

（1）如果对于数组中的元素全部赋值，长度可省略。

```
struct student stu[]={{1001,"ALEX",'M',18,{1996,10,28}},
{1002,"LISA",'M',19,{1995,6,26}},{1003,"MARY",'F',20,{1994,10,22}}};
```

（2）可部分赋初值。

```
struct student stu[3]={{1001,"ALEX",'M',18,{1996,10,28}},
{1002},{1003,"MARY",'F',20,{1994,10,22}}};
```

（3）内层括号可省略,但数组中的元素必须全部赋值。

```
struct student stu[3]={1001,"ALEX",'M',18,1996,10,28,
1002,"LISA",'M',19,1995,6,26,1003,"MARY",'F',20,1994,10,22};
```

9.2.3　引用结构体数组元素

结构体数组元素引用时和之前介绍的数组元素的引用方法类似。

（1）引用某个数组元素的成员。

例如：stu[0].num

（2）数组元素之间可以整体赋值。

例如：stu[2]=stu[0];

（3）只能对数组元素的成员进行输入和输出操作。

例如：

```
printf("num=%d  name=%s  sex=%c  age=%d birthday = %d-%d-%d\n",
stu[0].num,stu[0].name,stu[0].sex,stu[0].age,stu[0].birthday.year,stu[0].birthday.
month,stu[0].birthday.day);
```

【例 9.3】 有三个学生信息，每个学生信息包含学生的学号、姓名、出生日期。从键盘输入这三个学生的数据然后再输出到屏幕。

算法思路：

（1）声明日期型结构体类型，包含成员：年、月、日。

（2）声明学生型结构体类型，包含成员：学生的学号、姓名，日期型变量生日日期。

（3）定义学生型结构体数组，通过循环语句完成学生数据的输入与输出。

```
#include <stdio.h>
struct date
{
    int year;
    int month;
    int day;
};
struct student
{
    int num;
    char name[20];
    struct date birthday;
};
void main()
{
  struct student stu[3];
  int i;
  printf("请输入 3 个学生的信息");
  for (i=0;i<3;i++)
  {
      printf("\n 请输入第%d 个学生的学号:",i+1);
      scanf("%d",&stu[i].num);
      printf("请输入第%d 个学生的姓名:",i+1);
      scanf("%s",stu[i].name);
      printf("请输入第%d 个学生的出生年月日:",i+1);
     scanf("%d%d%d",&stu[i].birthday.year,&stu[i].birthday.month,&stu[i].birthday.day);
     //printf("\n");
  }
  for (i=0;i<3;i++)
  {
      printf("\n 第%d 个学生的学号:%d\n",i+1,stu[i].num);
      printf("第%d 个学生的姓名:%s\n",i+1,stu[i].name);
    printf("第 %d 个学生的出生年月日： %d-%d-%d\n",i+1,stu[i].birthday.year,stu[i].
birthday.month,stu[i].birthday.day);
  }
}
```

运行测试：

```
请输入3个学生的信息
请输入第1个学生的学号:1001
请输入第1个学生的姓名:ALEX
请输入第1个学生的出生年月日:1995 6 26

请输入第2个学生的学号:1002
请输入第2个学生的姓名:LISA
请输入第2个学生的出生年月日:1996 10 28

请输入第3个学生的学号:1003
请输入第3个学生的姓名:MARY
请输入第3个学生的出生年月日:1997 10 22

第1个学生的学号:1001
第1个学生的姓名:ALEX
第1个学生的出生年月日：1995-6-26

第2个学生的学号:1002
第2个学生的姓名:LISA
第2个学生的出生年月日：1996-10-28

第3个学生的学号:1003
第3个学生的姓名:MARY
第3个学生的出生年月日：1997-10-22
Press any key to continue
```

9.3 结构体指针

一个结构体变量的内存起始地址就是该结构体变量的指针，可以将这个地址存放在一个指针变量中，那么该指针变量就是指向这个结构体的指针变量。与基本类型指针变量相似，结构体指针变量存储结构体变量的地址或结构体数组的地址，通过间接方式操作对应的变量和数组。

9.3.1 指向结构体变量的指针变量

指向结构体变量的指针变量定义形式：

结构体类型说明符　　*指针变量名；

下面通过例子来说明。

【例 9.4】　通过结构体指针变量输出其指向的结构体变量信息。

```
#include <stdio.h>
#include <string.h>
struct student
{
    int num;
    char name[20];
    char sex;
    int age;
};
void main()
{
    struct student stu1;
    struct student *pst1;
    pst1 = &stu1;
    stu1.num = 1001;
    strcpy(stu1.name, "Alex");
    stu1.sex ='M';
    stu1.age = 19;
```

```
printf("num=%d  name=%s  sex=%c  age=%d\n",
    stu1.num,stu1.name,stu1.sex,stu1.age);
  printf("num=%d  name=%s  sex=%c  age=%d\n",
    pst1->num,pst1->name,pst1->sex,pst1->age);
  printf("num=%d  name=%s  sex=%c  age=%d\n",
     (*pst1).num,(*pst1).name,(*pst1).sex,(*pst1).age);
}
```

运行测试：

```
num=1001  name=Alex  sex=M  age=19
num=1001  name=Alex  sex=M  age=19
num=1001  name=Alex  sex=M  age=19
Press any key to continue
```

在本例中，通过语句 struct student *pst1;定义了一个结构体指针变量 pst1，将 stu1 的地址赋给它后（pst1 = &stu1;），它指向了 stu1。如图 9.6 所示。通过三条 printf 语句输出结果是相同的。

因此，引用结构体成员的方式有以下三种。

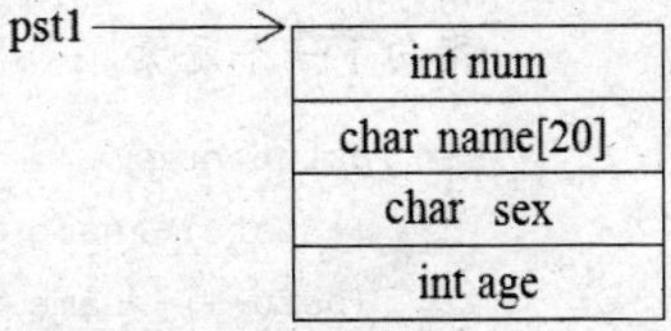

图 9.6　结构体指针变量 pst1

1. 结构体变量.成员名

例如：stu1.num

2. 指向结构体的指针变量->成员名

例如：pst1->num

3.（*指向结构体的指针变量）.成员名

例如：(*pst1).num

*pst1 表示 pst1 指向的结构体变量 stu1，(*pst1).num 表示是 pst1 指向的结构体变量 stu1 的成员 num。*pst1 两侧的括号不能省略，因为运算符"."优先于"*"运算符，*pst1.num 就等价于*(pst1.num)。

请注意以下几种运算的含义。

例如：

```
struct student stu1;
struct student *pst1;
pst1 = &stu1;
stu1.num = 1001;
p→num          得到成员 num 的值。
p→num++        得到成员 num 的值，使用完该值后使它加 1。
++p→num        得到成员 num 的值，使之先加 1，再使用。
```

9.3.2　指向结构体数组的指针

结构体数组可用指针方式来访问，方便数组元素的引用，提高数组的访问效率。

【例 9.5】　指向结构体数组的指针。

```
#include<stdio.h>
struct student
{
    int num;
    char name[20];
    char sex;
    int age;
};
void main()
{
    struct student stu[3]={{1001,"ALEX",'M',18},
```

```
        {1002,"LISA",'M',19},
        {1003,"MARY",'F',20}};
    struct student *pstu;
    for (pstu=stu;pstu<stu+3;pstu++)
    {
        printf("num=%d  name=%s  sex=%c  age=%d\n",
              pstu->num,pstu->name,pstu->sex,pstu->age);
    }
}
```

运行测试：

```
num=1001   name=ALEX   sex=M   age=18
num=1002   name=LISA   sex=M   age=19
num=1003   name=MARY   sex=F   age=20
Press any key to continue
```

说明

（1）如图 9.7 所示，若 pstu 的初始值为数组名 stu，即指向第一个元素，则 pstu +1 指向下一个元素。

pstu->num	pstu 指向的结构体中成员 num 的值。
(++pstu)->name	pstu 自加 1，再得到所指元素中 name 的值。
(pstu++)->name	先得到 pstu->name 值，再使 pstu 自加 1，指向 stu[1]。

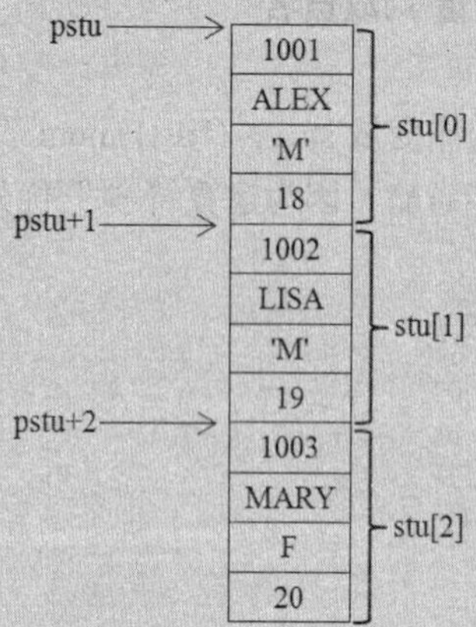

图 9.7　pstu 的指向

（2）指针 p 已定义指向 struct　student 类型的数据，它只能指向一个结构体型数据，而不能指向元素中的某一成员。

注意

若　`struct  student stu[3], *p;`

　　`p=stu;`

则　`p=&stu[0];`　　√

　　`p=&stu[0].name;`　×

9.3.3　用结构体变量和指向结构体的指针作函数参数

结构体成员变量的值、结构体变量和指向结构体的指针变量都可以用来作函数参数，方法如下。

1．用结构体成员变量做参数

此方法与第 7 章函数介绍的简单变量作参数一样，属于“值传递”方式，形参值的改变不会影响实参的值。在传递的时候要注意形参与实参在类型上要保持一致。

【例 9.6】　有一个结构体变量，内含学生学号、姓名和三门课程的成绩，输出学生三门课的平均成绩。

```
#include <stdio.h>
struct student
{
    int num;
    char *name;
    float score[3];
};
float average(float score1,float score2,float score3)
{
    float aver;
    aver = (score1+score2+score3)/3;
    return aver;
}
void main()
{

    struct student stu;
    float aver;
    stu.num = 1001;
    stu.name = "Mary";
    stu.score[0]=87.6f;
    stu.score[1]=78.2f;
    stu.score[2]=84.1f;
    aver = average(stu.score[0],stu.score[1],stu.score[2]);
    printf("num=%d  name=%s  average=%f\n",stu.num,stu.name,aver);
}
```

运行测试：

```
num=1001  name=Mary  average=83.299998
Press any key to continue
```

2. 用结构体变量做参数

结构体变量的传递采用的也是“值传递”的方式，形参值的改变不会影响实参的值。传递的时候形参与实参的类型必须相同。形参在函数调用期间也要占用内存单元，因此这种传递方式在空间与时间上开销较大。

【例 9.7】　将上题改为用结构体变量做参数。

```
#include<stdio.h>
struct student
{
    int num;
    char *name;
    float score[3];
};
float average(struct student stud)
{
    float aver;
    float sum=0;
    int i;
    for (i=0;i<3;i++)
    {
        sum+=stud.score[i];
    }
```

```
        aver = sum/3;
        return aver;

    }
    void main()
    {

        struct student stu;
        float aver;
        stu.num = 1001;
        stu.name = "Mary";
        stu.score[0]=87.6f;
        stu.score[1]=78.2f;
        stu.score[2]=84.1f;
        aver=average(stu);
        printf("num=%d  name=%s  average=%f\n",stu.num,stu.name,aver);
    }
```

运行测试：

```
num=1001  name=Mary  average=83.299998
Press any key to continue
```

3. 指向结构体变量（或数组）的指针做参数

用指向结构体变量（或数组）的指针做实参是经常采用的一种方法。形参指针和实形指针都指向同一存储单元，形参值的改变会影响实参的值。这种特点为函数返回多个数据提供了途径。

【例 9.8】 将上题改为指向结构体变量的指针变量作为参数。

```
#include<stdio.h>
struct student
{
    int num;
    char *name;
    float score[3];
};
float average(struct student *pstu)
{
    float aver;
    float sum=0;
    int i;
    for (i=0;i<3;i++)
    {
        sum+=pstu->score[i];
    }
    aver = sum/3;
    return aver;
}
void main()
{
    struct student stu;
    float aver;
    stu.num = 1001;
    stu.name = "Mary";
    stu.score[0]=87.6f;
    stu.score[1]=78.2f;
    stu.score[2]=84.1f;
```

```
    aver=average(&stu);
    printf("num=%d  name=%s  average=%f\n",stu.num,stu.name,aver);
}
```

运行测试：

```
num=1001  name=Mary  average=83.299998
Press any key to continue
```

9.4　共　用　体

在进行某些算法的C语言编程的时候,需要将几种不同类型的变量存放到同一段内存单元中。这种几个不同的变量共同占用一段内存的结构，在 C 语言中称作“共用体”类型结构，简称共用体。在某些书籍中可能称之为“联合体”，但是“共用体”更能反映该类型在内存的特点。

9.4.1　共用体的定义

一般定义形式：

```
union 共用体名
{
成员表列
}变量表列;
```

例如：

```
union data
{
    int i;
    char ch;
    float f;
}a;
```

或者

```
union data
{
    int i;
    char ch;
    float f;
}
union data a;
```

或者

```
union
{
    int i;
    char ch;
    float f;
}a;
```

我们可以看到共用体和结构体的定义形式相似，但它们的含义是不同的。结构体变量所占用内存长度是各成员的内存长度之和，每个成员分别占有自己的内存单元；而共用体变量所占的内存长度等于最长的成员长度。例如，上面定义的共用体变量 a 占 4 个字节，而不是 4+1+4=9 个字节，如图 9.8 所示。

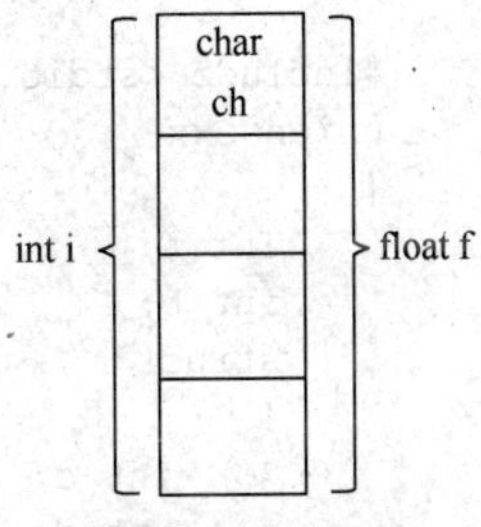

图 9.8　共用体变量 a 的存储结构

9.4.2 共用体变量的引用方式

共用体变量不能直接引用，和结构体变量一样只能引用里面的某个成员。引用形式为：

共用体变量名.成员名

例如：

```
union data
{
    int i;
    char ch;
    float f;
}a;
```

对于这里定义的共用体变量 a，下面的引用方式是正确的。

（1）a.i (引用共用体变量中的整型变量 i)。

（2）a.ch (引用共用体变量中的字符变量 ch)。

（3）a.f (引用共用体变量中的实型变量 f)。

不能引用共用体变量，例如：printf("%d",a);这种用法是错误的。

因为 a 的存储区内有好几种类型的数据，分别占不同长度的存储区，仅写共用体变量名 a，系统无法确定究竟输出的是哪一个成员的值。而应该写成 printf("%d",a.i); 或 printf("%c",a.ch);。

如果 p 是指向共用体的指针变量，也可以这样引用：p->i ;或 p->ch;或 p->f;。

注意

（1）共用体变量可以包含若干个成员及若干种类型，但共用体成员不能同时使用。在某一时刻，只有一个成员及一种类型起作用，不能同时引用多个成员及多种类型。

（2）共用体变量中起作用的成员值是最后一次存放的成员值，因为共用体变量所有成员共同占用同一段内存单元，后来存放的值将原先存放的值覆盖，故只能使用最后一次给定的成员值。如：a.i=278, a.ch='D', a.f=5.78;。

不能企图通过下面的 printf 函数得到 a.i 和 a.ch 的值：

```
printf("%d,%c,%f", a.i, a.ch, a.f);
```

但能得到 a.f 的值。

（3）共用体变量的地址和它的各个成员的地址相同。

（4）不能企图引用共用体变量名来得到某成员的值。

（5）共用体变量不能做函数参数，函数的返回值也不能是共用体类型。

（6）共用体类型和结构体类型可以相互嵌套，共用体中成员可以为数组，甚至还可以定义共用体数组。

【例 9.9】 共用体变量的引用。

```
#include <stdio.h>
union exx
{
    int a;
    int b;
    struct
    {
        int c;
        int d;
    }lpp;
}e={10};
```

```
void main()
{
    e.b=e.a+20;
    e.lpp.c=e.a+e.b;
    e.lpp.d=e.a*e.b;
    printf("%d,%d\n",e.lpp.c,e.lpp.d);
}
```

运行测试：

```
60,3600
Press any key to continue
```

9.4.3 共用体类型数据的特点

（1）同一个内存段可以用来存放几种不同类型的成员，但在某一时刻只能存放其中一种，而不能同时存放几种。换句话说，某一时刻只有一个成员起作用，其他的成员不起作用，即不是同时都在存在和起作用。

（2）共用体变量中起作用的成员值是最后一次存放的成员值。

（3）共用体变量的地址和它的各成员的地址都是同一地址。例如：&a,&a.i,&a.ch,&a.f 都是同一地址值。

（4）共用体类型可以出现在结构体类型的定义中，还可以定义共用体数组。结构体也可以出现在共用体类型的定义中，数组也可以作为共用体的成员。

（5）共用体变量的初始化。

① union data a=b; //用共用体变量 b 初始化为共用体 a。

② union data a={123}; //初始化共用体的第一个成员。

③ union data a={a.ch='a'}; //对成员 ch 初始化。

（6）共用体变量也可以作为函数的参数和返回值。

【例 9.10】 设有若干个人员的数据，其中有学生和教师。学生的数据中包括：姓名、学号、性别、职业、班级。教师的数据包括：姓名、号码、性别、职业、职务或职称，现在要将它们放在同一的表格中。如果 “job” 项为 “s” 则第六项为 class，如果 “job” 项为 “t”，则第六项为 office。显然对第六项要处理成共用体的形式将 class 和 office 放在同一段内存中，如图 9.9 所示。

姓名	编号	性别	系别	职业	班级/职称	
					班级	职称
Liming	1001	M	computer	s	501	
Wangxi	2001	F	math	t		prof

图 9.9 人员的数据结构

要求输入人员的数据，然后再输出。

```
#include <stdio.h>
#include <stdlib.h>
struct
{
    int num;
    char name[10];
    char sex;
    char job;
    union
    {
```

```
            int classnum;
            char office[10];
        }category;
    }person[2];
    void main()
    {
        int i;
        char numstr[20];
        for(i=0;i<2;i++)
        {
            printf("请输入编号: ");
            gets(numstr);
            person[i].num=atoi(numstr); //atoi函数将参数字符串转换成长整型数
            printf("请输入姓名: ");
            scanf("%s",person[i].name);
            getchar(); //用来接收输入姓名后的"回车"符，下同
            printf("请输入性别(M/F): ");
            scanf("%c",&person[i].sex);
            getchar();
            printf("请输入职业(t/s): ");
            person[i].job=getchar();
            if(person[i].job=='s')
            {
                printf("请输入班级号: ");
                scanf("%d",&person[i].category. classnum);
                getchar();
            }
            else
                if(person[i].job=='t')
                {
                    printf("请输入职称: ");
                    scanf("%s",person[i].category.office);
                    getchar();
                }
                else
                    printf("input error!");
        }
        printf("\n\n");
        printf(" No.    Name    Sex    Job        class/office\n");
        for(i=0;i<2;i++)
        {
            printf("%-10d%-11s%",person[i].num,person[i].name);
            if(person[i].sex=='M'||person[i].sex=='m')
                printf("男");
            if(person[i].sex=='F'||person[i].sex=='f')
                printf("女");
            if(person[i].job=='s')
                printf("\t\t学生");
            if(person[i].job=='t')
                printf("\t\t教师");
            if(person[i].job=='s')
```

```
            printf("\t\t%d\n",person[i].category. classnum);
        if(person[i].job=='t')
            printf("\t\t%s\n",person[i].category.office);
    }

}
```

运行测试：

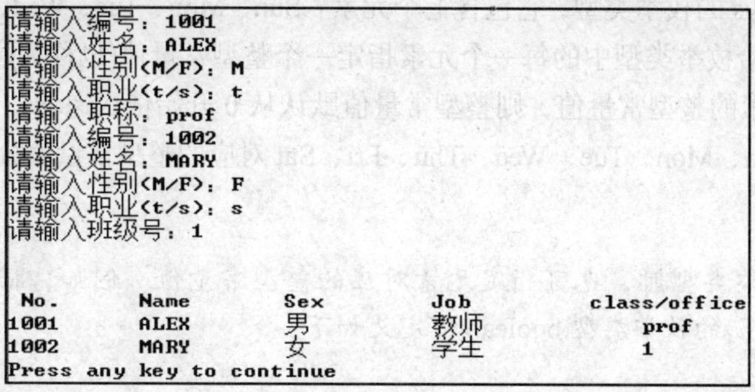

（1）在主函数之前定义了结构体数组 person，可以看到在 person 中包括了共用体变量 category。那么共用体的声明可以放在结构体中，也可以放到结构体外，即：

```
union  catgry
    {
        int classa;
        char office[10];
    }category;
struct
{
    int  num;
    char name[10];
    char sex;
    char job;
    union  catgry category;
}person[2];
```

（2）本例中使用了一个新函数 atoi,此函数的作用是把字符串转换成长整型数。必须在程序开头加上头文件包含命令: #include <stdlib.h>。

9.5　枚举类型

在程序设计中，有时会用到由若干个有限数据元素组成的集合，如一周内的星期一到星期日七个数据元素组成的集合，由三种颜色红、黄、绿组成的集合。如果在程序中某个变量取值仅限于集合中的元素，那么可将这些数据集合定义为枚举类型。“枚举”就是将变量可能的值一一列举出来，变量的值只能取列举出来的值之一。

9.5.1　枚举类型的声明

枚举类型声明形式为：

```
enum <枚举类型名>
{ <枚举元素表> };
```

其中，关键词 enum 表示定义的是枚举类型。枚举类型名由标识符组成，而枚举元素表由枚举元素或枚举常量组成。例如：

```
enum weekdays
{ Sun,Mon,Tue,Wed,Thu,Fri,Sat };
```

声明了一个名为 weekdays 的枚举类型，它包含七个元素：Sun、Mon、Tue、Wed、Thu、Fri、Sat。在编译器编译程序时，给枚举类型中的每一个元素指定一个整型常量值(也称为序号值)。若枚举类型定义中没有指定元素的整型常量值，则整型常量值默认从 0 开始依次递增，因此，weekdays 枚举类型的七个元素 Sun、Mon、Tue、Wed、Thu、Fri、Sat 对应的整型常量值分别为 0、1、2、3、4、5、6。

注意

在声明枚举类型时，也可指定元素对应的整型常量值。例如，描述逻辑值集合{TRUE，FALSE}的枚举类型 boolean 可定义如下：

```
enum boolean
{ TRUE=1 ,FALSE=0 };
```

该声明规定：TRUE 的值为 1，而 FALSE 的值为 0。

而描述颜色集合{red,blue,green,black,white,yellow}的枚举类型 colors 可定义如下：

```
enum colors
{red=5,blue=1,green,black,white,yellow};
```

该声明规定 red 为 5，blue 为 1，其后元素值从 blue 开始依次递增 1。green、black、white、yellow 的值依次为 2、3、4、5。此时，整数 5 将用于表示两种颜色 red 与 yellow。通常两个不同元素取相同的整数值是没有意义的。

枚举类型的声明只是产生了一个新的数据类型，只有定义枚举变量才能使用这些数据。

9.5.2 枚举类型变量的定义

定义枚举类型变量有三种方法，具体如下所述。

1. 先声明类型后定义变量

格式：<枚举类型名><变量 1>[，<变量 2>，…，<变量 *n*>];

例如：

```
enum colors
{red=5,blue=1,green,black,white,yellow};
enum colors c1,c2;
enum colors
```

c1、c2 为 colors 类型的枚举变量。

2. 声明类型的同时定义变量

格式：enum <枚举类型名>

{ <枚举元素表> } <变量 1>[，<变量 2>，…，<变量 *n*>];

例如：

```
enum colors
{red=5,blue=1,green,black,white,yellow}c1,c2;
```

3. 直接定义枚举变量

格式：enum

{ <枚举元素表> } <变量 1>[, <变量 2>, …, <变量 *n*>];

例如：

```
enum
{red=5,blue=1,green,black,white,yellow} c1=red,c2=blue;
```

由上例可以看出，定义枚举变量时，可对变量进行初始化赋值，c1 的初始值为 red，c2 的初始值为 blue。

9.5.3　枚举类型变量的引用

对枚举类型变量只能使用两类运算：赋值运算与关系运算。

1. 赋值运算

C 语言中规定，枚举类型的元素可直接赋给枚举变量，且同类型枚举变量之间可以相互赋值。如：enum weekdays；是定义星期日到星期六为枚举类型 weekdays。

【例 9.11】　枚举类型变量的引用。

```
#include <stdio.h>
enum weekdays
{
    Sun,Mon,Tue,Wed,Thu,Fri,Sat
};
void main()
{
    enum weekdays day1,day2;
    day1 = Sun;
    day2 = day1;
    printf("day1=%d day2=%d\n",day1,day2);
}
```

运行测试：

```
day1=0 day2=0
Press any key to continue
```

该例定义了两个类型为 weekdays 的枚举类型变量 day1 与 day2，这两个枚举型变量只能取集合 { Sun,Mon,Tue,Wed,Thu,Fri,Sat }中的一个元素，可用赋值运算符将元素 Sun 赋给 day1。枚举变量 day1 的值可赋给同类枚举变量 day2。

注意　枚举元素按常量处理，也称为枚举常量，所以在程序中不能对它进行赋值。例如 Sun = 9；是错误的。

2. 关系运算

枚举变量可与元素常量进行关系运算，同类枚举变量之间也可以进行关系运算，但枚举变量之间的关系运算是对其序号值进行的。例如：

```
day1=Sun;        //day1 中元素 Sun 的序号值为 0
day2=Mon;        //day2 中元素 Mon 的序号值为 1
if (day2>day1) day2=day1;            //day2>day1 的比较就是序号值关系式：1>0 的比较
if (day1>Sat) da1=Sat;               //day1>Sat 的比较就是序号值关系式：0>6 的比较
```

day2 与 day1 的比较，实际上是其元素 Mon 与 Sun 序号值 1 与 0 的比较，由于 1>0 成立，所以 day2>day1 条件为真，day2=day1。同样由于 day1 中元素 Sun 的序号值 0 小于 Sat 的序号值 6，所以 day1>Sat 条件为假，day1 的值不变。

【例 9.12】 先定义描述六种颜色的枚举类型 colors，然后再用该枚举类型定义枚举数组，任意输入六个颜色号，转换成对应的颜色枚举量后输入到枚举数组中，最后输出枚举数组中对应的颜色。

```
#include <stdio.h>
#include <stdlib.h>    //使用 exit(0)函数时必须包含 stdlib.h 头文件
enum colors            //定义有 6 种颜色元素的枚举类型 colors
{red,blue,green,black,white,yellow};
void main()
{
    enum colors col[6];
    int n,j;
    printf("0:red,1:blue,2:green,3:black,4:white,5:yellow\n");
    printf("请输入 6 个颜色数目:\n");
    for (j=0;j<6;j++)  //将颜色号转换成颜色元素存入数组
    {
        scanf("%d",&n);
        if (n<0||n>5)
        {
            printf("输入颜色值出错，请重新输入！");
            exit(0);   //关闭所有文件，终止正在执行的进程,0 表示正常退出
        }
        else
        {
            switch (n)
            {
            case 0:col[j]=red;         break;
            case 1:col[j]=blue;        break;
            case 2:col[j]=green;       break;
            case 3:col[j]=black;       break;
            case 4:col[j]=white;       break;
            case 5:col[j]=yellow;      break;
            }
        }
    }
    for (j=0;j<6;j++)  //循环 6 次，输出数组元素对应的颜色
    {
        switch (col[j])
        {
        case red:printf("red");          break;
        case blue:printf("blue");        break;
        case green:printf("green");      break;
        case black:printf("black");      break;
        case white:printf("white");      break;
        case yellow:printf("yellow");    break;
        }
        printf("\t");
    }
    printf("\n");
}
```

运行测试：

```
0:red,1:blue,2:green,3:black,4:white,5:yellow
请输入6个颜色数目:
5 4 1 2 0 3
yellow  white   blue    green   red     black
Press any key to continue
```

由于无法通过键盘直接向枚举变量输入枚举元素值，所以程序只能先输入枚举元素的序号值，然后用 switch 语句将序号值转换为元素值，并将元素值赋给枚举数组元素。同样，由于用 printf 无法输出枚举数组中元素值，所以在输出时，只能用 switch 语句判断输出哪一个元素，然后用 printf("元素")方式输出对应的元素值。

【例 9.13】　定义一个描述三种颜色的枚举类型{red，blue，green}，输出这三种颜色的全部排列结果。

算法思路：这是三种颜色的全排列问题，用穷举法即可输出三种颜色的全部 27 种排列结果。

```
#include <stdio.h>
enum colors
{
     red,blue,green
};
void  show(enum colors color)
{
     switch (color)
     {
     case red:printf("red");        break;
     case blue:printf("blue");      break;
     case green:printf("green");    break;
     }
  }
void main()
{
     enum colors color1,color2,color3;
     int count=0;      //计算个数
     for (color1=red;color1<=green;color1++)
     {
          for (color2=red;color2<=green;color2++)
          {
               for (color3=red;color3<=green;color3++)
               {
                    show(color1);
                    show(color2);
                    show(color3);
                    printf("\t");
                    count++;
               }
          }
     }
     printf("%d 种排列组合\n",count);
}
```

运行测试：

```
redredred       redredblue      redredgreen     redbluered      redblueblue
redbluegreen    redgreenred     redgreenblue    redgreengreen   blueredred
blueredblue     blueredgreen    bluebluered     blueblueblue    bluebluegreen
bluegreenred    bluegreenblue   bluegreengreen  greenredred     greenredblue
greenredgreen   greenbluered    greenblueblue   greenbluegreen  greengreenred
greengreenblue  greengreengreen
27种排列组合
Press any key to continue
```

程序通过三重循环穷举出三种颜色所有的组合。for 循环语句中，用枚举变量 color1 为循环变量，color1 取值从 red 开始到 green 为止，循环变量的自增操作是通过表达式 color1++来实现的。

9.6 自定义类型标识符

除了可以直接使用 C 语言提供的标准类型名（如 int,char,float)和自己声明的结构体、共用体、指针、枚举类型外，还可以用 typedef 声明新的类型名来代替已有的类型名。typedef 作为类型定义关键字，用于在原有数据类型（包括基本类型、构造类型和指针等）的基础上，由用户自定义新的类型名称。

例如：

（1）typedef int integer;

（2）typedef int arr[5];

其中（1）指定用 integer 代替 int 类型，这样 integer j,k;等价于 int j,k; （2）指定用 arr 代替一个包含五个整数的整型数组，这样 arra,b;等价于 int a[5],b[5];

由此可见，typedef 声明并没有创建一个新类型，而是为某个已经存在的类型增加一个新的名字而已。用这种方式声明的变量与通过声明方式声明的变量具有完全相同的属性。

归纳起来，声明一个新的类型名的方法如下。

（1）先按定义变量的方法写出定义体(如：int j;)。

（2）将变量名换成新类型名(如：将 j 换成 integer)。

（3）在最前面加 typedef(如：typedef int integer;)。

（4）用新类型名去定义变量。

关于 typedef 的说明：

（1）如果在变量定义的前面加上 typedef，即可定义该变量的类型。比如 int size;，这里定义了一个整型变量 size，当加上 typedef 后 typedef int size;，那么，size 就成为了上面的 size 变量的类型，即 int 类型。既然 size 是一个类型，当然可以用它来定义另外一个变量。即：size a;。

类似于变量的类型定义，也可以用 typedef 声明新的类型，比如：

```
char *ptr_to_char;            // 声明 ptr_to_char 为一个指向字符的指针变量
typedefchar*ptr_to_char;      // 声明 ptr_to_char 为指向 char 的指针类型
ptr_to_char pch;              // 声明 pch 是一个指向字符的指针变量
```

（2）用 typedef 只是对已经存在的类型增加一个类型名，而没有创造新的类型。

（3）用 typedef 可以指定各种类型名，但不能用来定义变量。例如：typedef size 就是错误的。

（4）typedef 和#define 有相似之处，但是它们是不同的。

比如：

```
#define  ptr_to_char  char*
ptr_to_char pch1, pch2;
ptr_to_char pch1, pch2 可以展开为    char *pch1, pch2;
```

所以 pch2 为 char 型变量。如果用 typedef 来定义的话，其代码如下：

```
typedefchar* ptr_to_char;
ptr_to_char pch1, pch2;
```

则 ptr_to_char pch1, pch2 等价于

```
char *pch1;
char *pch2;
```

因此，pch1、pch2 都是指针。

虽然#define 语句看起来像 typedef，但实际上却有本质上的差别。对于#define 来说，仅在编译前对源代码进行了字符串替换处理；而对于 typedef 来说，它建立了一个新的数据类型别名。由此可见，只是将 pch1 定义为指针变量，却并没有实现程序员的意图，而是将 pch2 定义成了 char 型变量。

（5）typedef 可以用于结构体定义，例如：

```
typedef struct student
{
    int num;
    char name[20];
    char sex;
    int age;
}STU;
STU stu1;
```

此时 stu1 的类型为 struct student。

练 习 题

一、选择题

1. 在说明一个结构体变量时系统分配给它的存储空间是（　　）。

（A）该结构体中第一个成员所需存储空间

（B）该结构体中最后一个成员所需存储空间

（C）该结构体中占用最大存储空间的成员所需存储空间

（D）该结构体中所有成员所需存储空间的总和

2. 若有以下声明和语句：

```
struct  worker
{ int  no;   char * name; }work, * p=&work;
```

则以下引用方式不正确的是（　　）。

（A）work.no　　（B）(* p).no　　（C）p->no　　（D）work->no

3. 有如下结构体声明：

```
struct  date  { int  year; int  month; int  day; };
struct  worklist  { char name[20];  char  sex;
struct  date  birthday; }person;
```

对结构体变量 person 的出生年份进行赋值时，下面正确的赋值语句是（　　）。

（A）year=1958　　（B）birthday.year=1958

（C）person.birthday.year=1958　　（D）person.year=1958

4. 以下对结构体类型变量的定义中不正确的是（　　）。

（A）#define　STUDENT　struct student　　（B）struct student

```
STUDENT
{ int  num;
float age; }std1;
```

```
{ int  num;
  float age;
  }std1;
```

（C）struct

```
{ int  num;
  float age;
}std1;
```

（D）struct

```
{ int  num;
float age;} student;
struct student std1;
```

5. 设有以下结构体声明语句

```
struct stu
{ int a; float b; }stutype;
```

则下面的叙述不正确的是（　　）。

（A）struct 是结构体类型的关键字

（B）struct stu 是用户声明的结构体类型名

（C）stutype 是用户定义的结构体类型名

（D）a 和 b 都是结构体成员名

6. 以下程序的运行结果是（　　）。

```
# include  <stdio.h>
void main( )
{
    struct  date
    { int  year; int  month; int  day; }today;
    printf("%d\n",sizeof(struct date)); }
```

（A）6　　（B）8　　（C）10　　（D）12

7. 有如下定义

```
struct person{char name[9]; int age;};
struct person class[10]={"johu",17,"Paul",19,"Mary",18,"Adam",16};
```

根据上述定义，能输出字母 M 的语句是（　　）。

（A）prinft("%c\n",class[3].mane);

（B）pfintf("%c\n",class[3].name[1]);

（C）prinft("%c\n",class[2].name[1]);

（D）printf("%^c\n",class[2].name[0]);

8. 设有如下定义

```
struct ss
{ char name[10];
  int age;
  char sex;
} std[3],* p=std;
```

下面各输入语句中错误的是（　　）。

（A）scanf("%d",&(*p).age);

（B）scanf("%s",&std.name);

（C）scanf("%c",&std[0].sex);

（D）scanf("%c",&(p->sex))

9. 设有以下说明语句，则下面的叙述中不正确的是（　　）。

```
struct ex {
   int x ; float y; char z ;
} example;
```

（A）struct 结构体类型的关键字　　（B）example 是结构体类型名

（C）x,y,z 都是结构体成员名　　（D）struct ex 是结构体类型

10. 已知教师记录定义为

```
struct student
{  int no;
   char name[30];
   struct
   {  unsigned int year;
      unsigned int month;
      unsigned int day;
   }birthday;
} stu;
struct student *t = &stu;
```

若要把变量 t 中的生日赋值为“1980 年 5 月 1 日”，则正确的赋值方式为（　　）。

（A）
```
year = 1980;
month = 5;
day = 1;
```

（B）
```
t.year = 1980;
t.month = 5;
t.day = 1;
```

（C）
```
t.birthday.year = 1980;
t.birthday.month = 5;
t.birthday.day = 1;
```

（D）
```
t-> birthday.year = 1980;
t-> birthday.month = 5;
t-> birthday.day = 1;
```

二、编程题

1. 利用结构体类型，编程计算一名同学五门课的平均分。

2. 用结构体型数组初始化建立一工资登记表。然后键入其中一人的姓名，查询其工资情况。

3. 试利用结构体类型编写一程序，实现输入三个学生的数学、语文、外语期中和期末成绩，然后分别计算并输出其平均成绩。

第10章 文件

前面章节所学的各类型数据一般存放在内存中，程序结束后这些数据就被释放了。如果需要长期保存数据，就必须将其以文件的形式存储到外部介质中。本章主要介绍C文件相关的概念与操作。

10.1 C文件概述

C 文件是程序设计中的一个重要概念。所谓“文件”一般是指存储在外部介质上数据的集合。操作系统是以文件为单位对数据进行管理的，也就是说，如果想找存在外部介质上的数据，必须先按文件名找到指定的文件，然后再从该文件中输入数据。要向外部介质上存储数据也必须先建立一个文件（以文件名标识），才能向它输出数据。这里需要说明两个词：“输入”与“输出”。输入表示从文件里读数据到程序里，输出表示从程序里写数据到文件中。

从用户的角度看，文件可分为普通文件和设备文件两种。

普通文件是指驻留在磁盘或其他外部介质上的一个有序数据集，可以是源文件、目标文件、可执行程序；也可以是一组待输入处理的原始数据，或者是一组输出的结果。对于源文件、目标文件、可执行程序可以称作程序文件，对输入输出数据可称作数据文件。

设备文件是指与主机相连的各种外部设备，如显示器、打印机、键盘等。在操作系统中，把外部设备也看作是一个文件来进行管理，把它们的输入、输出等同于对磁盘文件的读和写。通常把显示器定义为标准输出文件，一般情况下在屏幕上显示有关信息就是向标准输出文件输出，如前面经常使用的printf、putchar函数就是这类输出。键盘通常被指定为标准的输入文件，从键盘上输入就意味着从标准输入文件上输入数据，如scanf、getchar函数就属于这类输入。

10.1.1 缓冲文件系统

ANSI C文件系统建立在“缓冲文件系统”之上。所谓缓冲文件系统指系统自动地在内存区为每一个正在使用的文件名开辟一个缓冲区，从内存向磁盘输出数据必须先送到内存中的缓冲区，装满后再一起送到磁盘去。反向也是如此。

当使用标准I/O函数（包含在头文件stdio.h中）时，系统会自动设置缓冲区，并通过数据流来读写文件。当进行文件读取时，不会直接对磁盘进行读取，而是先打开数据流，将磁盘上的文件信息拷贝到缓冲区内，然后程序再从缓冲区中读取所需数据，如图 10.1 所示。

事实上，当写入文件时，数据并不会马上写入磁盘中，而是先写入缓冲区，只有在缓冲区已满或“关闭文件”时，才会将数据写入磁盘，如图 10.2 所示。

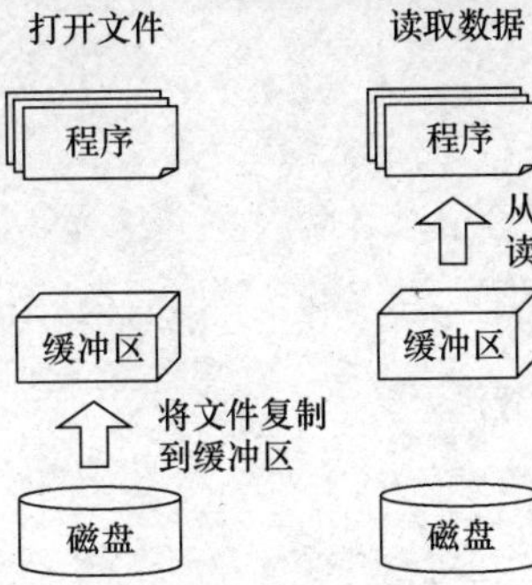

图 10.1　文件读取

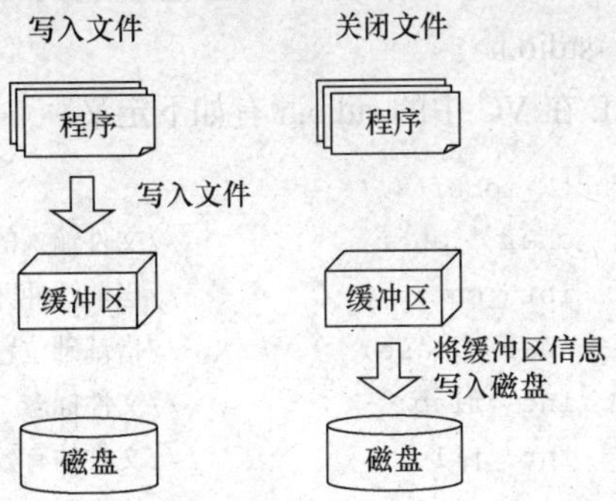

图 10.2　写入文件

10.1.2　文件的存储方式

C 语言将文件看成字符（字节）的序列，即一个一个字符（字节）的数据顺序组成。从文件编码的方式来看，文件可分为文本文件和二进制码文件两种。

文本文件在磁盘中存放时每个字符对应一个字节，用于存放对应的 ASCII 码。例如，数 5678 的存储形式如图 10.3 所示，5678 在内存共占用 4 个字节。文本文件可以显示在屏幕上，内容为对应的字符。

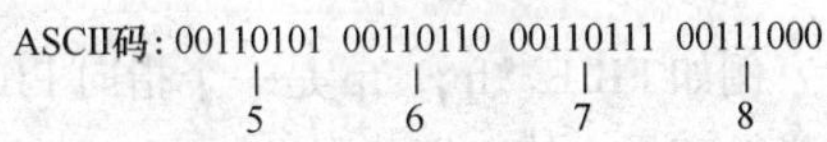

图 10.3　5678 的 ASCII 码

二进制文件是按二进制的编码方式来存放的文件。例如，数 5678 的存储形式为：00010110 00101110 只占 2 个字节。二进制文件虽然也可在屏幕上显示，但其内容无法读懂。

从读写方式看文本方式与二进制方式，任何文件都可以以文本方式或二进制方式打开。两者在读写文件时的区别如下。

（1）文本方式：当写文件时，如果被写的内存字节是 0x0D（'\r'），它被照写不变；但若是 0x0A（'\n'），则写两个字节 0x0D 0x0A（'\r'、'\n'）到文件上。反之，当读文件时，凡遇到 0x0D 时，即'\r'时就跳过不计，自动移到下一字节（直到非'\r'），而 0x0A（'\n'）照读不误。这也顺便说明了为什么 printf()遇到'\n'时不仅在屏幕上换行（'\n'）而且也回车（这是'\r'的功能）。

（2）二进制方式：它与文本方式不同，写时既不转换'\n'，读时也不滤掉'\r'，任何字节都原封不动地写入文件或读到内存。虽然任何文件的读写方式都可在 fopen()时任意指定，但习惯上，一般用文本方式读写文本文件即.txt 文件，而用二进制方式读写其他文件。顺便指出，字节和字符（ASCII）在文件 I/O 中是一个意思。当提到字符时，实际也是指存放该字符的 1 字节，或该字符的 8-bit 编码。只是，当处理文本文件时，人们习惯用“字符”，而处理二进制文件时，习惯用术语“字节”。

10.1.3 文件类型指针

在C语言程序中，无论是普通文件还是设备文件，都可以通过文件结构类型的数据集合进行输入输出操作。文件结构是由系统定义的，取名为FILE。FILE结构是用typedef语句定义出的一种类型，并且这个结构实现已经被定义在 stdio.h 头文件中，使用文件的程序都需要包含#include<stdio.h>。

FILE在VC中的stdio.h有如下定义：

```
struct _iobuf {
    char *_ptr;          //文件输入的下一个位置
    int _cnt;            //当前缓冲区的相对位置
    char *_base;         //指基础位置(即是文件的起始位置)
    int _flag;           //文件标志
    int _file;           //文件的有效性验证
    int _charbuf;        //检查缓冲区状况,如果无缓冲区则不读取
    int _bufsiz;         //文件的大小
    char *_tmpfname;     //临时文件名
};
typedef struct _iobuf FILE;
```

C语言文件系统中，用一个指针变量指向一个文件，这个指针称为文件指针。通过文件指针就可对它所指的文件进行各种操作。定义文件指针的一般形式为：

```
FILE  *指针变量标识符;
```

例如FILE *fp;，fp是一个指向FILE类型结构体的指针变量。如果有 *n* 个文件，一般应设 *n* 个指针变量，使它们分别指向 *n* 个文件，以实现对文件的访问。

10.2 文件的操作

文件操作都是由库函数来完成的。本节将介绍主要的文件操作函数。

10.2.1 文件的打开

文件在进行读写操作之前要先打开。所谓打开文件，实际上是建立文件的各种有关信息，并使文件指针指向该文件，以便进行其他操作。例如：

```
FILE *fp;
fp=fopen(文件名,使用文件方式);
```

fopen函数用来打开一个文件，其调用的一般形式为：

```
文件指针名 = fopen( 文件名，使用文件方式 );
```

其中：

（1）“文件指针名”必须是被说明为FILE类型的指针变量；

（2）“文件名”是被打开文件的文件名；

（3）“使用文件方式”是指文件的类型和操作要求，如表10.1所示。

表 10.1　　文件使用方式

文本文件（ASCII）		二进制文件	
使用方式	含义	使用方式	含义
"r"	打开文本文件进行只读	"rb"	打开二进制文件进行只读
"w"	建立新文本文件进行只写	"wb"	建立二进制文件进行只写
"a"	打开文本文件进行追加	"ab"	打开二进制文件进行追加
"r+"	打开文本文件进行读/写	"rb+"	打开二进制文件进行读/写
"w+"	建立新文本文件进行读/写	"wb+"	建立二进制文件进行读/写
"a+"	打开文本文件进行读/写/追加	"ab+"	打开二进制文件进行读/写/追加

如果成功地打开一个文件，fopen()函数返回文件指针，否则返回空指针(NULL)。由此可判断文件打开是否成功。例如：

```
if ((fp=fopen ("c:\\tc\\int.txt", "r"))==NULL)
{    printf("Cannot open this file.\n");exit(0);    }
```

如果屏幕上显示 Cannot open this file.，则表明打开文件出错。出错的常见原因是：用"r"方式打开一个不存在的文件。exit 函数的作用是关闭所有文件，终止正调用的进程。待程序员检查出错误，修改后再运行。

说明

（1）文件使用方式由 r，w，a，t，b，十六个字符拼成，各字符的含义如下。

① r(read)：读。

② w(write)：写。

③ a(append)：追加。

④ t(text)：文本文件，可省略不写。

⑤ b(banary)：二进制文件。

⑥ +：读和写。

（2）用"w"方式打开文件时，只能从内存向该文件输出（写）数据，而不能从文件向内存输入数据。如果该文件原来不存在，则打开时按指定文件名建立一个新文件；如果原来的文件已经存在，则打开时将文件删空，然后重新建立一个新文件。

（3）用"a"方式打开文件时，向文件的尾部添加新数据，文件中原来的数据保留，但要求文件必须存在，否则会返回出错信息。打开文件时，文件的位置指针在文件末尾。

（4）用"r +"、"w+"、"a+"方式打开文件时，既可以输入也可以输出，不过三种方式是有区别的："r+"方式要求必须文件存在；"w+"方式则建立新文件后进行读写；"a+"方式则保留文件原有的数据，进行追加或读的操作。

（5）在用文本文件向计算机输入时，应将回车和换行两个字符转换为一个换行符；在输出时，应将换行符转换为回车和换行两个字符。在用二进制文件时，不需进行这种转换，因为在内存中的数据形式与输出到外部文件中的数据形式完全一致，一一对应。

【例 10.1】　文件打开方式的应用。

```
#include<stdio.h>
#include<stdlib.h>
```

```
void main()
{
    FILE *fp;                                              //定义一个文件指针变量
    if ((fp = fopen("e:\\text.txt","at+"))==NULL)          //将文件指针变量指向文件
    {
        printf("cannot open file\n");
        exit(0);
    }
    else
    {
        printf("open file\n");
        fclose(fp);
    }
}
```

10.2.2 文件的关闭

文件在使用完后应该及时关闭，以防止再被误用。"关闭"就是释放文件指针。释放后的文件指针变量不再指向该文件，为自由的文件指针。这种方式可以避免文件中的数据丢失。释放指针后不能再通过该指针对原对应的文件进行读写操作，除非再次用该指针变量打开该文件。

用 fclose 函数关闭文件，fclose 函数调用的一般形式为：

```
fclose(文件指针);
```

例如：fclose(fp)；用 fopen 函数打开文件时所带回的指针赋给了 fp，现把该文件关闭。如果文件关闭成功，fclose 函数返回值为 0；如果关闭出错，则返回值为 EOF（-1）。这可以用 ferror 函数来测试，当然也可以根据函数的返回值自己编程判断文件是否关闭成功。

10.2.3 文件的重命名

函数 rename()用于重命名文件、改变文件路径或更改目录名称，其原型为：

```
int rename(char * oldname, char * newname);
```

【参数】：oldname 为旧文件名，newname 为新文件名。

【返回值】：修改文件名成功则返回 0，否则返回-1。

说明

（1）重命名文件时，如果 newname 指定的文件存在，则会被删除；如果 newname 与 oldname 不在一个目录下，则相当于移动文件。

（2）重命名目录时，如果 oldname 和 newname 都为目录，则重命名目录；如果 newname 指定的目录存在且为空目录，则先将 newname 删除。对于 newname 和 oldname 两个目录，调用进程必须有写权限。newname 不能包含 oldname 作为其路径前缀。例如，不能将/usr 更名为/usr/foo/testdir，因为老名字（/usr/foo）是新名字的路径前缀，因而不能将其删除。

【例 10.2】 文件的重命名。

```
#include <stdio.h>
void main()
{
    if (rename("e:\\text.txt","e:\\newtext.txt")==0)
    {
```

```
        printf("rename success!\n");
    }
    else
    {
        printf("rename failure!\n");
    }
}
```

10.2.4　文件的删除

remove()函数用于删除指定的文件，其原型如下：

```
int remove(char * filename);
```

【参数】：filename 为要删除的文件名，可以为一目录。如果参数 filename 为一文件，则调用 unlink()处理；若参数 filename 为一目录，则调用 rmdir()来处理。

【返回值】：成功则返回 0，失败则返回-1，错误原因存于 errno。

【例 10.3】　文件的删除。

```
#include <stdio.h>
void main()
{
    if ((remove("e:\\newtext.txt"))==0)
    {
        printf("remove success!\n");
    }
    else
    {
        printf("remove failure!\n");
    }
}
```

10.3　文件的读写

文件打开后，就可以对它进行操作了。文件的读和写是最常用的文件操作，C 语言提供了如下多种文件读写函数。

（1）文件字符读/写函数：fgetc 和 fputc。

（2）文件字符串读/写函数：fgets 和 fputs。

（3）文件格式化读/写函数：fscanf 和 fprintf。

（4）数据块存取函数：fread 和 fwrite。

10.3.1　字符的读取和写入

1. 写文件字符函数 fputc

fputc 函数把一个字符写入到磁盘文件上。其一般形式为：

```
fputc(str,fp);
```

功能为把字符 str 写入到 fp 所指向的文件。

【例 10.4】 从键盘上输入一行字符，写入 test.txt 文件中。

```
#include <stdio.h>
#include <stdlib.h>
void main()
{
    FILE *fp;
    char ch;
    if((fp=fopen("e:\\text.txt","at+"))==NULL)
    {
        printf("file error.\n");
        exit(0);
    }
    printf("Input a string(ENTER for end input)\n");
    while((ch=getchar())!='\n')
    {
        fputc(ch,fp);
    }
    fclose(fp);
}
```

2. 字符输入函数 fgetc

从指定文件读入一个字符，该文件必须是以读或读写方式打开的。fgetc 函数的调用形式为：

```
字符变量=fgetc(文件指针);
```

例如，从 fp 指向的文件中读取一个字符并赋给字符变量 ch，可写成：ch=fgetc(fp);。

说明

（1）fgetc 为字符读函数，因此之前必须以读或读写方式打开文件；

（2）在执行 fgetc 读字符时遇到文件结束符或出错，则函数返回一个文件结束标志 EOF（-1）。当形参 fp 为标准输入文件指针 stdin 时，则读文件字符函数 fgetc(stdin)与终端输入函数 getchar()具有完全相同的功能。

【例 10.5】 fgetc 函数的使用。

```
#include <stdio.h>
#include <stdlib.h>
void main()
{
    FILE *fp;
    char ch;
    if((fp=fopen("e:\\text.txt","r"))==NULL)
    {
        printf("file open error.\n");
        exit(0);
    }
    while((ch=fgetc(fp))!=EOF)
    {
        putchar(ch);
    }
        putchar('\n');
    fclose(fp);
}
```

10.3.2 字符串的读取和写入

1. 写文件字符串函数 fputs

fputs 函数把一个字符串写入到磁盘文件上。其一般形式为：

```
fputs(str,fp);
```

功能为把字符串 str 写入到 fp 所指向的文件，字符串以结束符'\0'结束且不写入到文件。

【例 10.6】 fputs 函数的使用。

```
#include <stdio.h>
#include <stdlib.h>
void main()
{
    FILE *fp;
    char ch[20];
    if((fp=fopen("e:\\text.txt","at+"))==NULL)
    {
        printf("file error.\n");
        exit(0);
    }
    printf("Input a string\n");
    scanf("%s",ch);
    fputs(ch,fp);
    fclose(fp);
}
```

2. 读文件字符串函数 fgets

从指定文件读入一个字符串，该文件必须是以读或读写方式打开的。fgets()函数的调用形式为：

```
fgets(str,n,fp);
```

功能为从 fp 指向的文件读取至多 $n-1$ 个字符（n 用来指定字符数），并把它们放到字符数组 str 中。在读入之后自动向字符串末尾加上串结束标志'\0'。如果读成功返回 str 数组首地址，失败返回一个空指针。读取操作遇到以下情况结束：

（1）已经读取了 $n-1$ 个字符；

（2）在读出 $n-1$ 个字符之前，当前读取到的字符为回车符或者文件末尾。

【例 10.7】 fgets 函数的使用。

```
#include <stdio.h>
#include <stdlib.h>
void main()
{
    FILE *fp;
    char ch[20];
    if((fp=fopen("e:\\text.txt","at+"))==NULL)
    {
        printf("file error.\n");
        exit(0);
    }
    printf("Output a string\n");
    while ((fgets(ch,10,fp))!=NULL)
    {
```

```
        printf("%s",ch);
    }
    printf("\n");
    fclose(fp);
}
```

10.3.3 按格式读取和写入

1. 格式化输出函数 fprintf

函数调用的格式为:

```
fprintf(fp,格式控制串,输出列表);
```

其中，fp 是指向要写入文件的文件型指针；格式控制串、输出列表同 printf 函数。功能是将输出列表中的各个变量或常量，依次按格式控制串中的控制符说明的格式写入 fp 指向的文件中。

【例 10.8】 通过 fprintf 将学生信息写入文件。

```
#include <stdio.h>
#include <stdlib.h>
typedef struct student  //定义学生结构体
{
    int num;
    char name[20];
    int age;
}student;
void main()
{
    FILE *fp;
    student stu;    //定义学生结构体变量并赋值
    printf("请输入学生的学号 姓名 年龄\n");
    scanf("%d%s%d",&stu.num,&stu.name,&stu.age);
    if ((fp=fopen("e:\\student.txt","ab+"))==NULL)  //打开文件
    {
        printf("cannot open file\n");
        exit(0);
    }
    fprintf(fp,"%d  %s  %d",stu.num,stu.name,stu.age);//将学生信息写入 student.txt
    fclose(fp);  // 关闭文件
}
```

2. 格式化输入函数 fscanf

函数调用的格式为:

```
fscanf(fp,格式控制串,输入列表);
```

其中，fp 是指向要读取文件的文件型指针；格式控制串、输入列表同 scanf 函数。功能是从 fp 指向的文件中，按格式控制串中的控制符读取相应数据赋给输入列表中对应的变量。

例如：`fscanf(fp,"%d,%f",&a,&f);`

该语句完成从 fp 指向的磁盘文件中读取 ASCII 字符，并按"%d"和"%f"格式转换成二进制形式的数据给变量 a,f。

【例 10.9】 假设在例题 10.8 中输入“11　Alex　20”，再通过 fscanf 从文件中读取学生数据到屏幕。

```
#include <stdio.h>
#include <stdlib.h>
typedef struct student      //定义学生结构体
{
    int num;
    char name[20];
    int age;
}student;
void main()
{
    FILE *fp;
    student stu;            //定义学生结构体变量并赋值
    if ((fp=fopen("e:\\student.txt","ab+"))==NULL)  //打开文件
    {
        printf("cannot open file\n");
        exit(0);
    }
    fscanf(fp,"%d  %s  %d",&stu.num,&stu.name,&stu.age);
    //将学生信息从 student.txt 中读取到内存
    printf("num=%d name=%s age=%d\n",stu.num,stu.name,stu.age);
    fclose(fp);  // 关闭文件
}
```

运行测试：

```
num=11 name=ALEX age=20
Press any key to continue
```

10.3.4 数据块存取函数

C 语言还提供了用于整块数据的读写函数，可用来读写一组数据，如一个数组元素，一个结构变量的值等。

读数据块函数调用的一般形式为：fread(buffer,size,count,fp);。

写数据块函数调用的一般形式为：fwrite(buffer,size,count,fp);。

其中：

（1）buffer 是一个指针，在 fread 函数中，它表示存放输入数据的首地址；在 fwrite 函数中，它表示存放输出数据的首地址。

（2）size 表示数据块的字节数。

（3）count 表示要读写的数据块块数。

（4）fp 表示文件指针。

例如：fread(fa,4,5,fp);，其意义是从 fp 所指向的文件中，每次读 4 个字节（一个数）送入实数组 fa 中，连续读 5 次，即读 5 个数到 fa 中。

fread 和 fwrite 一般用于二进制文件的输入与输出。因为它们是按数据块的长度来处理输入输出的，按数据在存储空间存放的实际情况原封不动地在磁盘文件和内存之间传送，一般不会出错。如果在 ASCII 文件和二进制形式之间传送，在字符转换的情况下很可能出现与原设想不同的情况。

【例 10.10】　将一个学生记录从键盘写入到 student.txt。

```
#include <stdio.h>
#include <stdlib.h>
typedef struct student  //定义学生结构体
{
```

```
    int num;
    char name[20];
    int age;
}student;
void main()
{
    FILE *fp;
    student stu;      //定义学生结构体变量并赋值
    scanf("%d%s%d",&stu.num,&stu.name,&stu.age);
    if ((fp=fopen("e:\\student.txt","wb"))==NULL)  //打开文件
    {
        printf("cannot open file\n");
        exit(0);
    }
    fwrite(&stu,sizeof(stu),1,fp);  //将学生记录写入 student.txt
    fclose(fp);   // 关闭文件
}
```

运行测试：

```
1 MARY 20
Press any key to continue
```

【例 10.11】 从文件中读取一个学生记录到屏幕。

```
#include <stdio.h>
#include <stdlib.h>
typedef struct student  //定义学生结构体
{
    int num;
    char name[20];
    int age;
}student;
void main()
{
    FILE *fp;
    student stu;      //定义学生结构体变量并赋值
    if ((fp=fopen("e:\\student.txt","rb"))==NULL)  //打开文件
    {
        printf("cannot open file\n");
        exit(0);
    }
    fread(&stu,sizeof(stu),1,fp);  //将文件内容保存在 stu
    printf("num=%d name=%s age=%d\n",stu.num,stu.name,stu.age);
    fclose(fp);   // 关闭文件
}
```

运行测试：

```
num=1 name=MARY age=20
Press any key to continue
```

10.4 文件的定位

前面介绍的对文件的读写方式都是顺序读写，即读写文件只能从头开始，顺序读写各个数据。但在实际问题中常要求只读写文件中某一指定的部分。为了解决这个问题可移动文件内部的位置

指针到需要读写的位置，再进行读写，这种读写称为随机读写。

实现随机读写的关键是要按要求移动位置指针，这称为文件的定位。移动文件内部位置指针的函数主要有两个，即 rewind()和 fseek()。

10.4.1　rewind 函数

rewind 函数调用的一般形式为：

```
rewind(文件指针);
```

它的功能是把文件内部的位置指针移到文件首。

【例 10.12】　定位到文件首。

```
#include <stdio.h>
#include <stdlib.h>
typedef struct student  //定义学生结构体
{
    int num;
    char name[20];
    int age;
}student;
void main()
{
    FILE *fp;
    int i;
    student stu[3];      //定义学生结构体变量并赋值
    if ((fp=fopen("c:\\student1.txt","ab+"))==NULL)  //打开文件
    {
        printf("cannot open file\n");
        exit(0);
    }
    for (i=0;i<3;i++)
    {
        scanf("%d%s%d",&stu[i].num,&stu[i].name,&stu[i].age);
    }
    fwrite(&stu,sizeof(stu),3,fp);      //将 3 个学生记录写入 student.txt
    rewind(fp);                         //定位到文件首
    fread(&stu,sizeof(stu),3,fp);       //从文件首将文件内容保存在 stu
    for (i=0;i<3;i++)
    {
     printf("num=%d name=%s age=%d\n",stu[i].num,stu[i].name,stu[i].age);
    }
    fclose(fp);   // 关闭文件
}
```

运行测试：

```
请输入3个学生的学号 姓名 年龄
1 ALEX 20
2 LISA 19
3 MARY 18
num=1 name=ALEX age=20
num=2 name=LISA age=19
num=3 name=MARY age=18
Press any key to continue
```

10.4.2 fseek 函数和随机读写

对文件可以进行顺序读写，也可以进行随机读写，关键在于控制文件的位置指针。如果位置指针是按字节位置顺序移动的，就是顺序读写；如果能将位置指针按需要移动到任意位置，就可以实现随机读写。所谓随机读写，是指读完上一个字符(字节)后，并不一定要读写其后续的字符(字节)，而可以读写文件中任意位置上所需要的字符(字节)。该函数的调用形式为：

```
fseek(fp, offset, start);
```

其中：

（1）start 为起始点，表示从何处开始计算位移量。规定的起始点有三种：文件首、当前位置和文件尾，用 0、1、2 代替。0 代表文件开始，名字为 SEEK_SET；1 代表当前位置，名字为 SEEK_CUR；2 代表文件末尾，名字为 SEEK_END。

（2）Offset 表示移动的字节数，要求位移量是 long 型数据，以便在文件长度大于 64 KB 时不会出错。当用常量表示位移量时，要求加后缀"L"。例如：

```
fseek(fp,100L,0);
```

其作用是把位置指针移到离文件首 100 个字节处。

fseek()函数一般用于二进制文件，因为文本文件要发生字符转换，计算位置时往往会发生混乱。

【例 10.13】 在学生文件 student1.txt 中读出第二个学生的数据。

```
#include <stdio.h>
#include <stdlib.h>
typedef struct student  //定义学生结构体
{
    int num;
    char name[20];
    int age;
}student;
void main()
{
    FILE *fp;
    student stu;      //定义学生结构体变量并赋值
    if ((fp=fopen("e:\\student1.txt","ab+"))==NULL)  //打开文件
    {
        printf("cannot open file\n");
        exit(0);
    }
    fseek(fp,sizeof(stu),0);                 //移动到第二个学生记录
    fread(&stu,sizeof(stu),1,fp);            //读取第二个学生记录
    printf("num=%d name=%s age=%d\n",stu.num,stu.name,stu.age);
    fclose(fp);   // 关闭文件
}
```

10.4.3 ftell 函数

ftell()函数的作用是得到文件中位置指针的当前位置。如果 ftell()函数返回值为-1L，则表示出错。例如：

```
if(ftell(fp)==-1L)
printf("error\n");
```

可以用 fseek 函数把位置指针移到文件尾，再用 ftell 函数获得此时位置指针距文件头的字节数，这个字节数就是文件的长度。

【例 10.14】　利用 ftell()函数获得文件长度。

```
#include <stdio.h>
#include <stdlib.h>
typedef struct student  //定义学生结构体
{
    int num;
    char name[20];
    int age;
}student;
void main()
{
    FILE *fp;
    int length;
    if ((fp=fopen("e:\\student1.txt","ab+"))==NULL)  //打开文件
    {
        printf("cannot open file\n");
        exit(0);
    }
    fseek(fp,0L,SEEK_END);      //移动到第二个学生记录
    length = ftell(fp);         //文件长度
    printf("file length = %d\n",length);
    fclose(fp);                 // 关闭文件
}
```

10.5　文件状态检测

C 语言中常用的文件检测函数有以下几个：

（1）文件读写错误检测 ferror( )函数。

（2）清除文件错误标志 clearerr( )函数。

（3）文件结束检测函数 feof 函数。

1. 文件读写错误检测 ferror( )函数。

在调用各种输入输出函数（如 fputc、fgetc、fread、fwrite 等）时，如果出现错误，则除了通过函数返回值反映出来，还可以用 ferror 函数检查，它的一般调用形式为：

```
ferror(文件指针);
```

如果 ferror 返回值为 0（假），则表示未出错；如果返回一个非 0 值，则表示出错。应该注意，对同一个文件，每一次调用输入输出函数，均产生一个新的 ferror 函数值，因此，应当在调用一个输入输出函数后立即检查 ferror 函数的值，否则信息会丢失。在执行 fopen 函数时，ferror 函数的初始值自动置为 0。

2. 清除文件错误标志 clearerr( )函数

clearerr 函数的作用是使文件错误标志和文件结束标志置为 0。它的一般调用形式为：

```
clearerr(文件指针);
```

假设在调用一个输入输出函数时出现错误，ferror 函数值为一个非 0 值。在调用 clearerr(fp)后，ferror(fp)的值变成 0。

只要出现错误标志，程序就一直保留，直到对同一文件调用 clearerr 函数或 rewind 函数，或任何其他一个输入输出函数。

3. 文件结束检测函数 feof 函数

feof 函数的功能是：判断文件是否处于文件结束位置，如文件结束，则返回值为 1，否则为 0。它的一般调用形式为：

```
feof(文件指针);
```

10.6 综合应用

【例 10.15】 利用文件知识建立一个学生信息系统。

```
#include <stdio.h>
#include <stdlib.h>
#include <string.h>
//定义日期结构体
typedef struct
{
    int year;
    int month;
    int day;
}date;
//定义学生结构体
typedef struct
{
    int num;            //学号
    char name[20];      //姓名
    date birthday;      //出生年月日
}student;
student stu;            //定义学生变量
student *pstu=&stu;     //定义结构体指针变量指向 stu;

//学生系统界面
void MainShow()
{
    printf("\t\t ***学生信息系统***\n");
    printf("\t\t ***1.输入学生记录***\n");
    printf("\t\t ***2.浏览全部学生记录***\n");
    printf("\t\t ***3.按学号查找学生记录***\n");
    printf("\t\t ***4.按学号删除学生记录***\n");
    printf("\t\t ***5.按学号修改学生的姓名***\n");
    printf("\t\t ***6.退出系统***\n");

}
```

```
// 1.输入学生记录功能
void InputStudent()
{
    char choice;
    FILE *fp;
    printf("输入学生记录功能\n");
    if((fp=fopen("e:\\sturecord.txt","at+"))==NULL)  //打开文件
    {
        printf("file error.\n");
        exit(0);
    }
    //输入学生详细信息
    printf("请输入学生的学号:");
    scanf("%d",&pstu->num);
    printf("请输入学生的姓名:");
    scanf("%s",pstu->name);
    printf("请输入学生的出生年月日:");
    scanf("%d%d%d",&pstu->birthday.year,&pstu->birthday.month,&pstu->birthday.day);
    printf("num=%-3d",pstu->num);
    printf("name=%-10s",pstu->name);
    printf("birthday=%4d-%2d-%2d\n",pstu->birthday.year,pstu->birthday.month,pstu-
>birthday.day);
  // 将信息写入文件
    fprintf(fp,"%d  %s  %d  %d  %d\n",pstu->num,pstu->name,pstu->birthday.year,pstu->
birthday.month,pstu->birthday.day);
    // 关闭文件
    fclose(fp);
    printf("是否继续输入学生信息 y or n: ");
    //清空输入输出缓冲区避免上次输入的换行影响这次输入
    fflush(stdin);
    scanf("%c",&choice);
    if (choice=='y')
    {
      InputStudent();
    }
}
//2.浏览全部学生记录
void OutputStudent()
{
    FILE *fp;
    printf("输出学生信息\n");
    if((fp=fopen("e:\\sturecord.txt","at+"))==NULL) //打开文件
    {
        printf("file error.\n");
        exit(0);
    }
    while (!feof(fp))
    {
        fscanf(fp,"%d%s%d%d%d\n",&pstu->num,pstu->name,&pstu->birthday.year, &pstu->
              birthday.month,&pstu->birthday.day);
        printf("学生的学号为%d\n",pstu->num);
        printf("学生的姓名=%s\n",pstu->name);
```

```
        printf("学生的出生年-月-日=%d-%d-%d\n",pstu->birthday.year,pstu->birthday.
            month,pstu->birthday.day);
        printf("\n");
    }
    fclose(fp);  //关闭文件
}
//3.按学号查找学生记录
void FindByNum()
{
    FILE *fp;
    int num;
    int find = 0;
    printf("按学号查找学生记录\n");
    if((fp=fopen("e:\\sturecord.txt","at+"))==NULL)  //打开文件
    {
        printf("file error.\n");
        exit(0);
    }
    printf("请输入要查找的学生的学号:");
    scanf("%d",&num);
    while (!feof(fp))
    {
    fscanf(fp,"%d%s%d%d%d\n",&pstu->num,pstu->name,&pstu->birthday.year,&pstu->bir
        thday.month,&pstu->birthday.day);
        if (num==pstu->num)
        {
            printf("学生的学号为%d\n",pstu->num);
            printf("学生的姓名=%s\n",pstu->name);
            printf("学生的出生年-月-日
            =%d-%d-%d\n",pstu->birthday.year,pstu->
                birthday.month,pstu->birthday.day);
           printf("\n");
            find=1;
        }
    }
    if (!find)
    {
            printf("查无此人\n");
    }
    fclose(fp);  //关闭文件
}
//4.按学号删除学生记录
void DeleteByNum()
{
    FILE *fp;
    FILE *fpnew;
    int num;
    int finddelete = 0;
    printf("按学号删除学生记录\n");
    if((fp=fopen("e:\\sturecord.txt","at+"))==NULL)        //打开文件
   {
        printf("file error.\n");
        exit(0);
    }
```

```
    if((fpnew=fopen("e:\\stucopy.txt","at+"))==NULL)       //打开文件
    {
        printf("file error.\n");
        exit(0);
    }
    printf("请输入要删除的学生的学号:");
    scanf("%d",&num);
    while (!feof(fp))
    {
    fscanf(fp,"%d%s%d%d%d\n",&pstu->num,pstu->name,&pstu->birthday.year,&pstu->bir
        thday.month,&pstu->birthday.day);
        if (num!=pstu->num)
        {
            fprintf(fpnew,"%d %s %d %d %d\n",pstu->num,pstu->name,pstu->
                birthday.year,pstu->birthday.month,pstu->birthday.day);
        }
        else
        {
            printf("学生的学号为%d\n",pstu->num);
            printf("学生的姓名=%s\n",pstu->name);
            printf("学生的出生年-月-日
            =%d-%d-%d\n",pstu->birthday.year,pstu->
                birthday.month,pstu->birthday.day);
            printf("删除成功\n");
            finddelete=1;
        }
    }
    if (!finddelete)
    {
        printf("查无此人\n");
    }
    fclose(fp);
    fclose(fpnew);
    remove("e:\\sturecord.txt");   //删除文件
    rename("e:\\stucopy.txt","e:\\sturecord.txt");
}
//5.按学号修改学生的姓名
void AlterNameByNum()
{
    FILE *fp;
    FILE *fpnew;
    int num;
    char name[20];
    int find = 0;
    printf("按学号修改学生的姓名\n");
    if((fp=fopen("e:\\sturecord.txt","at+"))==NULL)       //打开文件
    {
        printf("file error.\n");
        exit(0);
    }
    if((fpnew=fopen("e:\\stucopy.txt","at+"))==NULL)     //打开文件
    {
        printf("file error.\n");
        exit(0);
    }
```

```
    printf("请输入要修改的学生的学号:");
    scanf("%d",&num);
    while (!feof(fp))
    {
        fscanf(fp,"%d%s%d%d%d\n",&pstu->num,pstu->name,&pstu->birthday.year,&pstu->
            birthday.month,&pstu->birthday.day);
        if (num!=pstu->num)
        {
        fprintf(fpnew,"%d %s %d %d %d\n",pstu->num,pstu->name,pstu-> birthday.year,
            pstu->birthday.month,pstu->birthday.day);
        }
        else
        {
            printf("请输入修改后的名字");
            scanf("%s",name);
            strcpy(pstu->name,name);
        fprintf(fpnew,"%d %s %d %d %d\n", pstu->num,pstu->name,pstu->birthday. year,
pstu->birthday.month,pstu->birthday.day);
            printf("学生的学号为%d\n",pstu->num);
            printf("学生的姓名=%s\n",pstu->name);
            printf("学生的出生年-月-日
           =%d-%d-%d\n",pstu->birthday.year,pstu->birthday.month,pstu->birthday.day);
            printf("修改成功\n");
            find=1;
        }
}
    if (!find)
    {
        printf("查无此人\n");
    }
    fclose(fp);
    fclose(fpnew);
    remove("e:\\sturecord.txt");//删除文件
    rename("e:\\stucopy.txt","e:\\sturecord.txt");
}
void Select()
{
    int num;
    printf("请选择功能\n");
    scanf("%d",&num);
    switch(num)
    {
    case 1:
        InputStudent();
        MainShow();
        Select();
        break;
    case 2:
        OutputStudent();
        MainShow();
        Select();
        break;
    case 3:
        FindByNum();
        MainShow();
```

```
            Select();
            break;
        case 4:
            DeleteByNum();
            MainShow();
            Select();
            break;
        case 5:
            AlterNameByNum();
            MainShow();
            Select();
            break;
        case 6:
            printf("系统结束，谢谢再见\n");
            exit(0);
            break;
    }
}
void main()
{
    MainShow();
    Select();
}
```

本程序定义了学生结构体，包含学生的学号、姓名、出生年月日。利用本章所学的文件函数完成了学生信息的写入与读取，并对学生信息进行增加、删除、修改、查找。程序的具体功能请参阅 MainShow()函数。请读者在理解程序的基础上根据所学知识扩展和修改此程序，以进一步地理解文件的有关概念。

练 习 题

一、选择题

1. 关于文件理解不正确的为（ ）。

（A）C 语言把文件看作是字节的序列，即由一个个字节的数据顺序组成

（B）所谓文件一般指存储在外部介质上数据的集合

（C）系统自动地在内存区为每一个正在使用的文件开辟一个缓冲区

（D）每个打开文件都和文件结构体变量相关联，程序通过该变量中访问该文件

2. 关于二进制文件和文本文件描述正确的为（ ）。

（A）文本文件把每一个字节存放成一个 ASCII 代码的形式，只能存放字符或字符串数据

（B）二进制文件把内存中的数据按其在内存中的存储形式原样输出到磁盘上存放

（C）二进制文件可以节省外存空间和转换时间，不能存放字符形式的数据

（D）一般中间结果数据需要暂时保存在外存上，以后又需要输入内存的，常用文本文件保存

3. 系统的标准输入文件操作的数据流向为（ ）。

（A）从键盘到内存　　　　（B）从显示器到磁盘文件

（C）从硬盘到内存　　　　（D）从内存到 U 盘

4. 利用 fopen (fname, mode)函数实现的操作不正确的为（ ）。

（A）正常返回被打开文件的文件指针，若执行 fopen 函数时发生错误则函数的返回 NULL

（B）若找不到由 fname 指定的相应文件，则按指定的名字建立一个新文件

（C）若找不到由 fname 指定的相应文件，且 mode 规定按读方式打开文件则产生错误

（D）为 fname 指定的相应文件开辟一个缓冲区，调用操作系统提供的打开或建立新文件功能

5. 若要用 fopen 函数打开一个新的二进制文件，该文件要既能读也能写，则文件方式应是（ ）。

（A）"ab+" （B）"wb+" （C）"rb+" （D）"ab"

6. fscanf 函数的正确调用形式是（ ）。

（A）fscanf(fp,格式字符串，输出表列)

（B）fscanf(格式字符串，输出表列，fp);

（C）fscanf(格式字符串，文件指针，输出表列);

（D）fscanf(文件指针，格式字符串，输入表列);

7. fgetc 函数的作用是从指定文件读入一个字符，该文件的打开方式必须是（ ）。

（A）只读 （B）追加

（C）读或读写 （D）答案 B 和 C 都正确

8. 利用 fwrite (buffer, sizeof(Student),3, fp)函数描述不正确的（ ）。

（A）将三个学生的数据块按二进制形式写入文件

（B）将由 buffer 指定的数据缓冲区内的 3* sizeof(Student)个字节的数据写入指定文件

（C）返回实际输出数据块的个数，若返回 0 值表示输出结束或发生了错误

（D）若由 fp 指定的文件不存在，则返回 0 值

9. 利用 fread (buffer,size,count,fp)函数可实现的操作（ ）。

（A）从 fp 指向的文件中，将 count 个字节的数据读到由 buffer 指出的数据区中

（B）从 fp 指向的文件中，将 size*count 个字节的数据读到由 buffer 指出的数据区中

（C）以二进制形式读取文件中的数据，返回值是实际从文件读取数据块的个数 count

（D）若文件操作出现异常，则返回实际从文件读取数据块的个数

10. 检查由 fp 指定的文件在读写时是否出错的函数是（ ）。

（A）feof() （B）ferror()

（C）clearerr（fp） （D）ferror(fp)

二、编程题

1. 一条学生的记录包括学号、姓名和成绩等信息。

（1）格式化输入多个学生记录；

（2）利用 fwrite 将学生信息按二进制方式写到文件中；

（3）利用 fread 从文件中读出成绩并求平均值；

（4）对文件中按成绩排序，将成绩单写入文本文件中。

2. 编写程序统计某文本文件中包含句子的个数。

3. 编写函数实现单词的查找，对于已打开文本文件，统计其中包含某单词的个数。

4. 编写一个程序，将指定的文本文件中某单词替换成另一个单词。

附录 A

基本控制字符/字符与ASCII代码对照表

ASCII 值	控制字符	ASCII 值	字符	ASCII 值	字符	ASCII 值	字符
0	NUT	32	(space)	64	@	96	、
1	SOH	33	!	65	A	97	a
2	STX	34	"	66	B	98	b
3	ETX	35	#	67	C	99	c
4	EOT	36	$	68	D	100	d
5	ENQ	37	%	69	E	101	e
6	ACK	38	&	70	F	102	f
7	BEL	39	,	71	G	103	g
8	BS	40	(	72	H	104	h
9	HT	41	)	73	I	105	i
10	LF	42	*	74	J	106	j
11	VT	43	+	75	K	107	k
12	FF	44	'	76	L	108	l
13	CR	45	-	77	M	109	m
14	SO	46	.	78	N	110	n
15	SI	47	/	79	O	111	o
16	DLE	48	0	80	P	112	p
17	DCI	49	1	81	Q	113	q
18	DC2	50	2	82	R	114	r
19	DC3	51	3	83	S	115	s
20	DC4	52	4	84	T	116	t
21	NAK	53	5	85	U	117	u
22	SYN	54	6	86	V	118	v
23	TB	55	7	87	W	119	w
24	CAN	56	8	88	X	120	x
25	EM	57	9	89	Y	121	y
26	SUB	58	:	90	Z	122	z
27	ESC	59	;	91	[	123	{
28	FS	60	<	92	\	124	|
29	GS	61	=	93	]	125	}
30	RS	62	>	94	^	126	～
31	US	63	?	95	—	127	DEL

附录B 运算符的优先级和结合性

优先级	运算符	含义	要求运算对象的个数	结合方向
1	( )	圆括号		自左至右
	[ ]	下标运算符		
	->	指向结构体成员运算符		
	·	结构体成员运算符		
2	!	逻辑非运算符	1 (单目运算符)	自右至左
	~	按位取反运算符		
	++	自增运算符		
	--	自减运算符		
	-	负号运算符		
	(类型)	类型转换运算符		
	*	指针运算符		
	&	取地址运算符		
	sizeof	长度运算符		
3	*	乘法运算符	2 (双目运算符)	自左至右
	/	除法运算符		
	%	求余运算符		
4	+	加法运算符	2 (双目运算符)	自左至右
	-	减法运算符		
5	<<	左移运算符	2 (双目运算符)	自左至右
	>>	右移运算符		
6	< <= > >=	关系运算符	2 (双目运算符)	自左至右
7	==	等于运算符	2 (双目运算符)	自左至右
	!=	不等于运算符		
8	&	按位与运算符	2 (双目运算符)	自左至右
9	∧	按位异或运算符	2 (双目运算符)	自左至右

续表

<table>
<tr><th>优先级</th><th>运算符</th><th>含义</th><th>要求运算对象的个数</th><th>结合方向</th></tr>
<tr><td>10</td><td>|</td><td>按位或运算符</td><td>2
(双目运算符)</td><td>自左至右</td></tr>
<tr><td>11</td><td>&&</td><td>逻辑与运算符</td><td>2
(双目运算符)</td><td>自左至右</td></tr>
<tr><td>12</td><td>||</td><td>逻辑或运算符</td><td>2
(双目运算符)</td><td>自左至右</td></tr>
<tr><td>13</td><td>? :</td><td>条件运算符</td><td>3
(三目运算符)</td><td>自右至左</td></tr>
<tr><td>14</td><td>= += -= *= /= %= >>= <<= &= ∧= |=</td><td>赋值运算符</td><td>2
(双目运算符)</td><td>自右至左</td></tr>
<tr><td>15</td><td>,</td><td>逗号运算符(顺序求值运算符)</td><td></td><td>自左至右</td></tr>
</table>

说明：

(1)同一优先级的运算符，运算次序由结合方向决定。例如*与/具有相同的优先级别，其结合方向为自左至右，因此 3*5/4 的运算次序是先乘后除。-和++为同一优先级，结合方向为自右至左，因此-i++相当于-(i++)。

(2)不同的运算符要求有不同的运算对象个数，如+(加)和-(减)为双目运算符，要求在运算符两侧各有一个运算对象(如 3+5、8-3 等)。而++和-(负号)运算符是单目运算符，只能在运算符的一侧出现一个运算对象(如-a、i++、--i、(float) i、sizeof (int)、*p 等)。条件运算符是 C 语言中唯一的一个三目运算符，如 x？ a：b。

(3)从上表中可以大致归纳出各类运算符的优先级：

初等运算符 (　) [　] -> ·

↓

单目运算符

↓

算术运算符　(先乘除，后加减)

↓

关系运算符

↓

逻辑运算符　(不包括！)

↓

条件运算符

↓

赋值运算符

↓

逗号运算符

以上的优先级别由上到下递减。初等运算符优先级最高，逗号运算符优先级最低。位运算符的优先级比较分散，有的在算术运算符之前(如～)，有的在关系运算符之前(如<<和>>)，有的在关系运算符之后(如&、∧、|)。为了容易记忆，使用位运算符时可加圆括号。

附录C C语言中的关键字

auto	break	case	char
const	continue	default	do
double	else	enum	extern
float	for	goto	if
int	long	register	return
short	signed	sizeof	static
struct	switch	typedef	union
unsigned	void	volatile	while

附录 D C 库函数

库函数并不是 C 语言的一部分，它是由人们根据需要编制并提供给用户使用的。每一种 C 编译系统都提供了一批库函数，不同的编译系统所提供的库函数的数目和函数名以及函数功能是不完全相同的。ANSI C 标准提出了一批建议提供的标准库函数，它包括了目前多数 C 编译系统提供的库函数，但也有一些是某些 C 编译系统未曾实现的。考虑到通用性，本书列出 ANSI C 标准建议提供的、常用的部分库函数。对多数 C 编译系统，可以使用这些函数的绝大部分。由于 C 库函数的种类和数目很多(例如，还有屏幕和图形函数、时间日期函数、与系统有关的函数等，每一类函数又包括各种功能的函数)，限于篇幅，本附录不能全部介绍，只从教学需要的角度列出最基本的。读者在编制 C 程序时可能要用到更多的函数，请查阅所用系统的手册。

1. 数学函数

使用数学函数时，应该在该源文件中使用以下命令行：

```
# include <math.h>或# include "math.h"
```

函数名	函数原型	功能	返回值	说明
abs	int abs (int x);	求整数 x 的绝对值	计算结果	
acos	double acos (double x);	计算 $\cos^{-1}(x)$的值	计算结果	x 应在−1 到 1 范围内
asin	double asin (double x);	计算 $\sin^{-1}(x)$的值	计算结果	x 应在−1 到 1 范围内
atan	double atan (double x);	计算 $\tan^{-1}(x)$的值	计算结果	
atan2	double atan2 (double x, double y);	计算 $\tan^{-1}(x/y)$的值	计算结果	
cos	double cos (double x);	计算 $\cos(x)$的值	计算结果	x 的单位为弧度
cosh	double cosh (double x);	计算 x 的双曲余弦 $\cosh(x)$ 的值	计算结果	
exp	double exp (double x);	求 e^x 的值	计算结果	
fabs	double fabs (double x);	求 x 的绝对值	计算结果	
floor	double floor (double x);	求出不大于 x 的最大整数	该整数的双精度实数	
fmod	double fmod (double x, double y);	求整除 x/y 的余数	返回余数的双精度数	
frexp	double frexp(double val, int*eptr);	把双精度数 val 分解为数字部分(尾数)x 和以 2 为底的指数 n，即 val=$x*2^n$，n 存放在 eptr 指向的变量中	返回数字部分 x 0.5 $\leqslant x<1$	

续表

函数名	函数原型	功能	返回值	说明
log	double log (double x);	求 $\log_e x$，即 $\ln x$	计算结果	
log10	double log10 (double x);	求 $\log_{10} x$	计算结果	
modf	double modf(double val, int*iptr);	把双精度数 val 分解为整数部分和小数部分，把整数部分存在 iptr 指向的单元	val 的小数部分	
pow	double pow (double x, double y);	计算 x^y 的值	计算结果	
rand	int rand (void);	产生−90 到 32767 间的随机整数	随机整数	
sin	double sin (double x);	计算 $\sin x$ 的值	计算结果	x 的单位为弧度
sinh	double sinh (double x);	计算 x 的双曲正弦函数 $\sin h(x)$的值	计算结果	
sqrt	double sqrt (double x);	计算 $\sqrt{x}$	计算结果	x 应≥0
tan	double tan (double x);	计算 $\tan(x)$的值	计算结果	x 的单位为弧度
tanh	double tanh (double x);	计算 x 的双曲正切函数 $\tan h(x)$的值	计算结果	

2. 字符函数和字符串函数

ANSI C 标准要求在使用字符串函数时要包含头文件 string.h，在使用字符函数时要包含头文件 ctype.h。有的 C 编译不遵循 ANSI C 标准的规定，而用其他名称的头文件。请使用时查有关手册。

函数名	函数原型	功能	返回值	包含文件
isalnum	int isalnum (int ch);	检查 ch 是否是字母（alpha）或数字（numeric）	是字母或数字返回 1；否则返回 0	ctype.h
isalpha	int isalpha (int ch);	检查 ch 是否字母	是，返回 1；不是，则返回 0	ctype.h
iscntrl	int iscntrl (int ch);	检查 ch 是否控制字符（其 ASCII 码在 0 和 0x1F 之间）	是，返回 1；不是，返回 0	ctype.h
isdigit	int isdigit (int ch);	检查 ch 是否数字（0～9）	是，返回 1；不是，返回 0	ctype.h
isgraph	int isgraph (int ch);	检查 ch 是否可打印字符（其 ASCII 码在 ox21 到 ox7E 之间），不包括空格	是，返回 1；不是，返回 0	ctype.h
islower	int islower (int ch);	检查 ch 是否小写字母（a～z）	是，返回 1；不是，返回 0	ctype.h
isprint	int isprint (int ch);	检查 ch 是否可打印字符（包括空格），其 ASCII 码在 ox20 到 ox7E 之间	是，返回 1；不是，返回 0	ctype.h
ispunct	int ispunct (int ch);	检查 ch 是否标点字符（不包括空格），即除字母、数字和空格以外的所有可打印字符	是，返回 1；不是，返回 0	ctype.h
isspace	int isspace (int ch);	检查 ch 是否空格、跳格符（制表符）或换行符	是，返回 1；不是，返回 0	ctype.h

续表

函数名	函数原型	功能	返回值	包含文件
isupper	int isupper (int ch);	检查 ch 是否大写字母（A～Z）	是，返回 1；不是，返回 0	ctype.h
isxdigit	inti sxdigit (int ch);	检查 ch 是否一个十六进制数字字符（即 0～9，或 A 到 F，或 a～f）	是，返回 1；不是，返回 0	ctype.h
strcat	char *strcat (char * str1, char * str2);	把字符串 str2 接到 str1 后面，str1 最后面的'\0'被取消	str1	string.h
strchr	char *strchr (char *str, int ch);	找出 str 指向的字符串中第一次出现字符 ch 的位置	返回指向该位置的指针，如找不到，则返回空指针	string.h
strcmp	int strcmp (char * str1, char * str2);	比较两个字符串 str1，str2	str1<str2，返回负数；str1=str2，返回 0；str1>str2，返回正数	string.h
strcpy	int strcpy (char * str1, char * str2);	把 str2 指向的字符串复制到 str1 中去	返回 str1	string.h
strlen	unsigned int strlen (char *str);	统计字符串 str 中字符的个数(不包括终止符'\0')	返回字符个数	string.h
strstr	Int strstr (char * str1, char * str2);	找出 str2 字符串在 str1 字符串中第一次出现的位置（不包括 str2 的串结束符）	返回该位置的指针，如找不到，返回空指针	string.h
tolower	int tolower (int ch);	将 ch 字符转换为小写字母	返回 ch 所代表的字符的小写字母	ctype.h
toupper	int toupper (int ch);	将 ch 字符转换成大写字母	与 ch 相应的大写字母	ctype.h

3. 输入输出函数

凡用以下的输入输出函数，应该使用# include<stdio.h>，把 stdio.h 头文件包含到源程序文件中。

函数名	函数原型	功能	返回值	说明
clearerr	void clearerr (FILE *fp);	使 fp 所指文件的错误，标志和文件结束标志置 0	无	
close	int close (int fp);	关闭文件	关闭成功返回 0；否则返回-1	非 ANSI 标准
creat	int creat (char *filename, int mode);	以 mode 所指定的方式建立文件	成功则返回正数；否则返回-1	非 ANSI 标准
eof	int eof (int fd);	检查文件是否结束	遇文件结束，返回 1；否则返回 0	非 ANSI 标准
fclose	int fclose (FILE * fp);	关闭 fp 所指的文件，释放文件缓冲区	有错则返回非 0；否则返回 0	
feof	int feof (FILE *fp);	检查文件是否结束	遇文件结束符返回非零值；否则返回 0	
fgetc	int fgetc (FILE *fp);	从 fp 所指定的文件中取得下一个字符	返回所得到的字符，若读入出错，返回 EOF	

续表

函数名	函数原型	功能	返回值	说明
fgets	char *fgets (char *buf, int n, FILE *fp);	从 fp 指向的文件读取一个长度为(*n*-1)的字符串，存入起始地址为 buf 的空间	返回地址 buf，若遇文件结束或出错，返回 NULL	
fopen	FILE *fopen (char * format, args, ...);	以 mode 指定的方式打开名为 filename 的文件	成功，返回一个文件指针(文件信息区的起始地址)；否则返回 0	
fprintf	int fprintf (FILE *fp, char * format, args, ...);	把 args 的值以 format 指定的格式输出到 fp 所指定的文件中	实际输出的字符数	
fputc	int fputc (char ch, FILE *fp);	将字符 ch 输出到 fp 指向的文件中	成功，则返回该字符；否则返回非 0	
fputs	int fputs (char *str, FILE *fp);	将 str 指向的字符串输出到 fp 所指定的文件	成功返回 0；若出错返回非 0	
fread	int fread (char *pt, unsigned size, unsigne- d n, FILE *fp);	从 fp 所指定的文件中读取长度为 size 的 *n* 个数据项，存到 pt 所指向的内存区	返回所读的数据项个数，如遇文件结束或出错返回 0	
fscanf	int fscanf (FILE *fp, char format, args, ...);	从 fp 指定的文件中按 format 给定的格式将输入数据送到 args 所指向的内存单元(args 是指针)	已输入的数据个数	
fseek	int fseek (FILE *fp, long offset, int base);	将 fp 所指向的文件的位置指针移到以 base 所给出的位置为基准、以 offset 为位移量的位置	返回当前位置；否则，返回−1	
ftell	long ftell (FILE *fp);	返回 fp 所指向的文件中的读写位置	返回 fp 所指向的文件中的读写位置	
fwrite	int fwrite (char *ptr, unsigned size, unsigned n, FILE *fp);	把 ptr 所指向的 n * size 个字节输出到 fp 所指向的文件中	写到 fp 文件中的数据项的个数	
getc	int getc (FILE *fp);	从 fp 所指向的文件中读入一个字符	返回所读的字符，若文件结束或出错，返回 EOF	
getchar	int getchar (void);	从标准输入设备读取下一个字符	所读字符。若文件结束或出错，则返回−1	
getw	int getw (FILE *fp);	从 fp 所指向的文件读取下一个字(整数)	输入的整数。如文件结束或出错，返回−1	非 ANSI 标准函数
open	int open (char *filename, int mode);	以 mode 指出的方式打开已存在的名为 filename 的文件	返回文件号(正数)。如打开失败，返回−1	非 ANSI 标准函数
printf	int printf (char * format, args, ...);	按 format 指向的格式字符串所规定的格式，将输出表列 args 的值输出到标准输出设备	输出字符的个数。若出错，返回负数	format 可以是一个字符串，或字符数组的起始地址

续表

函数名	函数原型	功能	返回值	说明
putc	int putc (intch, FILE *fp);	把一个字符 ch 输出到 fp 所指的文件中	输出的字符 ch，若出错，返回 EOF	
putchar	int putchar (char ch);	把字符ch输出到标准输出设备	输出的字符 ch，若出错，返回 EOF	
puts	int puts (char *str);	把str指向的字符串输出到标准输出设备，将'\0'转换为回车换行	返回换行符，若失败，返回 EOF	
putw	int putw (int w, FILE *fp);	将一个整数 w(即一个字)写到 fp 指向的文件中	返回输出的整数，若出错，返回 EOF	非 ANSI 标准函数
read	int read (int fd, char *buf, unsigned count);	从文件号 fd 所指示的文件中读 count 个字节到由 buf 指示的缓冲区中	返回正在读入的字节个数，如遇文件结束返回 0，出错返回−1	非 ANSI 标准函数
rename	int rename (char * oldname, char *newname);	把由 oldname 所指的文件名，改为由 newname 所指的文件名	成功返回 0；出错返回−1	
rewind	void rewind (FILE *fp);	将 fp 指示的文件中的位置指针置于文件开头位置，并清除文件结束标志和错误标志	无	
scanf	int scanf (char * format, args, ...);	从标准输入设备按 for- mat 指向的格式字符串所规定的格式，输入数据给 args 所指向的单元	读入并赋给 args 的数据个数，遇文件结束返回 EOF，出错返回 0	args 为指针
write	int write (int fd, char *buf, unsigned count);	从 buf 指示的缓冲区输出 count 个字符到 fd 所标志的文件中	返回实际输出的字节数，如出错返回−1	非 ANSI 标准函数

4. 动态存储分配函数

ANSI 标准建议设四个有关的动态存储分配的函数，即 calloc( )、malloc( )、free( )、realloc( )。实际上，许多 C 编译系统实现时，往往增加了一些其他函数。ANSI 标准建议在 stdlib.h 头文件中包含有关的信息，但许多 C 编译系统要求用 malloc.h 而不是 stdlib.h。读者在使用时应查阅有关手册。

ANSI 标准要求动态分配系统返回 void 指针。void 指针具有一般性，它们可以指向任何类型的数据。但目前有的 C 编译所提供的这类函数返回 char 指针。无论以上两种情况的哪一种，都需要用强制类型转换的方法把 void 或 char 指针转换成所需的类型。

函数名	函数原型	功能	返回值
calloc	void *calloc (unsigned n, unsign size);	分配 *n* 个数据项的内存连续空间，每个数据项的大小为 size	分配内存单元的起始地址，如不成功，返回 0
free	void free (void * p);	释放 p 所指的内存区	无
malloc	void *malloc (unsigned size);	分配 size 字节的存储区	所分配的内存区起始地址，如内存不够，返回 0
realloc	void *realloc (void * p, unsigned size);	将 p 所指出的已分配内存区的大小改为 size，size 可以比原来分配的空间大或小	返回指向该内存区的指针

附录E C语言程序调试常见错误提示

A

Ambiguous operators need parentheses

不明确的运算需要用括号括起。二义性操作符需要括号，但两个移位、关系或按位操作符在一起使用而不加括号时，发出此警告；但一个加法或减法操作符不加括号而与一个移位操作符出现在一起时，也发出此警告。

Ambiguous symbol xxx

二义性符号'xxxxxxxx'。两个或多个结构的某一域名相同，但具有的偏移、类型不同。在变量或表达式中引用该域而未带结构名时，将产生二义性，此时需修改某个域名或在引用时加上结构名。

Argument list syntax error

参数表出现语法错误。函数调用时，参数与参数之间必须以逗号隔开，并以一右括号结束。若源文件中含有一个其后不是逗号也不是右括号的参数，则出错。

Argument #missing name

参数#名丢失。参数名已脱离用于定义函数的函数原型，如果函数以原型定义，该函数必须包括所有的参数名。

Array bounds missing

丢失数组界限符数组的界限符］丢失。原因是在源文件中定义了一个数组，但此数组没有以一右方括号结束。

Array size toolarge

数组尺寸太大，数组长度太长。定义的数组太大，而可用内存不够。

Assembler startement too long

汇编语句太长。内部汇编语句最长不能超过 480 个字节。

B

Bad call of in line function

内部函数非法调用。在使用一个宏定义的内部函数时，没有正确调用。一个内部函数以下划线（ _ ）开始和结束。

Bad character in paramenters

参数中有不适当的字符。

Bad configuration file

配置文件不正确。Turboc.cfg 配置文件中包含不是合适命令行选择项非注解文字。配置文件命令选择项必须以一短横线开始。

Bad file name format in include directive

包含命令中文件名格式不正确。使用 include 指令时，文件名格式不正确。include 文件名必须用引号或尖括号括起来。例如：include "stdio.h"或 include <stdio.h>，否则将产生此类错误。如果使用了宏定义，则生成的扩展正文也不正确（因为无引号）。

Bad ifdef directive synatax

编译预处理 ifdef 有语法错。#ifdef 必须包括一个标识符（非其他东西）作为该指令体。

Bad ifndef directive syntax

ifndef 指令语法错误。#ifndef 必须包含一个标识符（不能是任何其他东西）作为该指令体。

Bad undef directive syntax

编译预处理 undef 有语法错。#undef 指令必须包含一个标识符（不能是任何其他东西）作为该指令体。

Bit field too large

位字段太长

Bad file size syntax

位字段长度语法错误。一个位字段必须是 1～16 位的常数表达式。

Both return and return of a value used

有相矛盾的 return 语句。编译程序发现同时有带值返回和不带值返回的 return 语句时，发出此警告。

C

Call of non function

调用未定义的函数。这是因为正被调用的函数无定义，通常是由于不正确的函数说明或函数名拼错造成的。

Call to function with no prototype

调用没有给出函数原型的函数。

Call to function xxx with prototype

调用没有给出函数原型的 xxx 函数。

Cannot modify a const object

不允许修改常量对象，不能修改一个常量对象。对定义为常量的对象进行不合法操作（比如对常量赋值）引起此类错误。

Case outside of switch

漏掉了 case 语句。case 语句出现在 switch 外，编译程序发现 case 语句出现在 switch 语句外面，通常是由于括号不匹配造成的。

Case statement missing :

switch 结构中的某个 case 语句之后缺少冒号。

Case syntax error

case 语法错误。case 语句中包含了一些不正确的符号。

Character constant too long

字符常量太长。字符常量只能是一个字符长度。

Code has no effect

无效的运算代码。但编译程序遇到一个包含无效操作符的语句时，就发出此类警告。

Compound statement missing{

分程序漏掉“{”。case 语句必须包含一个以冒号终结的常量表达式。造成错误的原因可是丢了冒号或在冒号前多了别的符号。复合语句漏掉了大括号“}”。编译文件扫描到源文件末时，未发现结束大括号，通常是由于大括号不匹配造成的。

Conflicting type modifiers

不明确的类型说明符，类型修饰符冲突。对同一指针，只能制定一种变址修饰符（如 near 或 far）；而对于同一函数，也只能给出一种语言修饰符（如 cdecl、pascal 或 interrupt）。

Constant expression required

要求常量表达式。因为数组的大小必须是常量，此类错误通常是由于#define 常量的拼写出错而造成的。定义数组时指定的数组长度不是常量表达式。

Constant is long

10 进制数常量太大，已被当作长整型。当编译程序遇到一个大于 32767 的十进制常量，或一个大于 65535，而其后没有字母‘l’ 或‘L’的八进制常量时，自动将此常量当作 long 类型处理。

Constant out of range in comparison

在比较中常量超出范围。在源文件中两个常量比较时，其中一个常量超出了另一个常量所允许的范围，即发出此警告。例如，一个无符号常量跟 1 比较就没有意义。为了得到一个大于 32767（十进制）的无符号常量，可以在常量前加上 unsigned 或在常量后面加上字母 u 或 U。例如（unsigned）65535 或 65535u。

Conversion may lose significant digits

转换可能丢失高位数字。在赋值操作或其他情况下，源程序要求把 long 或 unsigned long 类型转变成 int 或 unsigned int 类型。在有些机器上，因为 int 型和 long 型变量具有相同长度，这种转换可能改变程序的输出特性。

Conversion of near pointer not allowed

不允许转换近指针。

Could not find file "xxx"

编译程序找不到命令行给出的文件。

D

Declaration missing ;

说明漏掉“；”。源文件中包含一个 struct 或 union 域的说明，但后面漏掉了分号。

Declaration needs type or storage class

说明必须包含一个类型或一个存储类别。

Declaration syntax error

说明出现语法错误。原因可能在源文件中，某个说明丢失了一些符号或有多余的符号。结构体或联合类型的定义后缺少分号。

Declaration was expected

缺少说明，通常是因为缺少分界符如逗号、分号、右圆括号等所引起的。

Default outside of switch

Default 出现在 switch 语句之外。编译程序发现 default 语句出现在 switch 语句之外，通常是由于括号不匹配造成的。

Define directive needs an identifier

定义编译预处理需要标识符。#define 后面的第一个非空格符必须是一个标识符，若编译程序发现一些其他程序，则出现本错误。

Division by zero

除数为零。源文件的常量表达式中，出现了除数为零的情况。

Do statement must have while

do while 语句中缺少 while 部分，do 语句中必须有 while。若源文件中包含一个无 while 关键字的 do 语句时，将出现此类错误。

Do while statement missing (

编译程序发现在 do 语句中 while 关键字后无左括号。

Do while statement missing)

编译程序发现在 do 语句中条件表达式后无右括号。

Do while statement missing ;

在 do 语句的条件表达式中，编译程序发现右括号后无分号。

Duplicate Case

Case 后的常量表达式重复。switch 语句的每一个 case 行必须有一个唯一的常量表达式值。

E

Enum syntax error

枚举类型语法错误。eunm 说明的标识符表的格式不对。

Enumeration constant syntax error

枚举常数语法错误。赋给 enum 类型变量的表达式值不为常量。

Error directive :xxx

错误的编译预处理命令。源文件处理#error 指令时，显示该指令的信息。

Error writing output file

写输出文件出现错误。这通常是由于磁盘空间满造成的，应尽量删掉一些不必要的文件。

Expression syntax error

表达式语法错误。当编译程序分析一个表达式发现有一些严重错误时，出现此类报错信息，通常是由于两个连续操作符、括号不匹配或缺少括号、前一语句漏掉了分号等引起的。

Extra parameter in call

调用时出现多余参数。调用函数时，其实际参数的个数多于函数定义中的形参的个数。

Extra parameter in call to xxxxxxxx

调用 xxxxxxxx 函数时出现了额外多余的参数。

F

File name too long

#include 指令给出的文件名太长，编译程序无法处理。DOS 下的文件名不能超过 64 个字符。

For statement missing (

编译程序发现在 for 关键字后缺少左括号。

For statement missing)

编译程序发现在 for 语句的控制表达式后缺少右括号。

For statement missing；

编译程序发现在 for 语句的某个表达式后缺少分号。

Function call missing

函数调用的参数表有几种语法错误，例如左括号漏掉或括号不匹配。

Fuction definition out of place

函数定义位置错误。函数定义不可出现在另一函数内。函数内的任何说明，只要以类似于带有一个参数表的函数开始，就被认为是一个函数定义。

Function doesn't take a variable number of argument

函数不接受可变的参数个数。源文件中的某个函数内出现使用了 va_start 宏，此函数能接受可变数量的参数。

Fuction should return a value

函数必须返回一个值。源文件中说明当前函数的返回类型既非 int 型也非 void 型，但编译程序未发现返回值。返回 int 型的函数可以不说明，因为在老版本的 C 语言中，没有 void 类型来指出函数不返回值。

G

Goto statement missing label

goto 语句中缺少语句标号。在 goto 关键字后必须跟有一个代表语句标号的标识符。

H

Hexadecimal or octal constant too large

十六进制或八进制常数太大

I

If statement missing (

编译程序发现在 if 语句中，if 关键字后面缺少左括号。

If statement missing)

编译程序发现在 if 语句中代表测试条件的表达式后面缺少右圆括号。

Illegal character x

非法字符 x。

Illegal initialization

非法初始化。初始化必须是常量表达式或一个全局变量 entern 或 static 的地址减一常量。

Illegal octal digit

非法八进制数。编译程序发现在一个八进制常数中包含了非八进制数字（例如 8 或 9）。

Illegal pointer subtraction

非法的指针相减。这是由于试图以一个非指针变量减一个指针变量而造成的。

Illegal structure operation

非法的结构体操作。结构只能使用点（.）、取地址（&）和赋值（=）操作符，或作为函数的参数传递。当编译程序发现在结构中使用了其他操作字符时，就会出现此类错误。

Illegal use of floating point

非法的浮点运算。浮点运算操作数不允许出现在移位、按位逻辑操作、条件运算符（？：）、间接引用（*）以及其他一些操作符。编译程序一旦发现上述操作符用于了浮点操作数时，将出现此类错误。

Illegal use of pointer

指针使用非法。指针只能在加、减、赋值、比较、间接引用（*）或箭头（→）操作中使用。若对指针使用其他操作符，将出现此类错误。

Improper use of a typedefsymbol

typedef 符号使用不当。源文件中使用 typedef 符号，变量应在一个表达式出现。检查一下此符号的说明和可能的拼写错误。

In line assembly not allowed

不允许使用行间汇编，不允许使用内部汇编语句。这是由于源文件中含有直接插入的汇编语句，若在集成环境下编译，将出现此类错误。必须使用 TCC 命令行编译此源文件。

Incompatible storage class

存储类别不相容。源文件的一个函数在定义中使用了 extern 关键字，而只有 static（或根本没有存储类型）允许在函数说明中出现。extern 关键字只能在所有函数的外部说明。

Incompatible type conversion

不相容的类型转换。源文件试图把一种类型转换成一种类型，但这两种类型是不相容的。例如函数与非函数之间转换、一种结构或数组与一种标准类型转换、浮点数和指针之间转换等。

Incorrect command line argument:xxxxxxxx

不正确的命令参数。编译程序认为此命令行参数是非法的。

Incorrect configuration file argument:xxxxxxxx

不正确的命令行参数。编译程序认为此配置文件是非法的。

Incorrect number format

错误的数据格式。例如，编译程序发现在十六进制数中出现十进制小数点。

Incorrect use of default

default 使用不正确。编译程序发现 default 关键字后缺少冒号。

Initializer syntax error

初始化语法错误。初始化过程缺少或多加了操作符、括号不匹配或其他一些不正常情况。

Invalid indirection

无效的间接运算。间接运算操作符（*）要求非 viod 指针为操作对象。

Invalid macro argument separaor

无效的宏参数分隔符。在宏定义中，参数之间必须用逗号相隔。编译程序发现在参数名后面有其他非法字符时，将出现此类错误。

Invalid pointer addition

无效的指针相加。源程序试图把两个指针非法相加。

Invalid use of arrow

箭头使用出错。在箭头（→）操作符后必须跟一标识符。

Invalid use of dot

点操作符（.）使用错误。在点（.）操作符之后必须跟一标识符。

Irreducible expression tree

无法执行的表达式运算,不可约表达式树。这种错误是由于源文件中的某些表达式使得代码生成程序无法为它产生代码。这种表达式必须避免使用。

J

K

L

Lvalue required

赋值请求。赋值操作符的左边必须是一个地址表达式，包括数值变量指针、变量结构、引用域间接指针或数值的下标变量。

M

Macro argument syntax error

宏参数语法错误。宏定义中的参数必须是一个标识符。当编译程序发现所需的参数不是标识符时，将出现此类错误。

Macro expansion too long

宏扩展太长。一个宏扩展不能多于 4096 个字符。当宏递归控制自身时，常出现此类错误。宏不能对自身进行控制。

May compile only one file when an output file name is given

给出一个输出文件时，可能只编译一个文件。在命令行编译中使用 0 选择，只允许一个输出文件中。此时，只编译第一个文件，其他文件被忽略。

Mismatched number of parameters in definition

定义中参数个数不匹配。定义中的参数和函数原型中提供的参数不匹配。

Misplaced break

此处不应出现 break 语句。编译程序发现 break 语句在 switch 结构或循环结构外。

Misplaced continue

此处不应出现 continue 语句。编译程序发现 contiune 语句在循环结构外。

Misplaced decimal point

此处不应出现小数点。编译程序发现浮点常数的指数部分有一个十进制小数点。

Misplaced elif directive

不应编译预处理 elif。编译程序没有发现与#elif 指令相匹配的#if、#ifdef 或#ifndef 指令。

Misplaced else

此处不应出现 else。编译程序发现 else 语句缺少与之相匹配的 if 语句。此类错误的产生，除了由于 else 多余外，还有可能是由于有多余的分号、漏写了大括号或前面的 if 语句出现语法错误等引起。

Misplaced else directive

此处不应出现编译预处理 else。编译程序没有发现与#endif 指令相匹配的#if、#ifdef 或#ifndef 指令。

Misplaced endif directive

此处不应出现编译预处理 endif。编译程序没有发现与#else 指令相匹配的#if、#ifdef 或#ifndef 指令。

Mixing pointers to singled and unsigned char

混淆 signed 和 unsigned char 字符指针。没有通过显式的强制类型转换，就把一个字符指针变为无符号指针或相反。

Must be addressable

必须是可以编址的。取地址运算（&）作用于一个不可编址的对象，例如寄存器变量。

Must take address of memory location

必须存储定位的地址。源文件中某一个表达式使用了不可编址的运算符（&），例如对寄存器变量。

N

No declaration for function xxx

没有函数 xxx 的说明。函数 xxx 没有说明却被调用。如果是“说明请求”警告则可用，但源文件中调用了一个没有预先说明的函数时，发出此警告。

No file name ending

无文件名终止符。在#include 语句中，文件名缺少正确的闭引号（"）或闭尖括号（〉)。

No file names given

未给出文件名。编译必须给出文件名，但 Turbo 命令（TCC）中没有任何文件名。

No stack

缺少堆栈。

No type information

没有类型信息。

Non portable pointer assignment

不可移动的指针（地址常数）赋值。对不可移植的指针赋值。源程序中将一个指针赋给一个非指针。但作为特例，允许把常量零值赋给一个指针。指针和非指针之间赋值。源文件中把一个指针赋给另一个非指针，或相反。作为特例，可以把常量零赋给一个指针。

Non portable pointer comparison

不可移动的指针（地址常数）比较。源程序中将一个指针和一个非指针（常量零除外）进行比较。如果比较恰当，就强行抑制本错误信息。

Non portable pointer conversion

不可移动的指针（地址常数）转换。不适当的指针转换，可能是在应该使用指针的地方用了一个非 0 的数值。

Non portable return type conversion

不可移植的返回类型转换。在返回语句中的表达式类型与函数说明中的类型不一致。但如果函数的返回值是一指针的话，则可以进行转换。此时，返回指针的函数可能返回一个常量零，而零被转换成一个适当的指针。

Not a valid expression format type

不合法的表达式格式。

Not an allowed type

不允许使用的类型。在源文件中说明了几种禁止了的类型，例如函数返回一个函数或数组。

Numeric constant too large

数值常太大。

O

Out of memory

内存不够用。所有的工作内存用完，应把文件放到一台有较大内存的机器去执行或简化源程序。此类错误也往往出现在集成开发环境中运行大的程序，这时可退出集成发环境，再运行自己的程序。

P

Parameter xxx is never used

参数 xxx 没有用到。函数说明中的某参数在函数体里从未使用，通常是由于参数名拼写错误而引起。如果在函数体内，该标识符被重新定义为一个自动（局部）常量，也将出现此类警告。

Pointer required on left side of >

符号>的左边必须是指针。

Possible use of "xxx" before definition

在定义之前就使用了 xxx（警告）。源文件中的某一表达式中使用了未经赋值的变量，编译程序对源文件进行简单扫描以确定此条件。如果该变量出现的物理位置在对它赋值之前，便会出现此警告。

Possibly incorrect assignment

赋值可能不正确。当编译程序遇到赋值操作符作为条件表达式（如 if，while 或 do while 语句的一部分）的主操作符时，发出此警告。原因可能是把赋值号当作符号使用了。如果希望禁止此警告，可把赋值语句用括号括起，并且把它与零作显示比较，例如：if（a，b）…应写为：if（(a=b)! =0）…

Q

R

Redeclaration of main

一个程序文件中主函数 main 不止一个。

Redeclaration of xxx

此标识符已经定义过。

Redefinition of "xxx" is not identical

xxx 的两次定义不一致。也即，源文件中对命令宏重定义时，使用的表达式内容与第一次定义的不同，新内容将代替就内容。

Register allocation failure

寄存器定址失败，存储器分配失效。这种错误指的是源文件行中的表达式太复杂，代码生成程序无法为它生成代码。此时应简化这种繁杂的表达式或干脆避免使用它。

Repeat count needs an lvalue

重复计数需要逻辑值。

Restarting compoiler useing assebmly

用汇编重新启动程序。编译程序遇到了一个未使用命令行选择项 B 或#prapma inline 语句的 asm。

S

Size of structure or array not known

结构体或数组大小不确定。有些表达式（例如 sizeof 或存储说明）中出现一个未定义的结构或一个长度为空的数组。如果结构长度不需要，在定义之前就可引用；如果数组不申请存储空间或者初始化时给定了长度，那么就可定义为空长。

Statement missing ;

编译程序发现语句后面没有分号。

Structure or union syntax error

结构体或联合体语法错误。编译程序发现在 struct 或 union 关键字后面没有标识符或左花括号。

Structute passed by value

结构按值传送。如果设置了“结构按值传送”警告开关，则在结构作为传参数按值传送时产生此警告。通常是在编程序时，将结构作为参数传递，而又漏掉了地址操作符（&）。因为结构可以按值传送，因此这种遗漏是可接受的。本警告只起一个指示作用。

Structure size too large

结构定义得太大。源文件中说明了一个结构，它所需的内存区域太大以至于存储空间不够。

Sub scripting missing]

编译程序发现一个下标表达式缺少右方括号，可能是由于漏掉或多写操作符或括号不匹配引起的。

Superfluous & with function or array

函数或数组中有多余的&。取址运算符（&）对一个数组名或函数名是不必要的，应该去掉。

Suspicious pointer conversion

发现可疑的指针类型转换。这些转换引起指针指向不同的类型，显示此类警告。

Switch statement missing (

在switch语句中，关键字switch后面缺少左括号。

Switch statement missing)

在switch语句中，变量或表达式后面缺少右括号。

Symbol limit exceeded

符号超限。

T

Too few parameters in call

函数调用参数不够。对带有原型的函数调用（通过一个函数指针）参数不够，原型要求给出所有参数。

Too few Parameter in call to xxxxxx

调用指定的函数（该函数用一原型说明）时，给出的参数不够。

Too many cases

case语句太多。switch语句最多只能有257个case语句。

Too many decimal points

太多的十进制小数点。编译程序发现一个浮点常量中带有不止一个十进制小数点。

Too many default cases

编译程序发现在一个switch语句中有不止一个default语句。

Too many error or warning messages

错误或警告信息太多。

Too many exponents

阶码太多。编译程序发现在一个浮点常量中有不止一个的阶码。

Too many initializers

初始化太多。编译程序发现初始化的值比说明的变量要多。

Too many storage classes in declaration

说明中指出了过多的存储类别。在C语言中，一个说明只允许有一种存储类别。

Too many types in declaration

说明中类型太多。一个说明中只允许有下列基本类型：char,int,float,double,struct,union,enum或typedef名。

Too much auto memory in function

函数中自动存储太多。当前函数所说明的自动存储变量（即，局部变量）超过了可用的存储器空间。

Too much code define in file

文件代码太长。这是由于当前文件中函数的总长度超过了 64 K 字节。可以移去不必要的代码或把源文件分块来写。

Too much global data defined in file

文件中全局数据太多。文件中定义的全程变量说明的总数超过了 64 K 字节。检查一下一些数组的定义是否太长，如果所有的说明都是必要的，应考虑重新组织程序。

Two consecutive dots

两个连续的句点。因为省略号包含两个点（...），而十进制修小数点和选择运算符只允许使用一个点（.），所以这是不允许的。

Type mismatch in parameter #

第#个参数类型不匹配。原因是通过一个指令访问已由原型说明的参数时，给定第#个参数（从左到右）不能转换为已说明的参数类型。

Type mismatch in parameter in call to XXXXXX

调用 XXXXXX 函数时，第#个参数类型不匹配。原因是源文件中通过一个原型说明了指定的函数，而给定的参数（从左到右）不能转换为已说明的参数类型。

Type mismatch in parameter in call XXXXXX to YYYYYY

调用 YYYYYY 函数时，参数 XXXXXX 的类型不匹配。原因是源文件中由原型说明了一个指定的参数，而指定参数不能转换为另一个已说明的参数类型。

Type mismatch in parameter xxx

参数 xxx 类型不匹配。原因是源文件中由原型说明了一个通过函数指针调用的函数，而指定的参数不能转换为已说明的参数类型。

Type mismatch in redeclaration of xxx

重定义类型不匹配。原因是源文件中把一个已经说明的变量又重新说明为另一种类型。如果一个函数被调用，而后又被说明成返回非整型值也会产生此类错误。在这种情况下，必须在第一个调用函数前，给函数加上 extern 说明。

U

Unable to create output file xxx

无法建立输出文件 xxx。当工作软盘已满或有写保护时产生此类错误。若软盘已满，删除一些不必要的文件后重新编译；若磁盘有写保护，把源文件移到一个可写的磁盘上并重新编译。

Unable to create turboc.lnk

编译程序不能创建临时文件 turboc.lnk，可能是不能对磁盘进行读写或者磁盘已满所造成的。

Unable to execute command xxxxxx

不能执行 xxxxxxxx 命令。找不到 TLINK 或 MASM，或者磁盘出错。

Unable to open include file xxx

无法打开被包含的文件 xxx。编译程序找不到包含该文件，可能是由于#include 文件包含它本身而引起的，也可能是根目录下的 CONFIG.SYS 中没有设置能同时打开的文件个数（试加一句 files=20）。

Unable to open input file xxx

无法打开输入文件 xxx。当编译程序找不到源文件时出现此类错误。检查文件名是否错或检查对应的软盘或目录是否有此文件。

Undefined label xxx

没有定义的标号 xxx。这是函数在 goto 语句后的标号没有定义。

Undefined structure xxx

没有定义的结构 xxx。可能是由于结构名拼写错误或者忘记定义而引起的。

Undefined symbol xxx

没有定义的符号 xxx。可能是标识符的引用处有拼写错误或者标识符定义有错误。

Unexpected end of file in comment started on line #

源文件在第#个注释行中意外结束。通常是由于注释结束标志（*/）漏掉引起的。

Unexpected end of file in comment started on line xxx

从 xxx 行开始的注解尚未结束文件不能结束。

Unexpected end of file in conditional started on line #

源文件在#行开始的条件语句中意外结束。编译程序在遇到#endif 之前源程序已结束，通常是由于#endif 漏掉或拼写错误引起的。

Unexpected end of file in conditional started on line xxx

从 xxx 开始的条件语句尚未结束文件不能结束。

Unknown assemble instruction

未知的汇编结构、不认识的汇编指令。编译程序发现在插入的汇编语句中有一个不允许的操作码。检查此操作的拼写，并测试一下操作码表是否能被该指令接受。

Unknown option

未知的操作。

Unknown preprocessor directive: xxx

未知的预处理命令 xxx。编译程序在某行的开始处遇到#字符，但其后的指令不是下列之一：define, undef, line, if, ifdef, include, else,或 endif。

Unterminated character constant

未终结的字符常量。编译程序发现一个不匹配的省略符。

Unreachable code

不可能执行到的代码。这往往是 break，continue，goto 或 return 语句后面没有跟标号或循环函数的结束符。编译程序使用一个常量测试条件来检查 while，do 和 for 循环，并试图知道循环有没有失败。

Unterminated string

未终结的字符串。编译程序发现一个不匹配的引号。

Unterminated string or character constant

未终结的字符串或字符常量。编译程序发现字符串或字符常量没有正确的终结。

User break

用户中断。在集成环境里进行编译或连接时用户按了 Ctrl Break 键。

V

Void functions may not return a value

Void 类型的函数不应有返回值。源文件中的当前函数说明为 void，但编译程序发现一个带值的返回语句，该返回语句的值将被忽略。

W

While statement missing (

这是在 while 语句中，关键字 while 后缺少左括号引起的。

While statement missing)

这是在 while 语句中，关键字 while 后缺少右括号引起的。

Wrong number of arguments

调用函数的参数数目错。

Wrong number of arguments in of'xxxxxx'

源文件中调用某个宏时，参数个数不对。

X

xxx not an argument

xxx 不是参数。

xxx not part of structure

xxx 不是结构体的一部分。

xxx statement missing (

xxx 语句缺少左括号。

xxx statement missing)

xxx 语句缺少右括号。

xxx statement missing ;

xxx 缺少分号。

xxx declared but never used

说明了 xxx 但没有使用。

xxx is assigned a value which is never used

给 xxx 赋了值但未用过。

Y

Z

Zero length structure

有长度为零的结构。在源文件中定义了一个总长度为零的结构，对此结构的任何使用都是错误的。

其他

#operator not followed by macro argument name

运算符后无宏变量名。在宏定义中，# 用于标识一个宏变量名。#后必须跟一宏变量名。

xxxxxx declared but never used

在源文件中说明了 xxxxxx 变量，但没有使用它。编译程序遇到复合语句或函数的结束处时就发出此警告。

xxxxxx is assigned a value which is never used

xxxxxx 被赋值，但没有使用。此变量出现在一个赋值语句中，直到函数结束都未使用过。

xxxxxxxx not an argument

xxxxxxxx 不是函数参数。在源程序中将该标识符定义为一个函数参数，但此标识符没有在函数表中出现。

xxxxxx not part of structure

xxxxxx 不是结构的一部分。出现在点（.）或箭头（→）左边的域名不是结构的一部分，或者点的左边不是结构，箭头的左边不指向结构。

} expected;　(expected 等

复合语句或数组初始化的结尾缺少“}”；“(”。